高等教育"十三五"规划教材

能源化学概论

主　编　董光华

副主编　马彩莲　王美君　刘　霞

　　　　栗俊田　郭振兴　董　夔

（以姓氏笔画排序）

中国矿业大学出版社

内 容 提 要

本书是煤炭高等教育"十三五"规划教材。本书以能源工业与化学的密切联系为指要,以能源为主线,以化学为主要内容,将能源的使用与化学原理及化学技术在其中的作用系统地集成在一起,构成一体。在编写中力求注重原理应用、注重开发实践、注重发展趋势,便于教师教学,便于学生学习,便于工程技术人员参考。

图书在版编目(CIP)数据

能源化学概论/董光华主编. －徐州:中国矿业大学出版社,2018.9

ISBN 978 - 7 - 5646 - 4021 - 7

Ⅰ. ①能⋯　Ⅱ. ①董⋯　Ⅲ. ①能源－应用化学　Ⅳ.
①TK01－05

中国版本图书馆 CIP 数据核字(2018)第140274号

书　　名	能源化学概论
主　　编	董光华
责任编辑	周　红
出版发行	中国矿业大学出版社有限责任公司
	(江苏省徐州市解放南路　邮编 221008)
营销热线	(0516)83885307　83884995
出版服务	(0516)83885767　83884920
网　　址	http://www.cumtp.com　E-mail:cumtpvip@cumtp.com
印　　刷	徐州中矿大印发科技有限公司
开　　本	787×1092　1/16　**印张** 13.75　**字数** 343 千字
版次印次	2018 年 9 月第 1 版　2018 年 9 月第 1 次印刷
定　　价	32.00 元

(图书出现印装质量问题,本社负责调换)

前　言

能源是人类生存和发展的重要物质基础,不仅关系到国民经济的发展,而且关系到国家安全,全世界各国无不对此十分重视。

能源和环境是当今人类面临的两大问题。目前,化石燃料仍然是人类生产生活的主要能源。随着全球能源使用量的增长及不科学使用,化石燃料等不可再生能源将日益枯竭,并对环境产生严重影响。这就迫切要求人们开发氢能、核能、风能、地热能、太阳能和潮汐能等新能源。这些能源的利用与开发,不但可以部分解决化石能源面临耗尽的危机,还可以减少对环境的污染。

能源化学与化石能源、清洁能源、节能环保、新兴产业等紧密融合。从能源与化学联系的紧密程度看,能源利用工业在很大程度上依赖于化学过程,能源消费的90%以上依靠化学技术。化学的主要作用一是最大程度地发挥能源的动力及原料作用;二是解决旧能源带来的污染;三是发掘新能源以解决能源危机。

在吸收化学、能源化学的进展和科研成果的基础上,全书共编写10章,包括化学反应基础知识、电化学基础、煤化学、石油、天然气、生物质能源、太阳能及其他新能源。

本书由山西能源学院董光华主编。编写人员及分工如下:山西能源学院马彩莲编写第一章、第七章,山西能源学院栗俊田编写第二章,山西能源学院刘霞编写第三章、第九章,太原理工大学王美君编写第四章,中国煤炭科工集团太原研究院郭振兴编写第五章、第八章,中国煤炭科工集团西安研究院董夔编写第六章、第十章。

本书可以作为从事能源、化学、化工等专业学生的教学用书,也可供广大科研工作者参考,还可作为科学爱好者的科普读物。

本书各章作者都在第一线从事教学和科研,时间紧,任务重,为保证本书的质量和顺利出版付出了艰辛的劳动,一并致谢。

我们知道,一套便于使用的成熟的教材往往需要多年不断的磨炼和广大读者的支持与帮助,欢迎广大读者对本教材的不足提出批评和建议。

编　者
2017 年 10 月

目　　录

第1章　化学与能源 ··· 1

第2章　化学反应基础知识 ·· 5
2.1　几个基本概念 ··· 5
2.2　化学反应的能量变化 ·· 8
2.3　热力学第一定律 ··· 13
2.4　化学反应的方向 ··· 17
2.5　化学反应的限度——化学平衡 ··· 21
2.6　化学反应速率 ··· 26
2.7　反应活化能和催化剂 ·· 33
思考与练习 ··· 36

第3章　电化学基础 ·· 41
3.1　氧化还原基本概念 ·· 41
3.2　原电池 ·· 44
3.3　电极电势的应用 ··· 48
3.4　氧化还原的方向和限度 ··· 53
3.5　影响氧化还原反应速率的因素 ·· 58
3.6　实用电池 ·· 60
思考与练习 ··· 62

第4章　煤化学 ·· 66
4.1　煤的概述 ·· 66
4.2　煤的干馏 ·· 74
4.3　煤的气化 ·· 78
4.4　煤的液化 ·· 84
4.5　煤的燃烧 ·· 94
思考与练习 ··· 98

第 5 章　石油 ··· 99

5.1　石油的生成与聚集 ··· 99

5.2　石油的组成与分类 ··· 101

5.3　石油的炼制与应用 ··· 102

5.4　几种重要的石油化工产品 ··· 113

5.5　几种重要的石油产品 ··· 116

思考与练习 ·· 118

第 6 章　天然气 ·· 119

6.1　天然气的形成 ·· 119

6.2　天然气的组成及分类 ··· 121

6.3　天然气化工 ··· 121

6.4　非常规天然气 ·· 138

思考与练习 ·· 141

第 7 章　生物质能源 ·· 142

7.1　生物质能源的基本概念 ·· 142

7.2　常见的生物质材料及其特征 ··· 143

7.3　生物质能源的化学转换 ·· 144

7.4　能源植物 ·· 161

思考与练习 ·· 162

第 8 章　太阳能 ·· 163

8.1　太阳能简介 ··· 163

8.2　太阳能的光电利用 ··· 163

8.3　太阳能的光化学利用 ··· 168

思考与练习 ·· 171

第 9 章　核化学 ·· 172

9.1　原子结构 ·· 172

9.2　放射性 ·· 176

9.3　射线与物质的相互作用 ·· 178

9.4　辐射及探测 ··· 179

9.5　核反应 ·· 180

9.6　放射化学分离方法 ··· 181

9.7　放射性元素化学 ··· 182

9.8　热原子化学 ··· 183

9.9　核能 ··· 184

9.10　核分析技术 ··· 186

　　思考与练习 ……………………………………………………………………… 187

第 10 章　氢能与盐差能 ………………………………………………………… 188

　10.1　氢能 …………………………………………………………………………… 188

　10.2　盐差能 ………………………………………………………………………… 192

　　思考与练习 ……………………………………………………………………… 194

参考文献 …………………………………………………………………………… 195

附录 ………………………………………………………………………………… 197

　附录 1　热力学数据 ……………………………………………………………… 197

　附录 2　标准电极电势(25 ℃) …………………………………………………… 209

第1章 化学与能源

能源,从字面上来讲,是能量的来源或源泉。中国《能源百科全书》说:"能源是可以直接或经转换提供人类所需的光、热、动力等任一形式能量的载能体资源"。如煤炭、石油、核燃料、水、风、生物体等;或从这些物质中再加工制造出的新物质,如焦炭、煤气、液化气、煤油、汽油、柴油、电、沼气等。因此可以说,能源是能够提供某种形式能量的物质,即能够提供机械能、热能、光能、电磁能、化学能、核能、辐射能等各种能量的资源。也有些物质只有在运动中才能提供能量,这些物质的运动也称为能源,如空气和水的运动所产生的风能和水能。

能源是人类生存和发展的重要物质基础,是人类从事各种经济及社会活动的原动力,也是人类社会经济发展水平的重要标志。能源、物质和信息被称为客观世界的三大基础或三大要素。这三大要素与生物技术合称为现代社会繁荣和发展的四大支柱,构成了人类文明进步的先决条件。从人类利用能源的历史中可以清楚地看到,每一种能源的发展和利用都把人类利用自然的能力提高到一个新的水平,能源科学技术的每一次重大突破也都带来了世界性的产业革命和经济飞跃,从而极大地推动了社会的进步。哈佛大学的安瑟尼·G·欧廷格教授将三个要素间的关系描述为:没有物质,什么东西也不存在;没有能量,什么事情也不会发生;没有信息,什么事情也没有意义。在当今世界,能源的发展,能源和环境,是全世界、全人类共同关心的问题,也是我国社会经济发展的重要问题。

当今全球能源整体发展趋势是能源生产与能源消费持续增长,能源结构正在从化石能源向清洁能源转变。2017年世界能源消费量为135亿t(石油当量),其增长率超过了前十年的平均增长率,再创新高。经济合作与发展组织(OECD)成员国对能源的消费量同比增加了1.3%,而非OECD成员国的能源消费量则同比增加了2.8个百分点。由于经济发展速度加快,发展中国家对石油、天然气的需求大幅增长。其中,中国2017年的能源消费量同比增长了3%,占全球能源消费增量的三分之一。随着经济发展和人口的不断增长,世界一次能源消费量也在不断增加,但发达国家增长速率明显低于发展中国家,其能源消费结构趋向优质化。虽然世界石油消费总量没有丝毫减少的趋势,但石油、煤炭消费所占比例在缓慢下降,天然气的消费比例却在不断上升;同时,核能、风能、水力、地热等其他形式的新能源逐渐被开发和利用,形成了目前以化石燃料为主,可再生能源、新能源与之并存的能源结构格局。此外,由于地区资源赋存的不均衡,能源贸易运输压力也在增大。

在中国,能源工业在许多领域已接近或赶上世界先进水平,这是值得欣慰的地方。但是同时也应该对中国的资源情况进行客观准确的分析。中国自然资源总量排世界第七位,能源资源总量约4万亿t标准煤,居世界第三位。煤保有储量为10 024.9亿t,精查可采储量为893亿t;石油资源量为930亿t,天然气资源量为38万亿m^3,现已探明的石油和天然气储量只占资源总量约20%和约3%;水力可开发装机容量为3.78亿kW,居世界首位;新能源与可再生能源资源丰富,风能资源量约为16亿kW,可开发利用的风能资源约2.53亿

kW,地热资源的远景储量为 1 353.5 亿 t 标准煤,探明储量为 31.6 亿 t 标准煤,太阳能、生物质能、海洋能等储量更是居于世界领先地位。但因我国人口众多,人均能源资源相对匮乏。我国人口占世界总人口 21%,已探明的煤炭储量占世界储量的 11%、原油占 2.4%、天然气仅占 1.2%。人均能源资源占有量不到世界平均水平的一半,石油仅为十分之一。

2017 年,能源消费增速回升,全国能源消费总量达 44.9 亿 t 标准煤,同比增长 2.9%,增速较前一年提高 1.5 个百分点。能源消费结构不断优化,煤炭消费量占能源消费总量的比重为 60.4%,同比下降 1.6 个百分点。清洁能源消费占能源消费总量的比重达到 20.8%,同比上升 1.3 个百分点。其中,非化石能源消费占一次能源消费比重达到 13.8%。电能占终端能源消费的占比不断提高,2017 年,电能占我国终端能源消费比重约 24.9%,同比提高约 1 个百分点。2017 年,能源生产总体稳中有升。一次能源生产总量达到 35.9 亿 t 标煤,同比增长 3.6%。其中,化石能源生产占比 82.3%,同比下降 0.4 个百分点,非化石能源生产占比 17.3%。我国已成为世界上水电、风电、太阳能发电装机第一大国。

从能源消费构成来看,煤炭消费比重明显降低,清洁能源比重提高,能源消费结构不断优化。2015 年煤炭消费占全国能源消费总量的 64.0%,比 2012 年下降 4.5 个百分点;石油消费占 18.1%,比 2012 年提高 1.1 个百分点;天然气消费占 5.9%,比 2012 年提高 1.1 个百分点;一次电力及其他能源消费占 12%,比 2012 年提高 2.3 个百分点;清洁能源消费共占 17.9%,比 2012 年提高 3.4 个百分点。据国家能源局统计数据显示,2017 年上半年中国能源形势主要有以下六个特点:一是能源消费总体回暖。上半年,中国能源消费回暖,其中煤炭消费转为正增长,除建材行业外,电力、钢铁、化工行业用煤同比均为正增长;石油消费平稳,天然气消费大幅增长,城市燃气、工业燃料、发电用气均保持较快增长;用电增速大幅回升。二是能源结构进一步优化。煤炭消费比重下降,清洁能源消费比重提高。三是能源需求增长的新旧动能持续转换。四是能源供给不断改善。五是能源供需总体宽松。六是能源行业效益分化。

随着我国经济的快速发展和人民生活水平的不断提高,我国年人均能源消费量将逐年增加,预计到 2050 年将达到 2.38 t 标准煤左右,相当于目前世界平均值,远低于发达国家目前的水平。人均能源资源相对不足,是中国经济社会可持续发展的一个限制因素,这也是我国发展新能源与可再生能源,开辟新的能源供应渠道的一个重要原因。

由于目前占主导地位的能源大多属于传统能源或不可再生能源,再加上其使用后对环境的污染比较严重,故未来能源更倾向于向新能源和可再生能源方向发展。未来会大力发展太阳能利用、地热发电、大功率风力发电、潮汐发电、生物质能发电技术以及核能技术。另外波能、可燃冰、煤层气、微生物等也有可能成为人类广泛应用的新能源。总之,能源发展总体趋势是向着可持续、可再生、清洁能源等方面发展的。

现代化社会是建立在巨大的能源消耗基础上的,所以大力开发和合理利用能源,特别是大力开发新能源,乃人类未来之所系。在世界新技术革命浪潮的冲击下,大规模耗能型工业体系终将成为过去,将代之以节能型和新能源型生产体系。要实现这样一个巨大转变,化学肩负着重大的责任。

化学能是常见的一种能量形式,目前人类把化石燃料作为主要能源使用,就是在利用其化学能。化学能与其他能量形式间的转换必然涉及化学反应,化学反应导致物质的转化,物质的转化又必然伴随着化学能与其他能量形式的转换。这使得通过改变能源形态和利用方式从而达到人们对能源利用的要求成为可能。

煤的合理利用在很多方面离不开化学。由于原煤利用中的缺点,人们正在探求将煤转换成清洁能源的各种方法,其中煤的液化是比较经济和可期望的。煤可以通过加氢使之液化而达到较为合理的利用。煤加氢液化的主要化学过程是:第一步,在一定的温度下,煤热解生成自由基。这些自由基在有足够的氢存在时便能得到饱和而稳定下来,若没有加氢或加氢不足,则自由基之间相互结合转变为不溶性的焦。第二步,发生供氢反应。一般都用溶剂作介质,具有供氢能力的溶剂主要是部分氢化的缩合芳环,如四氢萘、四氢喹啉、9,10-二氢菲等,供氢溶剂给出氢后又能从气相吸收氢,如此反复,起到了传递氢的作用。在具有供氢能力的溶剂环境和较高的氢气压力条件下,第一步生成的自由基与氢发生反应,最终转变为油及其他低分子产物。第三步,脱杂原子反应。煤的主要组成元素是 C 和 H,此外还含有一定量的 O、S、N 等杂原子,这些杂原子在加氢条件下会先后与氢反应生成 H_2O、H_2S、NH_3 等小分子化合物而脱除。

太阳能的转化和储存可以通过化学来实现。随着近代科学技术的发展,人类对能量的需求也越来越大,而矿物燃料的开采已有日趋枯竭之势,因此对新能源的开发成为众所关注的重要课题。占地球上总能量的 99% 以上的太阳能,取之不尽,用之不竭,又无污染,一直是人们梦寐以求的理想能源,是未来人类利用能量的最大源泉。但是,太阳能的利用存在着两大难题,一是能量密度低;二是受季节、气候、时间、纬度等自然条件的限制。若要有效利用太阳能,就必须设计出高效的集光装置,以提高能量密度和解决能量的贮存问题。而太阳能的化学转换和贮存就成为可期待的发展方向。太阳能的化学转换和贮存大体上分为三种类型,即光热转换、光电转换、光化学转换。以光电转化为例,迅速发展的太阳能电池是利用光电转换效应将太阳能直接转换为电能的装置。目前,太阳能电池种类较多,主要是单晶硅电池、砷化镓电池、非晶硅电池等。有机太阳能电池是正在进行研究的一种新型电池,目前尚未进入实用化阶段,但由于它的制作工艺简单、成本低廉,因此是一种颇有希望的电池,近来以酞菁、部花菁和聚乙炔三种材料的太阳能电池研究较多,发展较快。太阳能电池在我国已成功地用作抽水泵和航道浮标灯的电源,在人造地球卫星上用作工作电源等。在国外太阳能游览车、太阳能飞机都已试验成功。但是目前太阳能电池效率还很低,成本还较高,这是今后化学工作者研究和改进的重要课题。

生物质能的转换及应用离不开化学。由光合作用产生的植物生物质是把太阳能转化为化学能,并以有机物的形式贮存于植物体内,这一部分能量叫生物质能。在当今世界能源结构中,生物质能起着举足轻重的作用。据估计世界能耗的七分之一来自植物生物质,特别是在发展中国家,生物质能占的比重更大,在我国占四分之一以上。生物质资源的开发利用,关系到广大农村的能源、肥料、卫生及农业生态平衡,也与城市的能源供应、"三废"治理、环境保护息息相关,是一项具有重大经济意义和社会意义的工作。生物质大多是固体燃料,通过直接燃烧可将生物质的化学能转化为热能供给人类利用。然而这种直接燃烧由于燃烧技术和设备不完善,特别是在条件不具备的农村地区使用,能源利用效率很低,只有 10%～15%,很多过程还无法使用它。因此,生物质能只有通过气化或液化这些化学的或生物化学的过程转化成气体或液体燃料后才能高效而方便地使用。生物质能主要的气化和液化过程有:① 生物质(包括农副产品的下脚料或废弃物、有机废液、人畜粪便等)通过好氧分解,即在生酸菌的作用下,把较复杂的大分子有机物变成较简单的小分子物质,进而在甲烷菌的作用下经厌氧分解,将生物质分解为甲烷(俗称沼气),是目前普遍采用的一种生物质能转换技术;② 淀粉、纤维素等多糖类物质在一定条件下水解变成单糖和二糖,再经发酵转化为乙醇(酒精)。

可以依靠化学来推进氢能的开发及应用。氢能的开发由来已久,早在20世纪六七十年代就取得了较大发展。氢的制取是一个复杂的过程,它涉及化学、生物、物理等方面的知识。目前,制取氢的主要方法有以下几种:

一是从含烃的化石燃料中制取氢;二是电解水制氢;三是生物化学制氢;四是化学制氢;五是在等离子体的作用下,将煤、石油、天然气与水蒸气反应制得氢和一氧化碳的工艺技术。方法一技术成熟,成本低,但是该方法是以煤、石油、天然气等化石燃料为原料,无法使人们摆脱对常规能源的依赖,并且会产生大量的环境污染物。方法二的实施需要依赖大量的外加电能,虽然它原料丰富,但还是摆脱不了对常规的化石能源的依赖,并且在消费电能的同时,也会产生大量有害气体和有害物质,因此这两种方法在目前来看均不是十分可行的方法。生物化学制氢,化学制氢和等离子体法制氢是目前正在实验中并且已经取得可观成效的几种方法,尤其是生物化学制氢,原料广泛(包括一切植物、微生物材料,工业有机物和废水等)、成本低廉、反应条件温和。该方法产氢所转化的能量来自生物质能和太阳能,完全脱离了常规的化石燃料;并且使用该方法制氢,反应产物为二氧化碳,氢气和氧气,二氧化碳经过处理仍是有用的化工产品。由此可见,生物化学制氢是可实现零排放的绿色无污染环保工程。因此,发展生物制氢技术符合国家对环保和能源发展的中、长期政策,前景光明,预期将来会有重大突破。

综上所述,能源与化学存在着天然的密切的不可分离的关系,能源工业在很大程度上依赖于化学过程,能源消费的90%以上依靠化学技术。在生态环境越来越被重视的当下,怎样控制低品位燃料的化学反应,使我们既能保护环境又能使能源得到合理转化利用,化石能源的转化和综合利用及可再生新能源的开发等至关重要,而这些都离不开以化学为核心的技术的发展。因此,对一个从事能源行业的工作者而言,不掌握或不了解一定的与能源有关的化学知识是不可想象的。

第 2 章　化学反应基础知识

在研究化学反应时,人们普遍会关心这样的问题:当几种物质放在一起,能否发生反应? 反应到什么程度? 反应能量有什么变化? 反应速率多大? 反应机理如何? 前三个问题属于化学热力学问题,后两个问题属于化学动力学问题。在能源化学反应的研究过程中,将对此进行简要的讨论。

2.1　几个基本概念

2.1.1　化学热力学概念

热力学(thermodynamics)全称热动力学,是自然科学的一个分支,主要研究热量和功之间的转化关系。它着重研究物质的平衡状态以及准平衡态的物理、化学过程。热力学是热学理论的一个方面,它从能量转化的观点来研究物质的热性质,揭示了能量从一种形式转换为另一种形式时遵从的宏观规律。热力学是总结物质的宏观现象、归纳无数事实而得到的热学理论,不涉及物质的微观结构和微观粒子的相互作用。因此它是一种唯象的宏观理论,具有高度的可靠性和普遍性。热力学三定律是热力学的基本理论。

用热力学第一定律定量地研究化学反应中的热、功和热力学能的相互转化,定义了热力学函数——焓。用热力学第二定律预测化学反应的方向和限度至关重要,如果一个反应根本不可能发生,采取任何加快反应的措施都是毫无意义的。只有可能发生的反应才能通过改变或控制外界条件,使其以一定的速率达到反应的最大限度——化学平衡。这种利用热力学原理研究化学反应的科学就叫化学热力学,也叫热化学。

2.1.2　系统与环境

自然界的事物是相互联系的。为了方便研究,人们常常把作为研究对象的那部分物质和空间称为体系或系统,把体系之外并与体系密切联系的其他物质和空间称为环境。例如,我们研究一个密闭容器内的化学反应,就可以把容器内的反应物、生成物及容器内的空气称为体系或系统,而容器及以外的物质就是环境。如果容器是敞开的,则体系与环境的界面可以通过想象确定。

体系与环境是一个整体的两个部分,按照体系与环境之间通过物质交换和能量交换的情况,通常把体系分为敞开体系、封闭体系、孤立体系三种模型(图 2-1):

(1)敞开体系:体系与环境之间既有能量交换又有物质交换;

(2)封闭体系:体系和环境之间无物质交换,只有能量交换;

(3)孤立体系:体系与环境之间既无物质交换,又无能量交换。

事实上,孤立体系是不存在的,但是为了方便研究,人们往往把一个体系在某些条件下近似为孤立体系。所以说,孤立体系是处理一些极端问题而建立的一种理想模型。

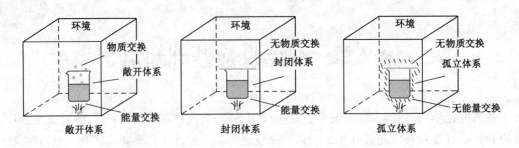

图 2-1   三种不同体系示意图

2.1.3   状态和状态函数

研究体系的变化,就是研究它的状态的变化。体系的状态(state)是指体系所有化学性质、物理性质的总和。描述体系状态的宏观性质,称为状态函数(state function)。例如,理想气体的状态,通常可用温度(T)、压力(p)、体积(V)和物质的量(n)四个物理量来描述。当这些性质确定时,体系就处在一定的状态;当体系状态一定,体系的所有性质也都有确定值。当体系的一个状态函数或若干个状态函数发生变化时,则体系的状态也随之发生变化。变化前的状态称为始态;变化后的状态则称为终态。

热力学状态与通常说的物质的存在状态(气、液、固)不是一个概念。状态函数具有以下特征:

(1) 体系的状态一定,状态函数的数值就有一个相应的确定值。但体系状态变化时,状态函数的变化只与始态和终态有关,与具体途径无关。

例如,将 1 L 水由 25 ℃升温至 80 ℃,可以直接加热到 80 ℃;也可以先冷却到 0 ℃,再加热到 80 ℃;无论变化的具体过程如何,温度的变化值 $\Delta T = T_2(80 ℃) - T_1(25 ℃) = 55 ℃$。

(2) 体系的各个状态函数之间存在一定的制约关系。

例如,理想气体的四个变量 p、V、n、T 之间由理想气体状态方程 $pV = nRT$ 约束,当其中的三个变量固定时,第四个变量也必然有固定值,而其中的任意一个变量变化时,则至少有另外一个变量随之而变。

(3) 状态函数的集合(和、差、积、商)也是状态函数。

状态函数按其性质又可分为两类:

强度性质(intensive properties):其量值与体系中物质的量多少无关,仅决定于体系本身的性质,即不具有加和性;通常是由两个广度性质之比构成。例如:温度、密度、压力、黏度等。

容量性质(extensive propterties):这种性质与体系中物质的量成正比,具有加和性。当将体系分成若干份时,体系的这些性质等于各部分该性质之和。例如:体积、内能、焓、熵等。

2.1.4   过程和途径

过程(process):当体系状态发生任意的变化时,这种变化称为"过程"。例如,气体的

液化、固体的溶解、化学反应等,体系的状态都发生了变化。热力学上常见的过程有下列几种:

等温过程(isothermal process):体系在等温条件下发生的状态变化过程;

等压过程(isobar process):体系在等压条件下发生的状态变化过程;

等容过程(isovolum process):体系在等容条件下发生的状态变化过程;

绝热过程(isothermal process):体系与环境之间没有热量交换的过程。

途径(path):体系由一种状态变到另一状态可以经由不同的方式,这种始态变到终态的具体步骤称为途径。对于每一个变化过程,其途径可以有多种。但无论采用何种途径,状态函数的增量仅取决于体系的始、终态,而与状态变化的途径无关。

2.1.5 相

系统中物理性质和化学性质完全相同而与其他部分有明确界面分隔开来的任何均匀部分称为相。只有一个相的体系,称单相系或均匀系(homogenous system);具有两个或两个以上相的体系,称多相系或不均匀系(heterogenous system)。区分一个体系属于单相系还是多相系的关键是判断体系有无明显界面,而与体系是否为纯物质无关。例如,一般认为气态物质可以无限混合,因此气体物质及其混合物均视为单相系;液体物质,如能相互溶解,则形成单相系,如酒精与水;如不互溶,混合时形成明显界面,为多相系,如四氯化碳和水。固态物质较为复杂,如果体系中不同物质达到分子程度的混合,形成固熔体,则视为单相系。除此之外,很难实现不同固态物质的分子、离子级混合,因此体系中有多少固体物质,就有多少相。如碳的三种同素异形体石墨、金刚石和 C_{60} 共存时,则视为三个相。

2.1.6 热力学标准状态

(1)理想气体状态方程

$$pV = nRT$$

(2)分压定律

$$p = \sum p(B)$$

$$p(B) = \frac{n(B)}{n_{总}} p_{总} = x(B) p_{总} \tag{2-1}$$

(3)热力学标准状态

当系统中各种气态物质的分压均为标准压力 $p^{\ominus}$(100 kPa),固态和液态物质表面承受的压力都等于标准压力 $p^{\ominus}$,溶液中各物质的浓度均为 1 mol·L^{-1},严格地说浓度应为 1 mol·kg^{-1} 时,我们就说这个热力学系统处于热力学标准态。

2.1.7 反应进度

对于化学反应: $$a A + b B \longrightarrow d D + e E$$

反应进度: $$\xi = \Delta\xi = \xi(t) - \xi(0) = \frac{n(\xi) - n(0)}{\nu} = \frac{\Delta n}{\nu}$$

注意:

(1)ξ 是指化学反应按某一反应方程式进行的程度;

(2)热力学中的每摩尔反应是按反应方程式 $\xi = 1.0$ mol 的反应;

(3)对于给定反应,当 $\xi = 1.0$ mol 时,其对应热、功、热力学能等物理量,单位为

$J \cdot mol^{-1}$或 $kJ \cdot mol^{-1}$;

（4）反应进度 ξ 与该反应在一定条件下达到平衡时的转化率无关。

2.2 化学反应的能量变化

2.2.1 化学键

化学反应中为什么会有能量变化而且不同的反应吸收或释放的能量也不同。在讨论宏观现象的同时，有必要在微观上予以讨论。通常除了稀有气体之外，大多数物质是依靠原子或离子间的某种强的作用力而将多个原子或离子结合在一起的，这种强相互作用力称为化学键（chemical bond）。这种作用力的形成或改变需要能量，或者说化学键的改变伴随着能量的变化。化学键分为离子键、共价键、配位键和金属键。

2.2.1.1 离子键

当电负性较小的活泼金属（如第ⅠA族的 K、Na 等）和电负性较大的活泼非金属（如第ⅦA族的 F、Cl 等）元素的原子相互靠近时，因前者易失电子形成正离子，后者易获得电子而形成负离子，正、负离子因静电作用力结合在一起，形成了离子型化合物。这种由正、负离子之间的静电引力形成的化学键叫作离子键（ionic bond）。离子键无饱和性、无方向性。离子键通常存在于离子晶体中。

1916 年德国科学家 Kossel（科塞尔）提出离子键理论，该理论认为能形成典型离子键的正、负离子的外层电子构型一般都是 8 电子的，例如氯和钠以离子键结合成氯化钠。电负性大的氯会从电负性小的钠抢走一个电子，以符合八隅体。之后氯会以－1 价的方式存在，而钠则以＋1 价的方式存在，两者再以库仑静电力因正负相吸而结合在一起，因此也有人说离子键是金属与非金属结合用的键结方式。而离子键可以延伸，所以并无分子结构。

离子键有强弱之分，其强弱影响该离子化合物的熔点、沸点和溶解性等性质。离子键越强，其熔点越高。离子半径越小或所带电荷越多，阴、阳离子间的作用就越强。例如钠离子的微粒半径比钾离子的微粒半径小，则氯化钠（NaCl）中的离子键较氯化钾（KCl）中的离子键强，所以氯化钠的熔点比氯化钾的高。再如镁离子比钠离子电荷多，氧离子比氯离子电荷多，则 MgO 中的离子键较 NaCl 中的离子键强，所以氧化镁比氯化钠的熔点高。

离子键的实质是静电作用力，依据 $F \propto (q_1 \cdot q_2)/r^2$，$F$ 的大小与离子的电荷数 q 和离子之间的距离 r（与离子半径的大小）相关，半径大，导致离子间距大，所以作用力小；相反，半径小，则作用力大。从能量角度来看，物质相互吸引的作用力越大，破坏其结合需要的能量也就越大。

2.2.1.2 共价键

同种非金属元素，或者电负性数值相差不很大的不同种元素，一般以共价键结合形成共价型单质或共价型化合物。

共价键是原子间通过共用电子对（电子云重叠）而形成的相互作用。形成重叠电子云的电子在所有成键的原子周围运动。共价键有饱和性和方向性。一个原子有几个未成对电子，便可以和几个自旋方向相反的电子配对成键，也就是说，共价键具有饱和性。共价键饱和性的产生是由于电子云重叠（电子配对）时仍然遵循泡利不相容原理。电子云重叠只能在一定的方向上发生重叠，而不能随意发生重叠，因此共价键具有方向性。共价键方向性的产生是由于形成共价键时,电子云重叠的区域越大,形成的共价键越稳定,所以,形成共价键时总是沿着电子云重叠程度最大的方向形成(这就是最大重叠原理)。

按照成键电子对的偏移情况来分,共价键分为极性键和非极性键两种。

在化合物分子中,不同种原子形成的共价键,由于两种原子吸引电子的能力不同,共用电子对必然偏向吸引电子能力较强的原子一方,因而吸引电子能力较弱的原子一方相对的显正电性。这样的共价键叫作极性共价键,简称极性键。例如:HCl 分子中的 H—Cl 键属于极性键。有一个简单的判断极性键与非极性键的方法,即比较形成该化合物中各原子的电负性,电负性越大的原子吸引电子的能力越强。但是要注意,有极性键构成的化合物,不一定是极性化合物。例如甲烷,它就是有极性键的非极性分子,原因是正负电荷中心重合。

由同种元素的原子间形成的共价键,叫作非极性共价键。同种原子吸引共用电子对的能力相等,成键电子对匀称地分布在两核之间,不偏向任何一个原子,成键的原子都不显电性。非极性键可存在于单质分子中(如 H_2 中 H—H 键、O_2 中 O=O 键、N_2 中 N≡N 键),也可以存在于化合物分子中(如 C_2H_6 中的 C—C 键)。非极性键的键偶极矩为 0。以非极性键结合形成的分子都是非极性分子。存在于非极性分子中的并非都是非极性键,如果一个多原子分子在空间结构上的正电荷几何中心和负电荷几何中心重合,那么即使它由极性键组成,它也是非极性分子。由非极性键结合形成的晶体可以是原子晶体,也可以是混合型晶体或分子晶体。例如,碳单质有三类同素异形体:依靠 C—C 非极性键可以形成正四面体骨架型金刚石(原子晶体)、层型石墨(混合型晶体),也可以形成球型碳分子富勒烯 C_{60}(分子晶体)。例如:Cl_2 分子中的 Cl—Cl 键就属于非极性键。离子键和共价键之间,并非严格截然可以区分的。可将离子键视为极性共价键的一个极端,而另一极端为非极性共价键,如图 2-2 所示。

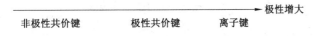

图 2-2 化学键极性变化

化合物中不存在百分之百的离子键,即使是 NaF 的化学键之中,也有共价键的成分,即离子间除靠静电作用力外,还同时存在共用电子对的作用。

2.2.1.3 配位键

配位键又称配位共价键,是一种特殊的共价键。当共价键中的共用电子对是由成键两原子中的其中一个原子独自供应时,这种共价键就称为配位共价键,简称配位键。配位键形成后,就与一般共价键无异,二者的区别只体现在成键过程上。配位键成键的两原子间共享的两个电子不是由两原子各提供一个,而是来自一个原子。例如氨和三氟化硼可以形成配位化合物:在 F 和 B 之间的一对电子仅由来自 N 原子上的孤对电子提供,而 B 原子则提供接受孤电子对的空轨道。

2.2.1.4 金属键

金属键是主要存在于金属中的一种化学键,由自由电子及排列成晶格状的金属离子之间的静电吸引力组合而成。在金属晶体中,自由电子作穿梭运动,它不专属于某个金属离子而为整个金属晶体所共有。这些自由电子与全部金属离子相互作用,从而形成某种结合,这种作用称为金属键。由于金属只有少数价电子能用于成键,因此金属在形成晶体时,倾向于构成极为紧密的结构,使每个原子都有尽可能多的相邻原子(金属晶体一般都具有高配位数和紧密堆积结构),这样,电子能级可以得到尽可能多的重叠,从而形成金属键。由于电子的自由运动,金属键没有固定的方向,因而是非极性键。金属键影响金属的很多特性。例如一般金属的熔点、沸点随金属键的强度而升高。金属键的强弱通常与金属离子半径成逆相关,与金属内部自由电子密度成正相关(便可粗略看成与原子外围电子数成正相关)。

2.2.2 键能

键能是表示在通常外界条件下化学键强弱的一个物理量。键能的定义是:在 101.3 kPa、298 K 下,将 1 mol 气态 AB(理想气体、标准状态)键断开为气态 A、B(理想气体、标准状态)原子时所吸收的能量,称为 AB 键的键能(严格地应叫标准键离解能)。通常用符号 B. E. 表示,一般化学键键能在 $125\sim630$ kJ·mol^{-1}(键)范围之内。

不同的共价键的键能差距很大,一般键能越大,表明键越牢固,由该键构成的分子也就越稳定。键能的大小与成键原子的核电荷数、电子层结构、原子半径、所形成的共用电子对数目等有关。反应热的大小可通过键能计算。

实验测得 1 mol H_2 与 1 mol Cl_2 反应生成 2 mol HCl 时放出 184.6 kJ 的热量,这是该反应的反应热。任何化学反应都有反应热,这是由于在化学反应过程中,当反应物的化学键断裂时,需要克服原子间的相互作用,需要吸收能量,当原子结合成产物分子,即新化学键形成时,又要释放能量。

就上述反应来说,当 1 mol H_2 分子中的化学键断裂时需要吸收 436 kJ 的能量,1 mol Cl_2 分子中的化学键断裂时需要吸收 243 kJ 的能量,而 2 mol HCl 分子中化学键形成时要释放 862 kJ(431 kJ·mol^{-1}×2 mol=862 kJ)的能量,如图 2-3 所示。

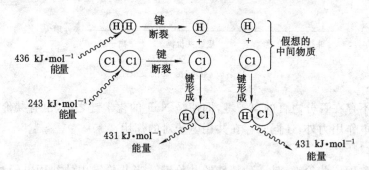

图 2-3   HCl 分子形成过程能量变化示意图

$H_2(g)+Cl_2(g)=2HCl(g)$ 的反应热,应等于生成物分子形成时所释放的总能量(862 kJ)与反应物分子断裂时所吸收的总能量(678 kJ)的差,即释放出 183 kJ 的能量。显然,分析结果与实验测得的反应热(184.6 kJ)很接近。

键能的数据通常可以由热化学的方法来计算,也可以通过光谱实验来测定。一般来说,键能越大,键越牢固,由该键构成的分子也就越稳定。表 2-1 是一些普通双原子分子键能的数据。

表 2-1	双原子分子键能		kJ·mol⁻¹
分子	键能	分子	键能
Li₂	105	LiH	~243
Na₂	72.4	NaH	197
K₂	49.4	KH	180
Rb₂	45.21	RbH	163
Cs₂	43.5	CsH	176
F₂	154.8	HF	565
Cl₂	239.7	HCl	428
Br₂	190.16	HBr	362
I₂	148.95	HI	294
N₂	941.96	NO	678
O₂	493.59	CO	1 071

2.2.3　分子间力

　　前面讨论的离子键、共价键和金属键都是原子间比较强的作用力,原子依靠这种作用力形成分子或晶体。分子间还存在着另一些比较弱的相互作用力,其性质与化学键相似,均属于电磁力,但要比化学键弱得多。它一般可分为取向力、诱导力、色散力、氢键和疏水作用等,前三者通常称为范德瓦耳斯力。液体的表面张力、蒸发热、物质的吸附能等性质常随分子间力的增大而增加。量子力学理论使人们正确理解分子间力的来源和本质,而超分子化学的兴起又极大地推动了对分子间力的研究。气体分子能够凝聚成液体和固体,主要就是靠这种分子间力。分子间力的大小,对于物质的许多性质都有影响。我国化学家唐敖庆等在 20 世纪 60 年代就对分子间力做过完整的理论处理,在国际上处于领先地位。

　　共价分子相互接近时可以产生性质不同的作用力。当非极性分子相互靠近时,由于电子、原子、原子核的不停运动,正负电荷中心不能总是保持重合,在某一瞬间往往会有瞬间偶极存在。瞬间偶极之间的异极相吸而产生的分子间作用力称为色散力。

　　当极性分子相互靠近时[图 2-4(a)],通过电偶极的相互作用,极性分子在空间就按异极相吸的状态取向[图 2-4(b)]。由固有电偶极之间的作用而产生的分子间力叫作取向力。由于取向力的存在,极性分子相互更加靠近[图 2-4(c)],同时在相邻分子的固有偶极作用下,使每个分子的正负电荷中心更加分开了,产生了诱导偶极[图 2-4(d)]。诱导偶极与固有偶极之间产生的分子间力叫作诱导力。因此,在极性分子之间还存在诱导力。诱导力还存在于极性分子和非极性分子之间。

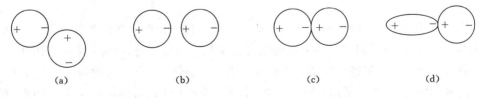

(a)　　　　　　(b)　　　　　　(c)　　　　　　(d)

图 2-4　极性分子间相互作用示意图

综上所述,分子间力是永远存在于分子间的。在不同的分子之间,分子间力的种类和大小不相同。分子间作用力的来源是取向力、诱导力和色散力。一般说来,极性分子与极性分子之间,取向力、诱导力、色散力都存在;极性分子与非极性分子之间,则存在诱导力和色散力;非极性分子与非极性分子之间,则只存在色散力。这三种类型的力的比例大小,决定于相互作用分子的极性和变形性。极性越大,取向力的作用越重要;变形性越大,色散力就越重要;诱导力则与这两种因素都有关。但对大多数分子来说,色散力是主要的。分子间作用力的大小可从作用能反映出来。只有当分子的极性很大时才以取向力为主;而诱导力一般较小,如表 2-2 所示。

表 2-2　　　　　　　　　　　　　分子间作用能 E 的分配　　　　　　　　　　　　　$kJ \cdot mol^{-1}$

分子	取向	诱导	色散	总能量
H_2	0	0	0.17	0.17
Ar	0	0	8.48	8.48
Xe	0	0	18.40	18.40
CO	0.003	0.008	8.79	8.79
HCl	3.34	1.1003	16.72	21.05
HBr	1.09	0.71	28.42	30.22
HI	0.58	0.295	60.47	61.36
NH_3	13.28	1.55	14.72	29.65
H_2O	36.32	1.92	8.98	47.22

从表 2-2 可见,分子间作用能很小(一般为 $0.2 \sim 50$ kJ $\cdot$ mol^{-1}),与共价键键能(一般为 $100 \sim 450$ kJ $\cdot$ mol^{-1})相比可以差 $1 \sim 2$ 个数量级。分子间力没有方向性和饱和性。分子间力的作用范围很小,它随分子间距离的增加迅速减弱。所以气体在压力较低的情况,因分子间距离较大,可以忽略分子间作用力。

2.2.4　氢键

除上述分子间力之外,在某些化合物的分子之间或分子内还存在着与分子间力大小接近的另一种作用力——氢键。氢键是指氢原子与电负性较大的 X 原子(如 F、O、N 原子)以极性共价键相结合的同时,还能吸引另一个电负性较大而半径又较小的 Y 原子,其中 X 原子与 Y 原子可以相同,也可以不同。氢键可简单表示为:X—H…Y。能形成氢键的物质相当广泛,例如 HF、H_2O、NH_3、无机含氧酸和有机羧酸、醇、胺、蛋白质以及某些合成高分子化合物等分子(或分子链)间都存在着氢键。因为这些物质的分子中,含有 F—H、O—H、N—H 键。

氢键与分子间力最大的区别在于氢键具有方向性和饱和性。在大多数情况下,一个连接在 X 原子上的 H 原子只能与一个电负性大的 Y 原子形成氢键,键角大多接近 180°。

氢键可分为分子间氢键与分子内氢键两大类。一个分子的 X—H 键与另一个分子的 Y 相结合而成的氢键,称为分子间氢键。例如,水、甲酸、乙酸等缔合体就是通过分子间氢键而形成的。除了这种同类分子间的氢键外,不同分子间也可形成氢键,例如:

根据红外光谱的研究结果,表明分子间氢键一般呈直线型(其理由见前面氢键的方向性的论述)。因此,水结成冰,其晶体为四面体构型。即每一个水分子,位于四面体中心,在它周围有四个水分子,分别以氢键和它相连。

在某些分子里,如邻位硝基苯酚中的羟基 O—H 也可与硝基的氧原子生成氢键,即:

这种一个分子的 X—H 键与它内部的 Y 相结合而成的氢键称为分子内氢键。

红外吸收光谱表明,由于受环状结构中其他原子的键角限制,分子内氢键 X—H…Y 不能在同一直线上(一般键角约为 $150°$)。分子内氢键的形成会使分子钳环化。

氢键的键能虽然比共价键弱得多,但是分子间存在氢键时,加强了分子间的相互作用,从而使物质的某些性质发生改变。氢键在生物化学中有着重要的意义。例如蛋白质分子中存在着大量的氢键,有利于蛋白质分子空间结构的稳定存在。DNA 中碱基配对和双螺旋结构的形成也依靠氢键的作用。

分子的极性、分子间力以及氢键对由共价型分子组成的物质的物理性质,如熔点、沸点、溶解性等有着重要的影响。

2.3　热力学第一定律

2.3.1　热和功

能量传递有两种形式:热和功。

热(heat):体系与环境之间因存在温度差异而发生的能量交换形式,用符号 Q 表示,具有能量单位(J 或 kJ)。对一个体系而言不能说它具有多少热,只能讲它从环境吸收了多少热或释放给环境多少热。热力学中规定:

体系向环境吸热,Q 取正值($Q>0$,体系能量升高);

体系向环境放热,Q 取负值($Q<0$,体系能量下降)。

功(work)是热以外传递或交换能量的另一方式,用符号 W 表示,具有能量单位(J 或 kJ)。常见的功有体积功、表面功、电功、机械功等。

功有多种形式,通常把功分为两大类:由于体系体积变化而与环境产生的功称体积功 W(volume work)或膨胀功(expension work);除体积功以外的所有其他功都称为非体积功 W'(也叫有用功)。在化学过程中,由于大多数化学反应是在敞开容器中进行的,反应时体系由于体积变化而对抗外界压力做功,因此体积功具有特殊意义。如果体系只做膨胀功,则体系向环境做的功为:

$$W = -p_{外}(V_2 - V_1) = -p_{外} \Delta V$$

式中,W 是体积功,$p_{外}$ 是外压,ΔV 是反应过程中体系体积变化。通常规定:

体系体积膨胀时,$\Delta V > 0$,$p_{外}\Delta V > 0$,W 为负值。

体系体积收缩时,$\Delta V < 0$,$p_{外}\Delta V < 0$,W 为正值。

因此,体系对外做的总功为:

$$W_{总} = -p_{外}(V_2 - V_1) + W' = -p_{外}\Delta V + W' \tag{2-2}$$

必须指出,热和功都不是体系的状态函数,除了与体系的始态、终态有关以外还与体系状态变化的具体途径有关。

2.3.2 热力学能(U)

热力学能(thermodynamic energy),又称内能(internal energy),它是体系内部各种形式能量的总和,用符号 U 表示,具有能量单位(J 或 kJ)。在一定条件下,体系的热力学能与体系中物质的量成正比,即热力学能具有加和性。热力学能 U 是体系的状态函数,体系状态变化时热力学能变 ΔU 仅与始、终状态有关而与过程的具体途径无关。$\Delta U > 0$,表明体系在状态变化过程中热力学能增加;$\Delta U < 0$,表明体系在状态变化过程中热力学能减少。

由于体系内部质点的运动及相互作用很复杂,目前我们还无法确定体系某状态下热力学能 U 的绝对值。在实际化学过程中,人们关心的是体系在状态变化过程中的热力学能变 ΔU,而不是体系的热力学能 U 的绝对值。

体系处于一定状态时,具有一定的热力学能。在状态变化过程中,体系与环境之间可能发生能量交换,使体系和环境的热力学能发生改变。

当封闭系统从环境吸收热量 Q,同时环境又对系统做功 W,在此过程中系统内能的改变量 ΔU 为:

$$\Delta U = U_2 - U_1 = Q + W \text{(封闭体系)}$$

例 2-1 某系统从始态变到终态,从环境吸热 200 kJ,同时对环境做功 300 kJ,求系统与环境的热力学能改变量。

解 $\Delta U_{体系} = Q + W$

$\Delta U_{体系} = 200 + (-300) = -100 \text{(kJ)}$

$\Delta U_{体系} = -\Delta U_{环境}$

$\Delta U_{环境} = 100 \text{(kJ)}$

2.3.3 化学反应热

反应热的定义:当产物与反应物温度相同并且在化学反应时只做膨胀功的条件下,化学反应过程中系统吸收或放出的热量。

(1)定容反应热(Q_V)

若系统在变化过程中保持体积恒定,此时的热称为定容热。

$$W = -p\Delta V = 0$$

$$\Delta U = Q_V + W$$

$$Q_V = \Delta U$$

(2)定压反应热(Q_p)

若反应在定压条件下发生,只做体积功无其他功,此时的反应热称为定压反应热。在定压过程中,由于:

$$p_1 = p_2 = p_{ex} \qquad W = -p_{ex}\Delta V$$

$$\Delta U = Q_p + W = Q_p - p_{ex}\Delta V$$

$$U_2 - U_1 = Q_p - p_{ex}(V_2 - V_1) = Q_p - p_2V_2 + p_1V_1$$

$$Q_p = (U_2 + p_2V_2) - (U_1 + p_1V_1) = \Delta(U + pV)$$

Q_p 与 Q_V 间存在的关系：

$$Q_p = \Delta(U + pV) = \Delta U + p\Delta V = Q_V + p\Delta V \qquad (2\text{-}3)$$

令：$H = U + pV$，H 称为焓。

由于 U、p、V 均为系统的状态函数,所以焓(H)也是系统的状态函数。

所以有：

$$Q_p = \Delta H$$

对于在等温等压条件下进行的气体反应而言：

$$\Delta U = Q_p + W$$

$$W = -p\Delta V = -\Delta n(\mathrm{g})RT, \quad \Delta U = Q_V$$

所以有：

$$Q_p = Q_V + \Delta n(\mathrm{g})RT$$

或

$$\Delta H = \Delta U + \Delta n(\mathrm{g})RT \qquad (2\text{-}4)$$

2.3.4　热化学方程式

对于一个化学反应而言,等压条件下反应吸收或放出的热量通常用反应焓变(enthalpy of reaction)来表示,符号为 $\Delta_r H$。左下标"r"意为 reaction,代表一般化学反应。反应焓变等于反应终态产物的总焓与始态物质的总焓之差。

$$\Delta H = \sum H(\text{终态}) - \sum H(\text{始态}) \qquad (2\text{-}5)$$

化学反应与反应热关系又可以用热化学反应方程式来表达。如:在 298.15 K,100 kPa 下,1 mol $H_2(\mathrm{g})$ 和 0.5 mol $O_2(\mathrm{g})$ 反应生成 $H_2O(\mathrm{g})$,热效应 $Q_p = -241.82$ kJ·mol^{-1}。其热化学方程式为：

$$H_2(\mathrm{g}) + 1/2\ O_2(\mathrm{g}) \longrightarrow H_2O(\mathrm{g}) \qquad \Delta_r H_m = -241.82 \text{ kJ·mol}^{-1}$$

其中,$\Delta_r H_m$ 称为摩尔反应焓变(molar enthalpy of reaction),右下标 m 表示 $\xi = 1$ mol 时的反应焓变。$\Delta_r H_m$ 常用单位为 J·mol^{-1} 或 kJ·mol^{-1}。

书写热化学方程式应注意以下几点：

(1) 应注明反应的温度和压力。如果反应条件为 298.15 K、100 kPa,可忽略不写。

(2) 应注明参与反应的各物质的聚集状态,以 g、l、s 分别表示气、液、固态。物质的聚集状态不同,其反应热亦不同。因此,计算一个化学反应的 $\Delta_r H_m$ 必须明确写出其化学反应计量方程式。不给出反应方程式的 $\Delta_r H_m$ 是没有意义的。

2.3.5　热化学定律(盖斯定律)

1840 年,俄国化学家盖斯(G. H. Hess,1802～1850 年)总结了大量热化学实验数据得出一个结论:在等压或等容的条件下的任意化学反应,在不做其他功时,无论是一步完成还是几步完成,其反应热的总值相等。

盖斯定律本质就是热力学第一定律——能量守恒定律:即一个化学反应,不论是一步完成还是分多步完成,其反应热是相同的。即反应热只与反应系统的始、终态有关,与变化的途径无关。这是热化学中最基本的规律。

2.3.6 标准摩尔生成焓

在温度 T，标准压力 $p^\ominus$ 下，由参考状态的单质生成 1 mol 物质的反应的标准摩尔焓变，称为该物质的标准摩尔生成焓，用符号 $\Delta_f H_m^\ominus$ 表示，下标 f 表示生成反应。

$$H_2(g)+1/2O_2(g)=H_2O(l) \qquad \Delta_f H_m^\ominus(298.15\text{ K})=-285.8\text{ kJ}\cdot\text{mol}^{-1}$$

$$\Delta_f H_m^\ominus(\text{参考状态单质},T)=0$$

如石墨、液态溴、斜方硫、O_2、H_2、N_2 等均为最稳定的单质，其对应的标准摩尔生成焓值为零。

$$\Delta_f H_m^\ominus(H^+,\text{aq},\infty)=0$$

2.3.7 标准摩尔反应焓变及其计算

如果反应是在标准状态下反应的，则可用标准摩尔反应焓（standard molar enthalpy of reaction，$\Delta_r H_m^\ominus$）来表示。其右上标"$\ominus$"表示为标准态。物质的标准状态是在标准压力 $p^\ominus$（100 kPa）下和某一指定温度下的物质的物理状态。$\Delta_r H_m^\ominus(T)$，括号内"T"表示指定温度。

对具体的物质而言，相应的标准态如下：

① 纯理想气体物质的标准态是该气体处于标准压力 $p^\ominus$ 下的状态；混合理想气体中任一组分的标准态是该气体组分的分压为 $p^\ominus$ 时的状态；

② 纯液体（或纯固体）物质的标准态就是标准压力 $p^\ominus$ 下的纯液体（或纯固体）；

③ 溶液中溶质的标准态是指标准压力 $p^\ominus$ 下溶质的浓度为 1 mol·L^{-1} 时的理想溶液。

必须注意，在标准态的规定中只规定了压力 $p^\ominus$，并没有规定温度。处于标准状态和不同温度下的体系的热力学函数有不同的值。一般的热力学函数值均为 298.15 K（即 25 ℃）时的数值，若非 298.15 K 须特别指明。

在温度 T 及标准状态下同一个化学反应的反应物和产物存在如图 2-5 所示的关系，它们均可由等物质量的、同种类的参考状态单质生成。

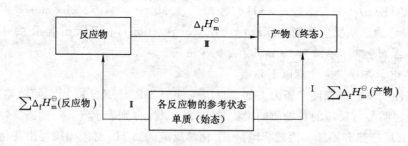

图 2-5 标准摩尔生成焓与标准摩尔反应焓之间的关系

由盖斯定律可以导出：

$$\text{反应Ⅲ}=\text{反应Ⅰ}-\text{反应Ⅱ}$$

化学任何反应的标准摩尔反应焓等于产物的标准摩尔生成焓的总和减去反应物的标准摩尔生成焓的总和。

对于一般的化学反应：

$$a\text{A}+b\text{B}=g\text{G}+d\text{D}$$

$$\Delta_r H_m^{\ominus} = [g\Delta_f H_m^{\ominus}(G) + d\Delta_f H_m^{\ominus}(D)] - [a\Delta_f H_m^{\ominus}(A) + b\Delta_f H_m^{\ominus}(B)] \qquad (2\text{-}6)$$

或表示为

$$\Delta_r H_m^{\ominus} = \sum \nu_B \Delta_f H_m^{\ominus}(B) \qquad (2\text{-}7)$$

式中 ν_B 表示反应式中物质 B 的化学计量数。在大多数情况下,对一给定反应,当温度 T 变化时,产物随温度变化所引起的熔变与反应物随温度变化所引起的熔变相差不多,因此温度改变时,反应熔变的变化不明显,在无机及分析化学计算中,可不考虑温度的影响。

例 2-2　1 mol $C_2H_5OH(l)$ 于恒定 298.15 K、100 kPa 条件下与理论量的 $O_2(g)$ 进行下列反应:

$$C_2H_5OH(l) + 3O_2(g) \longrightarrow 2CO_2(g) + 3H_2O(g)$$

求这一过程的标准摩尔反应熔 $\Delta_r H_m^{\ominus}$。

解

$$\begin{aligned}
\Delta_r H_m^{\ominus} &= [2\Delta_f H_m^{\ominus}(CO_2,g) + 3\Delta_f H_m^{\ominus}(H_2O,g)] - [3\Delta_f H_m^{\ominus}(O_2,g) + \Delta_f H_m^{\ominus}(C_2H_5OH,l)] \\
&= [2\times(-393.51) + 3\times(-241.82)] - [3\times0 + (-277.69)] \\
&= -1\,234.79\ (kJ\cdot mol^{-1})
\end{aligned}$$

2.4　化学反应的方向

2.4.1　自发过程

自然界发生的过程都有一定的方向性。例如水总是自动地从高处向低处流,热从高温物体传向低温物体;铁在潮湿的空气中容易生锈。这种在一定条件下不需外界做功,一经引发就能自动进行的过程,称为自发过程。而要使水从低处输送到高处,需借助水泵做机械功来实现;要使水常温下分解成氢气和氧气,则需要通过电解过程来实现。类似于这种需要通过外界作用力才能实现的过程称为非自发过程。化学反应在给定条件下能否自发进行、进行到什么程度是科研和生产实践中的一个重要的问题。

2.4.2　影响化学反应方向的因素

(1) 化学反应熔变——反应自发性的一种判据

在研究各种体系的变化过程时,人们发现自然界的自发过程,一般都朝着能量降低的方向进行。能量越低,体系的状态就越稳定。人们自然想到把熔变与化学反应的方向性联系起来。由于化学反应的熔变可作为产物与反应物能量差值的量度,因此人们起初认为如果一个化学反应的 $\Delta_r H_m^{\ominus} < 0$,即放热反应,体系的能量降低,反应可自发进行。例如:

$$3Fe(s) + 2O_2(g) \longrightarrow Fe_3O_4(s) \qquad \Delta_r H_m^{\ominus} = -1\,118.4\ kJ\cdot mol^{-1}$$

$$CH_4(g) + 2O_2(g) \longrightarrow 2H_2O(l) + CO_2(g) \qquad \Delta_r H_m^{\ominus} = -890.4\ kJ\cdot mol^{-1}$$

$$HCl(g) + NH_3(g) \longrightarrow NH_4Cl(s) \qquad \Delta_r H_m^{\ominus} = -176.0\ kJ\cdot mol^{-1}$$

但是,实践表明,有些化学反应的 $\Delta_r H_m^{\ominus} > 0$,即吸热反应,在高温下亦能自发进行。例如:

$$NH_4Cl(s) \longrightarrow HCl(g) + NH_3(g) \qquad \Delta_r H_m^{\ominus} = 176.0\ kJ\cdot mol^{-1}$$

$$CaCO_3(s) \longrightarrow CaO(s) + CO_2(g) \qquad \Delta_r H_m^{\ominus} = 178.5\ kJ\cdot mol^{-1}$$

上述反应在 298.15 K、标准态下是非自发的,但是当温度分别升高到 621 K 和 1 110 K

时，$NH_4Cl(s)$ 和 $CaCO_3(s)$ 分别开始自发分解。因此仅把反应焓变作为化学反应的普遍判据是不准确的、不全面的。显然，还有其他影响因素的存在。

（2）化学反应熵变——反应自发性的另一种判据

自然界的自发过程，无论是化学变化还是物理变化，体系不仅有趋于最低能量状态的倾向，还有趋于最大混乱度的趋势。例如，两种原先隔开的气体，抽取隔板，两种气体就能自发地混合，直至混合均匀；但无论等多少年，两气体也不能自动分离。又如 NaCl 晶体中的 Na^+ 和 Cl^-，在晶体中的排列是整齐有序的。当 NaCl 晶体投入水中后，晶体表面的 Na^+ 和 Cl^- 受到极性水分子的吸引从晶体表面脱落，形成水合离子并在水中扩散。在 NaCl 溶液中，无论是 Na^+、Cl^- 还是水分子，它们的分布情况比 NaCl 溶解前要混乱得多。又如 $CaCO_3(s)$ 的分解，反应式表明：1 mol 的 $CaCO_3(s)$ 分解产生 1 mol 的 $CaO(s)$ 和 1 mol 的 $CO_2(g)$，反应前后对比，不但物质的种类和"物质的量"增多，而且产生了大量的气体，使整个体系的混乱程度明显增大。这些例子说明任何体系都有向混乱度增加的方向进行的趋势。

混乱度的大小在热力学中是用一个新的热力学状态函数熵（entropy）来量度的，用符号 S 表示，单位为 $J \cdot mol^{-1} \cdot K^{-1}$。所以高度无序的体系具有较大的熵值，而低熵值总是和井然有序的体系相联系。很显然，对同一种物质的熵值有 $S^{\ominus}(g,T) > S^{\ominus}(l,T) > S^{\ominus}(s,T)$；相同状态下，同类物质，相对分子质量愈大，熵值愈大；物质的相对分子质量相近时，复杂分子的熵值大于简单分子。物质的熵值与体系的温度、压力有关。一般温度升高，体系中微粒的无序性增加，熵值增大；压力增大，微粒被限制在较小空间内运动，熵值减小。

2.4.3　标准摩尔熵及标准摩尔反应熵计算

在绝对温度零度（0 K）时，纯物质的完美晶体空间排列是处于整齐有序的。此时体系的熵值 $S^*(0\ K)=0$，其中"*"表示完美晶体。在这个基准上，就可以确定其他温度下物质的熵值。即以 $S^*(0\ K)=0$ 为始态，以温度为 T 时的指定状态 $S(B,T)$ 为终态，所算出的 1 mol 物质 B 的反应熵 $\Delta_r S_m(B)$ 即为物质 B 在该指定状态下的摩尔规定熵 $S_m(B,T)$，即：

$$\Delta_r S_m(B) = S_m(B,T) - S^*(B,0\ K) = S_m(B,T)$$

在标准状态下的摩尔规定熵称标准摩尔熵，用 $S_m^{\ominus}(B,T)$ 表示，在 298.15 K 时，简写为 $S_m^{\ominus}(B)$。注意，在 298.15 K，标准状态下，最稳定单质的标准摩尔熵 $S_m^{\ominus}(B)$ 并不等于零。这与标准状态稳定单质的标准摩尔生成焓 $\Delta_f H_m^{\ominus}(B)=0$ 不同。

不同水合离子的标准摩尔熵是以 $S_m^{\ominus}(H^+,aq)=0$ 为基准而求得的相对值。一些物质在 298.15 K 下的标准摩尔熵和一些常用水合离子的标准摩尔熵见附录1。

由于熵是状态函数，由标准摩尔熵 $S_m^{\ominus}$ 求标准摩尔反应熵 $\Delta_r S_m^{\ominus}$ 的计算，类似于求标准摩尔反应焓变 $\Delta_r H_m^{\ominus}$。

对于一般的化学反应：　　　　　$a\text{A} + b\text{B} =\!=\!= g\text{G} + d\text{D}$

$$\Delta_r S_m^{\ominus} = [g S_m^{\ominus}(G) + d S_m^{\ominus}(D)] - [a S_m^{\ominus}(A) + b S_m^{\ominus}(B)] \tag{2-8}$$

或表示为　　　　　　　　$\Delta_r S_m^{\ominus} = \sum \nu_B S_m^{\ominus}(B)$ 　　　　　　（2-9）

例 2-3　求下列反应在 298.15 K 时的标准摩尔反应熵。

$$NH_4Cl(s) =\!=\!= NH_3(g) + HCl(g)$$

解　查表并将数据代入下式

$$\Delta_r S_m^{\ominus} = [S_m^{\ominus}(NH_3,g) + S_m^{\ominus}(HCl,g)] - S_m^{\ominus}(NH_4Cl,s)$$

$$=[192.70+186.9] \text{ J} \cdot \text{mol}^{-1} \cdot \text{K}^{-1} - 94.56 \text{ J} \cdot \text{mol}^{-1} \cdot \text{K}^{-1}$$

$$=285.04 \text{ J} \cdot \text{mol}^{-1} \cdot \text{K}^{-1}$$

温度升高,粒子的热运动加快,因而粒子处于较大的混乱状态,所以物质的熵随温度的升高而增加。但在大多数情况下,当反应确定后,产物所增加的熵与反应物所增加的熵相差不多,因此温度改变时,化学反应的反应熵变化不明显。在无机及分析化学中,计算化学反应的反应熵时可不考虑温度的影响。

2.4.4　吉布斯自由能——化学反应方向的最终判据

前面我们遇到体系发生自发变化的两种驱动力:趋向于最低能量和最大混乱度状态。这两种因素事实上决定了宏观化学反应方向。为了确定一个过程(反应)自发性的判断,1878 年美国著名物理化学家吉布斯(Gibbs)由热力学定律证明,对于一个恒温等压下,非体积功等于零的过程,该过程如果是自发的,则过程的焓、熵和温度三者的关系为:

$$\Delta H - T \Delta S < 0$$

热力学定义:

$$G = H - TS \tag{2-10}$$

G 为状态函数 H、T 和 S 的集合,亦必为状态函数,称为吉布斯函数(Gibbs function),又称吉布斯自由能,其单位为 $\text{J} \cdot \text{mol}^{-1}$ 或 $\text{kJ} \cdot \text{mol}^{-1}$。

对一个恒温等压不做非体积功的过程,体系从始态 G_1 变化到终态 G_2,有:

$$\Delta G = G_2 - G_1 = \Delta H - T \Delta S \tag{2-11}$$

ΔG 可以作为判断过程能否自发进行的判据。即:

$$\Delta G < 0 \qquad \text{自发进行}$$

$$\Delta G = 0 \qquad \text{平衡状态}$$

$$\Delta G > 0 \qquad \text{不能自发进行(其逆过程是自发的)}$$

从式(2-11)可以看出,ΔG 的值取决于 ΔH、ΔS 和 T,按 ΔH、ΔS 的符号及温度 T 对化学反应 ΔG 的影响,可归纳为四种情况,见表 2-3。

表 2-3　　　　　等压下 ΔH、ΔS 及 T 对 ΔG 及反应自发性的影响

各种情况	ΔH 符号	ΔS 符号	ΔG 符号	反应情况
1	(－)	(＋)	(－)	在任何温度都自发进行
2	(＋)	(－)	(＋)	在任何温度都非自发进行
3	(＋)	(＋)	低温(＋) 高温(－)	低温非自发 高温自发
4	(－)	(－)	低温(－) 高温(＋)	低温自发 高温非自发

2.4.5　标准摩尔生成吉布斯函数与标准摩尔反应吉布斯函数变

与标准摩尔生成焓定义类似,温度 T 时,在标准状态下,由最稳定态单质 B 的反应其反

应进度为 1 mol 时的标准摩尔反应吉布斯函数变 $\Delta_r G_m^\ominus$，称为该物质 B 在温度 T 时的标准摩尔生成吉布斯函数，其符号为 $\Delta_f G_m^\ominus(B,T)$。热力学规定，在标准状态下所有最稳定态单质的标准摩尔生成吉布斯函数 $\Delta_f G_m^\ominus(B) = 0\ kJ \cdot mol^{-1}$。

附录 1 中列出了常见物质的标准摩尔生成吉布斯函数 $\Delta_f G_m^\ominus(298.15\ K)$ 和一些常见水合离子的标准摩尔生成吉布斯函数。

对于一般的化学反应：$aA + bB == gG + dD$

$$\Delta_r G_m^\ominus = [g\Delta_f G_m^\ominus(G) + d\Delta_f G_m^\ominus(D)] - [a\Delta_f G_m^\ominus(A) + b\Delta_f G_m^\ominus(B)] \qquad (2\text{-}12)$$

或表示为

$$\Delta_r G_m^\ominus = \sum \nu_B \Delta_f G_m^\ominus(B)$$

也可从吉布斯函数定义得到：

$$\Delta_r G_m^\ominus = \Delta_r H_m^\ominus - T\Delta_r S_m^\ominus \qquad (2\text{-}13)$$

由于 $\Delta_r H_m^\ominus$ 和 $\Delta_r S_m^\ominus$ 随温度的变化不大，可以近似认为与温度无关，所以可用 298.15 K 时的 $\Delta_r H_m^\ominus$ 和 $\Delta_r S_m^\ominus$ 替代其他任意温度下的 $\Delta_r H_m^\ominus(T)$ 和 $\Delta_r S_m^\ominus(T)$，来计算任意温度下的 $\Delta_r G_m^\ominus(T)$。因此，式(2-13)可变为

$$\Delta_r G_m^\ominus(T) \approx \Delta_r H_m^\ominus(298.15\ K) - T\Delta_r S_m^\ominus(298.15\ K)$$

例 2-4　计算反应 $Na_2O_2(s) + H_2O(l) = 2NaOH(s) + 1/2O_2(g)$ 在 298.15 K 时的标准摩尔反应吉布斯函数变 $\Delta_r G_m^\ominus$，并判断此时反应的方向。

解

$\Delta_r G_m^\ominus = [2\Delta_f G_m^\ominus(NaOH,s) + 1/2\Delta_f G_m^\ominus(O_2,g)] - [\Delta_f G_m^\ominus(Na_2O_2,s) + \Delta_f G_m^\ominus(H_2O,l)]$

$\quad\quad = [2 \times (-379.5) + 0] - [(-447.7) + (-237.2)]\ kJ \cdot mol^{-1}$

$\quad\quad = -74.1\ kJ \cdot mol^{-1} < 0$

所以此时反应正向进行。

例 2-5　估算反应 $CaCO_3(s) \rightarrow CaO(s) + CO_2(g)$ 在标准状态下的最低分解温度。

解　要 $CaCO_3(s)$ 分解反应进行，须 $\Delta_r G_m^\ominus < 0$，即

$\Delta_r G_m^\ominus = \Delta_r H_m^\ominus - T\Delta_r S_m^\ominus < 0$

$\Delta_r H_m^\ominus = \Delta_f H_m^\ominus(CaO,s) + \Delta_f H_m^\ominus(CO_2,g) - \Delta_f H_m^\ominus(CaCO_3,s)$

$\quad\quad = [(-653.09) + (-393.51) - (-1\ 206.92)]\ kJ \cdot mol^{-1}$

$\quad\quad = 160.32\ kJ \cdot mol^{-1}$

$\Delta_r S_m^\ominus = S_m^\ominus(CaO,s) + S_m^\ominus(CO_2,g) - S_m^\ominus(CaCO_3,s)$

$\quad\quad = (39.75 + 213.7 - 92.9)J \cdot mol^{-1} \cdot K^{-1}$

$\quad\quad = 160.5\ J \cdot mol^{-1} \cdot K^{-1}$

$160.32 \times 10^3\ J \cdot mol^{-1} - T \times 160.5\ J \cdot mol^{-1} \cdot K^{-1} < 0$

$$T_{分解} > \frac{160.32 \times 10^3 J \cdot mol^{-1}}{160.5\ J \cdot mol^{-1} \cdot K^{-1}} = 998.88\ K$$

所以 $CaCO_3(s)$ 的最低分解温度为 998.88 K。

必须指出的是，$\Delta_r G_m^\ominus$ 只能判断某一反应在标准状态时能否自发进行。若反应处于非标准态时，不能直接用 $\Delta_r G_m^\ominus$ 来判断，必须计算 $\Delta_r G_m$ 才能判断反应方向。

2.5　化学反应的限度——化学平衡

　　根据 ΔG 值可以判断一个化学反应能否自发发生。但是,即便是自发进行的化学反应,也只能进行到一定限度。正向反应速率和逆向反应速率逐渐相等,反应物和生成物的浓度就不再变化,这种表面静止的状态就叫作"平衡状态"。在实际生产中需要知道:如何控制反应条件,使反应按照我们所需要的方向进行,在给定条件下反应进行的最高限度是什么等等,这些问题都有赖于热力学的基本知识。把热力学基本原理和规律应用于化学反应可以从原则上确定反应进行的方向、平衡的条件、反应能达到的最高限度等。

2.5.1　化学平衡的特点

　　(1) 动态平衡,反应物和生成物的浓度恒定但并非反应处于静止状态,只是正反应速率等于逆反应速率,表观上看似乎反应已经停止。

　　(2) 化学平衡是一种相对平衡,当外界条件(浓度、压力和温度)改变时,化学平衡将发生移动,经过一定时间后会建立起新的平衡。

2.5.2　化学平衡的热力学判据

　　对于恒温恒压下不做非体积功的化学反应,当 $\Delta_r G < 0$ 时,系统在 $\Delta_r G$ 的推动下,使反应沿着确定的方向自发进行。随着反应的不断进行,$\Delta_r G$ 值越来越大,当 $\Delta_r G = 0$ 时,反应因失去推动力而在宏观上不再进行了,即反应达到了平衡状态。$\Delta_r G = 0$ 就是化学平衡的热力学标志或称反应限度的判据。

2.5.3　平衡常数

2.5.3.1　标准平衡常数 $K^{\ominus}$ 与 $\Delta_r G_m^{\ominus}$

　　实验表明,在一定温度下,当化学反应处于平衡状态时,以其化学反应的化学计量数(绝对值)为指数的各产物与各反应物分压或浓度的乘积之比为一个常数。例如,对于一般化学反应:

$$N_2(g) + 3H_2(g) \rightleftharpoons 2NH_3(g)$$

$$aA(g) + bB(g) \rightleftharpoons gG(g) + dD(g)$$

$$\frac{[p^{eq}(G)]^g \cdot [p^{eq}(D)]^d}{[p^{eq}(A)]^a \cdot [p^{eq}(B)]^b} = K_p$$

$$\frac{[c^{eq}(G)]^g \cdot [c^{eq}(D)]^d}{[c^{eq}(A)]^a \cdot [c^{eq}(B)]^b} = K_c$$

　　K_p 与 K_c 分别称为压力平衡常数与浓度平衡常数,都是从考察实验数据而得到的,所以称为实验平衡常数。

　　K_p 与 K_c 都是有量纲的量,且随反应的不同,量纲也不同,给平衡计算带来很多麻烦,也不便于研究与平衡有重要价值的热力学函数相联系,为此本书一律使用标准平衡常数 $K^{\ominus}$ (简称平衡常数)。对于理想气体反应系统:

$$0 = \sum_B \nu_B B$$

$$K^{\ominus} = \prod_B [p_B^{eq}/p^{\ominus}]^{\nu_B} \tag{2-14}$$

例 2-6　对于合成氨反应　　　$N_2(g) + 3H_2(g) \Longrightarrow 2NH_3(g)$

$$K^{\ominus} = \frac{[p(NH_3)/p^{\ominus}]^2}{[p(N_2)/p^{\ominus}][p(H_2)/p^{\ominus}]^3}$$

例 2-7　$C(石墨) + CO_2(g) \Longrightarrow 2CO(g)$

$$K^{\ominus} = \frac{[p(CO)/p^{\ominus}]^2}{[p(CO_2)/p^{\ominus}]}$$

$K^{\ominus}$ 只是温度的函数。$K^{\ominus}$ 值越大,说明反应进行得越彻底,反应物的转化率越高。

2.5.3.2　标准平衡常数 $K^{\ominus}$ 的确定

(1) 实验测定

例 2-8　恒温恒容下,$2GeO(g) + W_2O_6(g) = 2GeWO_4(g)$,若反应开始时,GeO 和 W_2O_6 的分压均为 100.0 kPa,平衡时 $GeWO_4(g)$ 的分压为 98.0 kPa。求平衡时 GeO 和 W_2O_6 的分压以及反应的标准平衡常数。

	$2GeO(g)$	$+$	$W_2O_6(g)$	$=$	$2GeWO_4(g)$
开始 p_B/kPa	100.0		100.0		0
变化 p_B/kPa	-98.0		98.0/2		98.0
平衡 p_B/kPa	100.0$-$98.0		100.0$-$98.0/2		98.0

$$p(GeO) = 100.0 \text{ kPa} - 98.0 \text{ kPa} = 2.0 \text{ kPa}$$

$$p(W_2O_6) = 100.0 \text{ kPa} - 98.0/2 \text{ kPa} = 51.0 \text{ kPa}$$

$$K^{\ominus} = \frac{[p(GeWO_4)/p^{\ominus}]^2}{[p(GeO)/p^{\ominus}]^2[p(W_2O_6)/p^{\ominus}]} = \frac{(98.0/100)^2}{(2.0/100)^2(51.0/100)} = 4.7 \times 10^3$$

(2) 由 $\Delta_r G_m^{\ominus}$ 计算

平衡时　$\Delta_r G_m^{\ominus}(T) = 0$　　$\Delta_r G_m^{\ominus} = -RT\ln K^{\ominus}$

$$\Delta_r G_m(T) = \Delta_r G_m^{\ominus}(T) + RT\ln \prod_B (p_B^{eq}/p^{\ominus})^{\nu_B} = 0$$

2.5.3.3　书写 K 的表达式应注意的事项

(1) $K^{\ominus}$ 表达式可直接根据化学计量方程式写出。

$$CaCO_3(s) = CaO(s) + CO_2(g)$$

$$K^{\ominus} = p(CO_2)/p^{\ominus}$$

$$MnO_2(s) + 4H^+(aq) + 2Cl^-(aq) = Mn^{2+}(aq) + Cl_2(g) + 2H_2O$$

$$K^{\ominus} = \frac{[c(Mn^{2+})/c^{\ominus}][p(Cl_2)/p^{\ominus}]}{[c(H^+)/c^{\ominus}]^4[c(Cl^-)/c^{\ominus}]^2}$$

(2) $K^{\ominus}$ 的数值与化学计量方程式的写法有关。

$$N_2(g) + 3H_2(g) = 2NH_3(g) \qquad K_1^{\ominus} = \frac{[p(NH_3)/p^{\ominus}]^2}{[p(N_2)/p^{\ominus}][p(H_2)/p^{\ominus}]^3}$$

$$\frac{1}{2}N_2(g) + \frac{3}{2}H_2(g) = NH_3(g) \qquad K_2^{\ominus} = \frac{[p(NH_3)/p^{\ominus}]}{[p(N_2)/p^{\ominus}]^{\frac{1}{2}}[p(H_2)/p^{\ominus}]^{\frac{3}{2}}}$$

显然 $K_1^{\ominus} \neq K_2^{\ominus}$,若已知 500 ℃,$K_1^{\ominus} = 7.9 \times 10^{-5}$,则 $K_2^{\ominus} = (K_1^{\ominus})^{\frac{1}{2}} = 8.9 \times 10^{-3}$

(3) $K^{\ominus}$ 不随压力和组成而变,但 $K^{\ominus}$ 与 $\Delta_r G_m^{\ominus}$ 一样都是温度 T 的函数。所以应用 $K^{\ominus}$

与 $\Delta_r G_m^{\ominus}$ 关系公式时，$K^{\ominus}$ 必须与 $\Delta_r G_m^{\ominus}$ 的温度一致，且应注明温度。若未注明，一般是指 $T = 298.15$ K。

2.5.4　多重平衡

在指定条件下，一个反应系统中的某一种（或几种）物质同时参与两个（或两个以上）的化学反应并共同达到化学平衡，称为同时平衡，也称多重平衡。

特点：达到平衡的多个反应中至少有一种物质是共同的。平衡系统中，共同的物种的状态是确定的，即只能有一个浓度（或分压）数值，因此，各个平衡间必定存在某种联系。

① 若反应 4＝反应 1＋反应 2＋反应 3，则 $K_4^{\ominus} = K_1^{\ominus} \cdot K_2^{\ominus} \cdot K_3^{\ominus}$

② 若反应 4＝反应 1＋反应 2－反应 3，则 $K_4^{\ominus} = (K_1^{\ominus} \cdot K_2^{\ominus})/K_3^{\ominus}$

③ 若反应 3＝n 反应 1－m 反应 2，则 $K_3^{\ominus} = (K_1^{\ominus})^n/(K_2^{\ominus})^m$

例 2-9　在 823 K 时，反应① $CO_2(g) + H_2(g) = CO(g) + H_2O(g)$　　　$K_{p1} = 0.14$

② $CoO(s) + H_2(g) = Co(s) + H_2O(g)$　　　$K_{p2} = 67$

求：③ $CoO(s) + CO(g) = Co(s) + CO_2(g)$ 的 K_{p3}。

解　反应③＝反应②－反应①

故：$K_{p3} = K_{p2}/K_{p1} = 67/0.14 = 4.8 \times 10^2$

此结果说明在 823 K 时，CO 可以还原 CoO 制金属钴。

2.5.5　化学平衡的有关计算

有关平衡计算中，应特别注意：

（1）写出配平的化学反应方程式，并注明物质的聚集状态（如果物质有多种晶型，还应注明是哪一种）。

（2）当涉及各物质的初始量、变化量、平衡量时，关键是搞清楚各物质的变化量之比即为反应式中各物质的化学计量数之比。

例 2-10　$C(s) + CO_2(g) = 2CO(g)$ 是高温加工处理钢铁零件时涉及脱碳氧化或渗碳的一个重要化学平衡式。试分别计算该反应在 298.15 K 和 1 173 K 时的平衡常数，并简要说明其意义。

解　计算结果见表 2-4。

表 2-4

T/K	$\Delta_r G_m^{\ominus}$/kJ·mol^{-1}	$K^{\ominus}$	$C + CO_2 = 2CO$
298.15	120.1	9.1×10^{-22}	逆向自发　钢铁渗碳
1 173	-33.83	32	正向自发　钢铁脱碳

从计算结果可以看出，在常温下堆放的煤炭是不会转化成有毒的 CO；反之在高温条件下，则将有利于 CO 的生成。

2.5.6　化学平衡的移动及温度对平衡常数的影响

化学平衡的移动：当外界条件改变时，化学反应从一种平衡状态转变到另一种平衡状态的过程。

吕·查德里(A. L. Le Chatelier)原理:假如改变平衡系统的条件之一,如浓度、压力或温度,平衡就向能减弱这个改变的方向移动。

$\Delta_r G_m$ 判据:

$$\left.\begin{array}{l}\Delta_r G_m=\Delta_r G_m^\ominus-RT\ln Q\\\Delta_r G_m^\ominus=-RT\ln K^\ominus\end{array}\right\}\rightarrow\Delta_r G_m=RT\ln Q/K^\ominus$$

$\Delta_r G_m<0$	$Q/K^\ominus<1$	$Q<K^\ominus$	正向自发
$\Delta_r G_m>0$	$Q/K^\ominus>1$	$Q>K^\ominus$	逆向自发
$\Delta_r G_m=0$	$Q/K^\ominus=1$	$Q=K^\ominus$	化学平衡

凡是能够改变 Q 或 $K^\ominus$ 的因素都会引起化学平衡的移动。

(1) 分压(或浓度)对化学平衡的影响——实质是改变反应熵。

当 p(反应物)、c(反应物)增大或 p(生成物)、c(生成物)减小时,$Q<K$,平衡向正向移动;

当 c(反应物)减小或 c(生成物)增大时,$Q>K$,平衡向逆向移动;

平衡时,$Q=K$。

例 2-11　$N_2(g)+3H_2(g)=2NH_3(g)$ 是生产氮肥的基本反应。400 ℃时反应的平衡常数为 1.9×10^{-4}。如把 0.10 mol N_2,0.040 mol H_2和 0.020 mol NH_3在 400 ℃时封入一个 1.00 L 容器中,反应将向哪个方向进行?

解　先计算各组分的初始分压

由 $p_i=n_iRT/V$,得:

$p_{N_2}=5.5$ atm,$p_{H_2}=2.2$ atm,$p_{NH_3}=1.1$ atm

则　　　　　　　　　　$Q_p=(p_{NH_3})^2/(p_{N_2})\cdot(p_{H_2})^3=2.1\times10^{-2}$

$Q_p>K$,所以反应逆向进行,NH_3分解至平衡。

(2) 压力对化学平衡的影响

对于气体分子数增加的反应,$\sum\nu_B>0$,$Q>K^\ominus$,平衡向逆向移动,即向气体分子数减小的方向移动。

对于气体分子数减小的反应,$\sum\nu_B<0$,$Q<K^\ominus$,平衡向正向移动,即向气体分子数减小的方向移动。

对于反应前后气体分子数不变的反应,$\sum\nu_B=0$,$Q=K^\ominus$,平衡不移动。

(3) 温度对化学平衡的影响

$K^\ominus(T)$是温度的函数。温度对化学平衡的影响是通过改变平衡常数而使化学平衡移动的。

$$\Delta_r G_m^\ominus=-RT\ln K^\ominus\qquad\Delta_r G_m^\ominus=\Delta_r H_m^\ominus-T\Delta_r S_m^\ominus$$

$$\ln K^\ominus=-\frac{\Delta_r H_m^\ominus}{RT}+\frac{\Delta_r S_m^\ominus}{R}\qquad\text{焓变、熵变随温度变化不大}$$

$$\ln K_1^\ominus=-\frac{\Delta_r H_m^\ominus}{RT_1}+\frac{\Delta_r S_m^\ominus}{R}\qquad\ln K_2^\ominus=-\frac{\Delta_r H_m^\ominus}{RT_2}+\frac{\Delta_r S_m^\ominus}{R}$$

$$\ln\frac{K_2^\ominus}{K_1^\ominus}=\frac{\Delta_r H_m^\ominus}{R}\frac{T_2-T_1}{T_2\cdot T_1}\tag{2-15}$$

（4）van't Hoff 方程

J. H. van't Hoff（1852～1911）：荷兰物理化学家，因发现溶液中化学动力学法则和渗透压的规律荣获 1901 年诺贝尔化学奖。对于放热反应，$\Delta_r H_m^{\ominus} < 0$，温度升高，$K^{\ominus}$ 减小，$Q > K^{\ominus}$，平衡向逆向（吸热方向）移动。对于吸热反应，$\Delta_r H_m^{\ominus} > 0$，温度升高，$K^{\ominus}$ 增大，$Q < K^{\ominus}$，平衡向正向（放热方向）移动。

特别注意：

化学平衡的移动或化学反应的方向是考虑反应的自发性，决定于 $\Delta_r G_m$ 是否小于零；而化学平衡则是考虑反应的限度，即平衡常数，它取决于 $\Delta_r G_m^{\ominus}$（注意不是 $\Delta_r G_m$）数值的大小。

2.5.7　化学平衡的应用

（1）解释生活现象

打开冰镇啤酒瓶把啤酒倒入玻璃杯中，杯中立即泛起大量泡沫。啤酒瓶中二氧化碳气体与啤酒中溶解的二氧化碳气体达到平衡，打开啤酒瓶，二氧化碳的压力下降，根据化学平衡移动原理可知：平衡向放出二氧化碳的方向移动，以减弱气体压力下降对平衡的影响；温度是保持平衡的条件，玻璃杯的温度比冰镇啤酒的温度高，根据化学平衡移动原理，平衡应向减弱温度升高的方向移动，即向吸热的方向移动，而从溶液中放出二氧化碳是吸热的，所以，应向溶液中放出二氧化碳气体方向移动。

我们知道，油性污垢中的油脂成分因不溶于水而很难洗去。油脂的化学组成是高级脂肪酸的甘油酯，如果能水解成高级脂肪酸和甘油，那就很容易洗去。油脂水解的方程式是：$(RCOO)_3C_3H_5 + 3H_2O = 3RCOOH + C_3H_5(OH)_3$，这是一个可逆反应。日常生活中以洗衣粉（或纯碱）作洗涤剂，其水溶液呈碱性，能与高级脂肪酸作用，使化学平衡向正反应方向移动。高级脂肪酸转化为钠盐，在水中溶解度增大，因此油污容易被水洗去。在日常生活中，洗衣粉等洗涤剂易溶于温水（特别是加酶洗衣粉）是由于温度升高，洗衣粉溶解度增大，即：浓度较大。温水有利于酶催化蛋白质等高分子化合物水解，同时蛋白质的水解、油脂的水解都是吸热反应，适当提高水温，会使洗涤效果更佳，但也应该注意，一味追求高水温会降低酶的催化能力，使其失去活性，从而降低洗涤效果。

（2）解释工业生产问题

近年来，某些自来水厂在用液氯进行消毒处理时还加入少量液氨，其反应化学方程式为：$NH_3 + HClO = H_2O + NH_2Cl$（一氯氨），$NH_2Cl$ 较 $HClO$ 稳定，加液氨后，使 $HClO$ 部分转化为较稳定的 NH_2Cl，当 $HClO$ 开始消耗后，化学平衡向左移动，又产生了 $HClO$，延长液氯杀菌时间。

（3）科学指导环境保护

人类目前对煤与石油的过度使用，使空气中的 CO_2 浓度增大，导致地球表面温度升高，形成了温室效应。科学家对二氧化碳的增多带来的负面效应较为担忧，于是提出将二氧化碳通过管道输送到海底，这样可以缓解空气中 CO_2 浓度的增加。依据化学平衡移动原理来分析这种做法的科学性：CO_2 溶于水中存在以下平衡：$CO_2 + H_2O = H_2CO_3 = H^+ + HCO_3^-$，由于海底压强大温度低，这有利于 CO_2 的溶解，从而加大二氧化碳与水的反应，使海水的酸性增强，这会造成海水环境的破坏，给海洋环境带来可怕的后果。消除这些影响可行的办法是减少化石能源的利用，开发新的能源。

2.6 化学反应速率

2.6.1 化学动力学概念

化学动力学(chemical kinetics)是研究化学反应速率和历程的学科。虽然它与化学热力学的研究对象都是化学反应系统,但二者的着眼点不同,研究方法也相差甚大。经典化学热力学是研究平衡系统的有力工具。它主要关注化学过程的起始状态和终结状态。它以热力学三个基本定律为基础,用状态函数去研究在一定条件下从给定初态到指定终态的可能性、系统的自发变化方向和限度。至于如何把可能性变为现实性,以及过程进行的速率如何,途径如何,则是化学动力学研究的问题。因此,化学动力学的基本任务是:考察反应过程中物质运动的实际途径;研究反应进行的条件(如温度、压力、浓度、介质、催化剂等)对化学反应过程速率的影响;揭示化学反应能力之间的关系。这使人们能够选择适当反应条件,掌握控制反应的主动权,使化学反应按所希望的速率进行。

各种化学反应的速率极不相同,有的反应进行得很快,如酸碱中和反应、血红蛋白同氧气结合的生化反应等可在 10^{-15} s 的时间内达到平衡;有的反应进行得很慢,如常温下氢气与氧气混合几十年都可能生不成一滴水;某些放射性元素的衰变需要亿万年。为了比较反应的快慢,必须明确反应速率的概念。

速率这一概念总是与时间相联系的,是某一个物理量随时间的变化率。如何定义化学反应的速率? 通常是选取化学反应中的某一物理量,确定其随时间的变化率,并以此来确定反应速率。在一定条件下,化学反应一旦开始,各反应物的量不断减少,各生成物的量不断增加。参与反应的各物质的物质的量随时间不断变化是反应过程中的共同特征。

因此,可以把反应速率表示为 $r = \dfrac{\Delta c}{\Delta t}$,即单位时间内反应物或生成物的物质的量的变化。

2.6.2 平均速率和瞬时速率

化学反应速率是通过实验测量在一定的时间间隔内某反应物或某产物浓度的变化来确定的。监测物质浓度的变化可以采用化学分析和仪器分析的方法。随着反应时间的推移,参与反应的各物质的浓度不断变化,要得到准确的实验数据,必须选用适宜的分析方法并严格控制实验条件。例如准确地控制反应温度;采取冷却或稀释的方法及时地终止反应,以及取样分析时不影响反应的继续进行等。

(1) 平均速率

五氧化二氮分解反应速率的研究是经典的动力学实验之一,在 CCl_4 溶液中,N_2O_5 的分解反应如下:

$$N_2O_5(CCl_4) = N_2O_4(CCl_4) + \frac{1}{2}O_2(g)$$

分解产物之一 N_2O_4 同 N_2O_5 一样,均溶解在 CCl_4 中;另一产物 O_2 在 CCl_4 中不溶,可以收集起来,并准确地测定其体积。有关实验数据见表 2-5。

表 2-5	40 ℃、5.00 mL CCl₄ 中 N₂O₅ 的分解速率实验数据		
t/s	$V_{STP}(O_2)/mL$	$c(N_2O_5)/(mol \cdot L^{-1})$	$r/(mol \cdot L^{-1} \cdot s^{-1})$
0	0.00	0.200	7.29×10^{-5}
300	1.15	0.180	6.46×10^{-5}
600	2.18	0.161	5.80×10^{-5}
900	3.11	0.144	5.21×10^{-5}
1 200	3.95	0.130	4.69×10^{-5}
1 800	5.36	0.104	3.79×10^{-5}
2 400	6.50	0.084	3.04×10^{-5}
3 000	7.42	0.068	2.44×10^{-5}
4 200	8.75	0.044	1.59×10^{-5}
5 400	9.62	0.028	1.03×10^{-5}
6 600	10.17	0.018	
7 800	10.53	0.012	
∞	11.20	0.000	

如同计算物体运动的平均速度那样,反应的平均速率是在某一时间间隔内浓度变化的平均值。例如,从表 2-5 中可以查出:

$$t_1 = 0 \text{ s} \quad c_1(N_2O_5) = 0.200 \text{ mol} \cdot L^{-1}$$

$$t_2 = 300 \text{ s} \quad c_2(N_2O_5) = 0.180 \text{ mol} \cdot L^{-1}$$

$$\bar{r} = -\frac{\Delta c(N_2O_5)}{\Delta t} = -\frac{c_2(N_2O_5) - c_1(N_2O_5)}{t_2 - t_1}$$

$$= -\frac{(0.180 - 0.200)}{(300 - 0) \text{ s}} = 6.66 \times 10^{-5} \text{ mol} \cdot L^{-1} \cdot s^{-1}$$

对大多数化学反应来说,反应开始后,各物质的浓度时刻都在变化着,化学反应速率随时间不断改变,平均反应速率不能确切地反映这种变化,要用瞬时速率表示某一时刻的反应速率。

（2）瞬时速率

化学反应瞬时速率等于时间间隔 $\Delta t \rightarrow 0$ 时的平均速率的极限值。

$$r = \lim_{\Delta t \to 0} \bar{r}$$

通常可用作图法来求得瞬时速率。以浓度 c 为纵坐标,以时间 t 为横坐标,画出 c-t 曲线,曲线上一点切线的斜率的绝对值就是对应于横坐标该 t 时的瞬时速率。

2.6.3　定容反应速率

在化学反应中,反应物和产物的物质的量间的变化关系受化学反应计量式中计量数的制约。反应物的消耗和产物的生成速度随反应的类型的不同而不同, 般情况下,反应系统中反应物和产物的浓度与时间的关系可以用如图 2-6 所示的曲线来表示。化学反应的速率,就是单位时间反应物和产物浓度的改变量,由于反应物产物在反应式中的计量系数不尽一致,所以用不同的物质表示化学反应速率时,其数值也不一致。这种反应速率的表示方法不够简洁明了。反应进度 ξ 与参与反应的物质无关。当反应在定容条件下进行时,温度不变,系统的体积不随时间而改变。

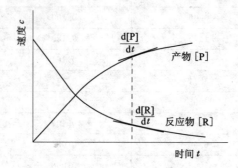

图 2-6　反应物和产物浓度与时间的关系

如对反应:

$$\alpha R \longrightarrow \beta P$$

$$t=0 \qquad n_R(0) \qquad n_P(0)$$

$$t=t \qquad n_R(t) \qquad n_P(t)$$

根据反应进度的定义:

$$\xi = \frac{n_R(t)-n_R(0)}{-\alpha} = \frac{n_P(t)-n_P(0)}{\beta}$$

因为

$$\frac{d\xi}{dt} = -\frac{1}{\alpha}\frac{dn_R(t)}{dt} = \frac{1}{\beta}\frac{dn_R(t)}{dt}$$

定义反应的速率:

$$r = \frac{1}{V}\frac{d\xi}{dt} = \frac{1}{V}\frac{dn_B}{\nu_B dt} = \frac{dc_B}{\nu_B dt}$$

式中 V 为反应系统的体积,ν_B 为计量系数,r 的单位为浓度·时间$^{-1}$。

对于一个任意的等容化学反应:

$$eE + fF \Longrightarrow gG + hH$$

则有:

$$r = -\frac{1}{e}\frac{d[E]}{dt} = -\frac{1}{f}\frac{d[F]}{dt} = \frac{1}{g}\frac{d[G]}{dt} = \frac{1}{h}\frac{d[H]}{dt}$$

对于气相反应,也可以用各种气体的分压来代替浓度,如对反应:

$$N_2O_5(CCl_4) \Longrightarrow N_2O_4(CCl_4) + \frac{1}{2}O_2(g)$$

反应的速率也可以表示为:

$$r' = -\frac{dp_{N_2O_5}}{dt} = \frac{dp_{N_2O_4}}{dt} = 2\frac{dp_{O_2}}{dt}$$

r' 的单位为压力·时间$^{-1}$。

对于理想气体,$p_B = c_B RT$,所以 $r' = r(RT)$。

2.6.4　化学反应速率的测定方法

要确立一个反应的速率,就必须测定不同时刻的反应物或产物的浓度。测定物质浓度的方法有化学法和物理法两种。

（1）化学法

利用化学分析法测定反应中某时刻各物质的浓度，必须使取出的样品立即停止反应的进行。否则，测定的浓度并非是指定时刻的浓度。使反应停止的办法有骤冷、冲稀、加入阻化剂或除去催化剂等。究竟选用哪一种方法，视情况而定，化学法的优点是能直接得出不同时刻浓度的绝对值。

（2）物理法

通过物理性质的测定来确定反应物或产物浓度，例如测定体系的旋光度、折光率、电导、电动势、黏度、介电常数、吸收光谱、压力、体积等的改变。此法较化学法迅速、方便，并可制成自动的连续记录的装置，以记录某物理性质在反应中的变化。但此法不能直接测量浓度，所以要找出浓度与被测物理量之间的关系曲线（工作曲线）。

2.6.5　化学反应的速率方程

同一反应在不同条件下，反应速率会有明显的差异，浓度、温度、催化剂等都是影响反应速率的主要因素，我们将分别加以讨论。

以 CCl_4 中 N_2O_5 分解反应为例，讨论反应速率与反应物浓度间的定量关系。将表 2-5 中不同时间的反应速率与相应的 N_2O_5 浓度的比值计算出来。结果见表 2-6。

表 2-6　　　　40 ℃，5.00 mL CCl_4 中 N_2O_5 分解反应的 $r : c(N_2O_5)$

t/s	$r : c(N_2O_5)/s^{-1}$	t/s	$r : c(N_2O_5)/s^{-1}$
0	3.65×10^{-4}	1 800	3.64×10^{-4}
300	3.59×10^{-4}	2 400	3.62×10^{-4}
600	3.60×10^{-4}	3 000	3.59×10^{-4}
900	3.62×10^{-4}	4 200	3.61×10^{-4}
1 200	3.61×10^{-4}	5 400	3.68×10^{-4}

由表 2-6 看出，N_2O_5 的分解速率与 N_2O_5 的浓度的比值基本上恒定的，可以写作：

$$r = kc(N_2O_5)$$

如果对一般化学反应 $aA + bB \longrightarrow yY + zZ$ 通过实验也可以确定其反应速率与反应物浓度间的定量关系：$r = kc_A^\alpha c_B^\beta$。

该方程式被称为化学反应的速率定律或反应的速率方程。式中 c_A，c_B 分别表示反应物 A 和 B 的浓度，单位为 $mol \cdot L^{-1}$；α，β 分别为 c_A，c_B 的指数，称为反应级数。α，β 是量纲为一的量。通常，反应级数不等于化学反应方程中该物种的化学式的系数，即 $\alpha \neq a$，$\beta \neq b$。如果 $\alpha = 1$，表示该反应对物质 A 为一级反应；$\beta = 2$ 时，该反应对物质 B 是二级反应；二者之和为反应的总级数。某些反应的级数可以是零、正整数、分数，也可以是负数。一级和二级反应比较常见。如果是零级反应，反应物浓度不影响反应速率。

在恒定温度下，化学反应速率与系统中几个或所有各个组分的浓度密切相关，这种依赖关系必须由实验所确定。反应速率往往是参加反应的物质浓度 c 的某种函数关系式。

k 被称为反应速率系数，当 $c_A = c_B = 1.0$ $mol \cdot L^{-1}$ 时，反应速率在数值上等于反应速率系数。即 $k=\dfrac{1}{c_A^\alpha c_B^\beta}r$，$k$ 的单位为 $[c]^{1-(\alpha+\beta)}[t]^{-1}$。对于零级反应，$k$ 的单位为 $mol\cdot L^{-1}\cdot s^{-1}$；一级反应 k 的单位为 s^{-1}；二级反应 k 的单位为 $mol^{-1}\cdot L\cdot s^{-1}$。$k$ 不随浓度而改变，但受温度的影响，通常温度升高，反应速率系数 k 增大。

反应速率系数 k 是表明化学反应速率相对大小的物理量。例如，用来治疗癌症的化学试剂顺铂（cis-$[PtCl_2(NH_3)_2]$）在水溶液中能发生 H_2O 取代 Cl^- 的反应：

不具有治癌作用的反式异构体也能发生相似的取代反应：

两个取代反应都是一级反应，速率常数分别为 $2.5\times10^{-5}\ s^{-1}$ 和 $9.8\times10^{-5}\ s^{-1}$。比较两者的反应速率系数，在相同温度相同浓度下，后者的反应速率是前者的 4 倍。再如强酸强碱的中和反应 25 ℃时的反应速率系数 k 为 $1.4\times10^{11}\ mol\cdot L^{-1}\cdot s^{-1}$，是最快的反应之一。

2.6.6　由实验确定反应速率方程的简单方法——初始速率法

一个化学反应，速率方程必须由实验确定。速率方程中物种浓度的指数（即反应级数 α,β）不能根据化学计量式中相应物种的计量数来推测，只能根据实验来确定。一旦反应级数确定之后，就能确定反应的速率系数 k。最简单的确定反应速率方程的方法是初始速率法。

在一定条件下，反应开始的瞬时速率为初始速率。由于反应刚刚开始，逆反应和其他副反应的干扰小，能较真实地反映出反应物浓度对反应速率的影响。具体操作是：将反应物按照不同组成比配制成一系列混合物。对某一系列不同组成的混合物来说，先只改变一种反应物 A 的浓度，保持其他反应物浓度不改变。在某一温度下反应开始进行时，记录下一定时间间隔内 A 的浓度变化，作出 c_A-t 图，确定 $t=0$ 时的瞬时速率。也可以控制反应条件，使反应时间间隔足够短，以使反应物 A 浓度变化很小（分析方法很灵敏），这时的平均速率可被作为瞬时速率。若能得到至少两个不同 c_A 条件下（其他反应物浓度不变）的瞬时速率，就可以确定反应物 A 的反应级数。同样方法，可以确定其他反应物的级数。这种由反应物初始浓度的变化确定反应速率和速率方程式的方法，称为初始速率法。

例 2-12　在 1 073 K 时，发生反应 $2NO(g)+2H_2(g)\longrightarrow N_2(g)+2H_2O(g)$，试用初始速率法所得到的实验数据，确定该反应的速率方程。

解　在容积不变的反应器中，配制一系列不同组成的 NO 和 H_2 的混合物。先保持 $c(H_2)$ 不变，改变 $c(NO)$，在适当的时间间隔内，通过测定压力的变化，推算出各物种浓度的改变，并确定反应速率。然后保持 $c(NO)$ 不变，改变 $c(H_2)$，进而确定相应条件下的反应速率。实验数据见表 2-7。

表 2-7

试验编号	$c(H_2)/(mol \cdot L^{-1})$	$c(NO)/(mol \cdot L^{-1})$	$r/(mol \cdot L^{-1} \cdot s^{-1})$
1	0.006 0	0.001 0	7.9×10^{-7}
2	0.006 0	0.002 0	3.2×10^{-6}
3	0.006 0	0.004 0	1.3×10^{-5}
4	0.003 0	0.004 0	6.4×10^{-6}
5	0.001 5	0.004 0	3.2×10^{-6}

由表中数据可以看出,当 $c(H_2)$ 不变时,$c(NO)$ 增大至 2 倍,r 增大至 4 倍。这说明 $r \infty$ $\{c(NO)\}^2$;当 $c(NO)$ 不变时,$c(H_2)$ 减少一半,r 也减小一半,即 $r \infty c(H_2)$。因此,该反应速率方程为:

$$r = k\{c(NO)\}^2 c(H_2)$$

该反应对于 NO 是二级反应,对 H_2 是一级反应,总级数为 3。

将表中任意一组数据代入上式,可求得反应速率系数。现将第一组数据代入得:$k = 1.3 \times 10^2$ $mol^{-2} \cdot L^2 \cdot s^{-1}$。一般地,要取多组数据计算的 k 的平均值作为速率方程式中的速率系数。

2.6.7　浓度与时间的定量关系

在控制和监测化学反应的过程中,有时要确定某物质达到预定浓度需要多长时间,或者反应经过一定时间后某物质的浓度。为了解决浓度与时间的定量关系,现在以一级反应为例加以说明。

仍以 CCl_4 中 N_2O_5 分解反应为例。其速率方程 $r = kc(N_2O_5)$,40.00 ℃时,$k = 3.6 \times 10^{-4} \cdot s^{-1}$。

将表 2-4 中的数据做如下处理:令 $t = 0$ 时,$c(N_2O_5)$ 为 $c_0(N_2O_5)$;$t = t$ 时,$c(N_2O_5)$ 为 $c_t(N_2O_5)$ 其积分速率方程为:$\ln \dfrac{c_t(N_2O_5)}{c_0(N_2O_5)} = -kt$。对于一级反应,其浓度与时间关系的通式为:$\ln \dfrac{c_t(A)}{c_0(A)} = -kt$,也可以写成 $\ln\{c_t(A)\} = -kt + \ln\{c_0(A)\}$,该式表明了 $\ln\{c_t(A)\}$ 对 t 成一直线,其斜率为 $-k$,截距为 $\ln\{c_0(A)\}$。由此可以确定一级反应某时刻 t 相应 A 物种的浓度 $c_t(A)$ 或 $c_t(A)$ 对应的时间。

反应物 A 的转化率为 0.50 时,所需时间称为半衰期。一级反应的半衰期 $T_{1/2} = \ln 2/k = 0.693/k$,与反应物的初始浓度无关。这是一级反应的重要特征之一。根据半衰期也可以确定反应级数。放射元素的蜕变是一级反应,其半衰期的计算有重要的实际意义。半衰期越长,反应速率愈慢,放射性物质存留时间愈长。

一级反应的特点:

① k 的单位为[时间]$^{-1}$,与浓度无关。

② 半衰期 $T_{1/2}$ 与起始浓度无关,与反应速率常数 k 成反比。

③ 反应物浓度随时间 t 呈指数性下降,$t \to \infty$,$c(A) \to 0$,所以一级反应需无限长的时间才能反应完全。

某些元素的放射性衰变是估算考古学发现物、化石、矿物、陨石、月亮岩石以及地球本身年龄的基础。

例 2-13 从考古发现的某书卷中取出的小块纸片,测得其中$^{14}C/^{12}C$的比值为现在活体植物内$^{14}C/^{12}C$比值的 0.795 倍。试估算该书卷的年代。

解 已知$^{14}_{6}C \longrightarrow ^{14}_{7}N + ^{0}_{-1}e^{-}$,$T_{1/2} = 5\ 730$ a,可求得一级反应速率系数 k:

$$k = \frac{0.693}{T_{1/2}} = \frac{0.693}{5\ 730} = 1.21 \times 10^{-4}\,\text{a}^{-1} \quad \ln \frac{c_0}{0.795 c_0} = \ln 1.26 = kt = 1.21 \times 10^{-4} t$$

$t = 1\ 900$ a。即该古书卷大约是 1900 年前的文物。

同样,可以确定零级反应和二级反应的积分速率方程式和半衰期。这里仅将其结果列于表 2-8 中。

表 2-8   零级反应和二级反应的积分速率方程式和半衰期

反应级数	反应速率方程	积分速率方程	$T_{1/2}$
0	$r = k$	$c_t(A) = -kt + c_0(A)$	$c_0(A)/2k$
1	$r = kc(A)$	$\ln c_t(A) = -kt + \ln c_0(A)$	$0.693/k$
2	$r = k[c(A)]^2$	$\frac{1}{c_t(A)} = kt + \frac{1}{c_0(A)}$	$\frac{1}{kc_0(A)}$

2.6.8   温度对反应速率的影响

对大多数化学反应来说,温度升高,反应速率增大,只有极少数反应是例外的。从反应的速率方程可知,反应速率不仅与浓度有关,还与速率系数 k 有关。不同反应具有不同的速率系数;同一反应在不同温度下有不同数值的速率系数。温度对反应速率的影响主要体现在对速率系数的影响上。以氢气和氧气化合生成水为例,在室温下,氢气与氧气作用极慢,以致几年都观察不出有反应发生,如果温度升高到 600 ℃,它们立即起反应,甚至爆炸。实验表明,对于大多数反应,反应速率常数 k 值随温度升高而增大。

(1) 范特霍夫规则

1884 年,范特霍夫(Van't Hoff)根据实验事实总结出一条规律,当温度升高 10 K,一般反应速率大约增加 2～4 倍,用公式可以表示为:

$$\frac{k_{T+10K}}{k_T} = 2 \sim 4$$

据此规律可大略估计温度对反应速度的影响。

(2) 阿伦尼乌斯方程

1889 年,阿伦尼乌斯(Arrhenius)研究了不同温度下酸度对蔗糖转化为葡萄糖和果糖转化速率的影响,发现 $\ln k$-$1/T$ 作图可得一直线,而且许多反应的 $\ln k$ 与 $1/T$ 之间都有这样的关系。他根据大量实验和理论验证,提出反应速率与温度的定量关系式,即著名的阿伦尼乌斯方程,它有三种形式:

① 指数式

$$k = A\exp\left(-\frac{E_a}{RT}\right)$$

② 对数式

$$\ln k = -\frac{E_a}{RT} + 常数$$

③ 微分式

$$\frac{d\ln k}{dT} = \frac{E_a}{RT^2}$$

式中 A 为指前因子或频率因子，与速率常数 k 有相同的量纲；E_a 为反应的实验活化能或阿伦尼乌斯活化能，常用单位为 $kJ \cdot mol^{-1}$。A、E_a 是由反应本性决定的常数，与反应温度、浓度无关，均可由实验求得；R 为摩尔气体常数。阿伦尼乌斯公式至今仍是从 k 求活化能 E_a 的重要方法。活化能的大小反映了速率随温度变化的程度。应当指出，并不是所有反应都符合阿伦尼乌斯公式。例如爆炸反应，当温度升高到某一点时，速率会突然增加；酶催化反应有个最佳反应温度，温度太高或太低都不利于生物酶的活性；还有的反应（如 $2NO(g) + O_2(g) = 2NO_2(g)$）的速率常数随温度升高而下降，情况较为复杂，这里不作讨论。

2.6.9 反应速率与温度的关系的几种类型

总包反应是许多简单反应的综合，因此总反应的速率与温度的关系是比较复杂的。实验表明总包反应的速率常数与温度的关系可以用图 2-7 来表示：

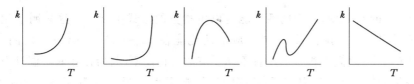

图 2-7 温度对反应速率的影响的几种类型

第一种类型是最常见的，符合阿伦尼乌斯公式。第二种类型总包反应中含有爆炸型的反应，在低温时，反应速率较慢，基本上符合阿伦尼乌斯公式，但当温度达到某一临界值时，反应速率迅速增大，以致引起爆炸。第三种类型常在一些受吸附控制的多相催化反应（例如加氢反应）中出现，当温度不太高的情况下，反应速率随温度的升高而加速，但达到了一定温度以后再升高温度，将使反应速率下降。这可能是由于温度对催化剂有不利的影响所致，由酶催化的反应也多属于这种类型。第四类型是在碳的氢化反应中观察到的，当温度升高时可能由于副反应使问题复杂化。当温度升高时，反应速率升高很快。第五种类型是反常的，这是由于该反应是由多步完成的，前一步反应的平衡常数对反应的速率有影响。

2.7 反应活化能和催化剂

2.7.1 活化能

从 Arrhenius 公式可以看出，反应速率常数不仅与温度而且与反应的活化能密切相关。反应活化能的意义如何？为什么它对反应速率常数影响这么大？

在反应过程中，反应物原子间的结合关系必然发生变化，或者说它们之间的化学键需先减弱，然后断裂，而后再产生新的结合关系，形成新的化学键，生成新的物质。在这种旧的化学键断裂与新的化学键建立的过程中，必然伴随着能量的变化，而首先必须给予足够的能量使旧键断裂。

气体分子动理论认为只有具有足够能量的反应物分子（或原子）的碰撞才有可能发生反应。这种能够发生反应的碰撞叫作有效碰撞。要发生反应的有效碰撞，不仅需要分子具有足够高的能量，而且还要考虑其他如分子碰撞时的空间取向等因素。

过渡态理论则认为当具有足够能量的分子彼此以适当的空间取向相互靠近到一定程度时,会引起分子内部结构的连续性变化,使原来以化学键结合的原子间的距离变长,而没有结合的原子间的距离变短,形成了过渡态的构型,称为活化络合物。例如对于以下反应:

$$CO + NO_2 \longrightarrow NO + CO_2$$

设想反应过程可能为:

$$O-C+O-N \Longleftrightarrow O-C\cdots O\cdots N \longrightarrow O-C-O+N-O$$
$$\qquad\qquad \overset{|}{O} \qquad\qquad\qquad\qquad \overset{|}{O}$$

过渡态的能量高于始态也高于终态,由此形成一个能垒,要使反应物变成产物,必须"爬过"这个能垒,否则反应不能进行。活化能的物理意义就在于需要克服这个能垒。即反应中破坏旧键所需的最低能量。活化络合物分子与反应物分子各自平均能量之差称为活化能。

在 Arrhenius 公式中,反应的活化能是以负指数的形式出现的。这表明活化能大小与反应速率关系很大。实验表明,一般反应的活化能在 $42 \sim 420$ kJ·mol^{-1} 之间,大多数在 $63 \sim 250$ kJ·mol^{-1} 之间。正是由于各不同反应的活化能不同,所以在同一温度下各反应的速率是相差很大的。在一定温度下,反应的活化能越大,则反应越慢;若反应的活化能越小,则反应就越快。例如电解质溶液中正、负离子相互作用的许多离子反应的活化能很小(小于 40 kJ·mol^{-1}),在室温下这些反应的速率很大,实际上反应往往是瞬间或很短时间内完成的。相反,合成氨反应的活化能相当大(大于 250 kJ·mol^{-1}),反应速率相当慢,这个反应在常温下进行得如此慢,以致实际上不能觉察到它的进行。

2.7.2　活化能的求算

根据阿伦尼乌斯公式 $\ln k = -\dfrac{E_a}{RT} + 常数$,以 $\ln k$ 对 $1/T$ 作图,求直线的斜率,得 $E_a =$ 斜率 $\times RT$。或由两个温度下的速率常数与 T 的关系 $\ln \dfrac{k_2}{k_1} = \dfrac{E_a}{R} \dfrac{(T_2 - T_1)}{T_2 \cdot T_1}$,求 E_a。

例 2-14　在 301 K 时,鲜牛奶约 4 h 变酸,但在 278 K 的冰箱内,鲜牛奶可保持 48 h 才变酸。设在该条件下牛奶变酸的反应速率与变酸时间成反比,试估算在该条件下牛奶变酸反应的活化能。(牛奶变酸反应情况较复杂,本例不做具体过程分析,只做一种估算)

解

$$\ln \frac{r_2}{r_1} = \ln \frac{k_2}{k_1} = \frac{E_a}{R} \frac{(T_2 - T_1)}{T_2 \cdot T_1},$$

式中 $T_2 = 301$ K,$T_1 = 278$ K。

由于变酸反应速率与变酸时间成反比,已知 278 K 时变酸时间 $t_1 = 48$ h,301 K 时变酸时间 $t_2 = 4$ h,则:

$$\frac{r_2}{r_1} = \frac{t_1}{t_2} = \frac{48 \text{ h}}{4 \text{ h}} = 12$$

$$\ln \frac{r_2}{r_1} = \frac{E_a}{8.314 \text{ J·mol}^{-1}\cdot\text{K}^{-1}} \frac{(301 \text{ K} - 278 \text{ K})}{301 \text{ K} \times 278 \text{ K}} = \ln 12 = 2.485$$

$$E_a \approx 75\,000 \text{ J·mol}^{-1} = 75 \text{ kJ·mol}^{-1}$$

2.7.3　加快反应速率的方法

从活化分子和活化能的观点来看,增加单位体积内活化分子总数可以加快反应速率。

$$活化分子总数＝活化分子分数×分子总数$$

① 增大浓度(或气体压力):给定温度下活化分子分数一定,增大浓度(或气体压力)即增大单位体积内的分子总数,从而增大活化分子总数。显然,用这种方法来加快反应速率的效率通常并不高,而且是有限度的。

② 升高温度:分子总数不变,升高温度能使更多分子因获得能量而成为活化分子,活化分子分数可显著增加,从而增大单位体积内的活化分子总数。

升高温度虽能使反应速率迅速地增加,但人们往往不希望反应在高温下进行,这不仅因为需要高温设备,耗费热、电这类能量,而且反应的生成物在高温下可能不稳定或者发生一些副反应。

③ 降低活化能:常温下一般反应物分子的能量并不大,活化分子的分数通常极小。如果设法降低反应的活化能,即降低反应的能垒,虽然温度、分子总数不变,也能使更多分子变为活化分子,活化分子数可显著增加,从而增大单位体积内活化分子总数。

2.7.4　催化剂

催化剂(又称触媒)是能显著增加化学反应速率,而本身的组成、质量和化学性质在反应前后保持不变的物质。

为什么加入催化剂能显著加快化学反应速率呢? 这主要是因为催化剂能与反应物生成不稳定的中间化合物,改变了原来的反应历程,为反应提供一条能垒较低的反应途径,从而降低了反应的活化能。

例 2-15　计算合成氨反应采用铁催化剂后在 298 K 和 773 K 时的反应速率各增加多少倍? 未采用催化剂时,$E_{a,1}=254$ kJ • mol^{-1},采用催化剂后 $E_{a,2}=146$ kJ • mol^{-1}。

解　设指前因子 A 不因采用催化剂而改变。

$$\ln\frac{r_2}{r_1}=\ln\frac{k_2}{k_1}=\frac{E_{a,1}-E_{a,2}}{RT}$$

当 $T=298$ K,可得:

$$\ln\frac{r_2}{r_1}=\frac{(254-146)\times1\,000\ \text{J}\cdot\text{mol}^{-1}}{8.314\ \text{J}\cdot\text{mol}^{-1}\cdot\text{K}^{-1}\times298\ \text{K}}=43.57$$

$$\frac{r_2}{r_1}\approx8.0\times10^{18}$$

如果 $T=773$ K,可得:$\ln\dfrac{r_2}{r_1}=\dfrac{(254-146)\times1\,000\ \text{J}\cdot\text{mol}^{-1}}{8.314\ \text{J}\cdot\text{mol}^{-1}\cdot\text{K}^{-1}\times773\ \text{K}}=16.80$

$$\frac{r_2}{r_1}=2.0\times10^7$$

以上计算说明,有铁催化剂与无铁催化剂相比较,298 K 和 773 K 时的反应速率分别大约增加 8×10^{18} 倍和 2×10^7 倍(低温时增大得更显著)。

催化剂的主要特征有:

① 能改变反应途径,降低活化能,使反应速率显著增大(催化剂参与反应后能在生成最终产物的过程中解脱出来,恢复原态,但是物理性质如颗粒度、密度、光泽等可能改变)。

② 只能加速达到平衡而不能改变平衡的状态。即同等程度地加速正向和逆向反应,而不改变平衡。

③ 有特殊的选择性。一种催化剂只加速一种或少数几种特定类型的反应。这在生产实践中极有价值,它能使人们在指定时间内消耗同样数量的原料时可得到更多的所需产品。

④ 催化剂对少量杂质特别敏感。这种杂质可能成为助催化剂,也可能成为催化毒物。能增强催化剂活性的物质叫作助催化剂,如合成氨的铁催化剂 α-Fe-Al_2O_3-K_2O 中,α-Fe 是主催化剂,Al_2O_3 和 K_2O 是助催化剂。能使催化剂的活性和选择性降低或失去的物质叫作催化毒物。常见的如 S、N、P 的化合物以及某些重金属。又如,现在各国研究热门的汽车尾气催化转化器的铂系催化剂中 CeO_2 为助催化剂,而 Pb 化合物为催化毒物,这也是提倡使用无铅汽油的原因之一。

在使用催化剂的反应中多数催化剂是固体,而反应物则为气体或液体。为了增大这类多相催化反应的速率,用来做催化剂的固体一般是多孔的或微细分散的,有时则把微细分散的催化剂散布在多孔性的载体中,以提高催化活性。对于多相催化来说,由于反应在相界面上进行,因此多相反应的速率还和相之间的接触面大小有关。在生产上常把固态物质破碎成小颗粒或磨成细粉,将液态物质淋洒成滴流或喷成雾状的微小液滴来增大相与相之间的接触面,如面粉厂、纺织厂、煤矿中的"粉尘",超过安全系数及遇到明火时都可能会引起快速氧化而燃烧,甚至引起爆炸事故。

其次,多相催化反应速率还受到扩散作用的影响。这是由于扩散可以使还没有起作用的反应物不断地进入界面,同时使生成物不断地离开界面,从而增大反应速率。工业上常通过鼓风、搅拌或振荡等方法来加速扩散过程,使反应速率增大。

催化不仅对化工生产,而且对增加能源、治理环境、生命科学和仿生化学、医学、反应机理的研究等均起着举足轻重的作用。加强催化剂研究,成为众多学者关注的焦点。

思考与练习

1. 举例说明下列概念有何区别:

(1) 离子键和共价键;

(2) 极性键和极性分子;

(3) 分子间力和氢键;

(4) 物质间作用力和键能。

2. 若某反应的活化能为 80 kJ·mol^{-1},则反应温度由 20 ℃增加到 30 ℃,其反应速率系(常)数约为原来的(　　)。

　A. 2 倍;　　　　　　B. 3 倍;　　　　　　C. 4 倍;　　　　　　D. 5 倍

3. 某一级反应的半衰期在 27 ℃时为 5 000 s,在 37 ℃时为 1 000 s,则此反应的活化能为(　　)。

　A. 125 kJ·mol^{-1};　　　　　　　　B. 519 kJ·mol^{-1};

　C. 53.9 kJ·mol^{-1};　　　　　　　　D. 62 kJ·mol^{-1}

4. 反应 A ⟶ Y,当实验测得反应物 A 的浓度 $[c_A]$ 与时间 t 成线性关系时,则该反应为(　　)。

A. 一级反应；　　　B. 二级反应；　　　C. 分数级反应；　　　D. 零级反应

5. 形成离子键的必要条件是什么？离子键有哪些特性？

6. 用下述数据,计算由气态 Al^{3+} 和 F^- 生成 $AlF_3(s)$ 的能量变化：

$Al(s)\!\!=\!\!\!=\!\!Al(g)$ $\qquad\qquad\qquad\quad$ $\Delta H_1 = 326\ kJ/mol$

$Al(g)\!\!=\!\!\!=\!\!Al^{3+}(g)+3e^-$ $\qquad\quad$ $\Delta H_2 = 5\ 138\ kJ/mol$

$2Al(s)+3F_2(g)\!\!=\!\!\!=\!\!2AlF_3(s)$ $\qquad$ $\Delta H_3 = -2\ 620\ kJ/mol$

$F_2(g)\!\!=\!\!\!=\!\!2F(g)$ $\qquad\qquad\qquad\quad$ $\Delta H_4 = 160\ kJ/mol$

$F(g)+e^-\!\!=\!\!\!=\!\!F^-(g)$ $\qquad\qquad\quad$ $\Delta H_5 = -350\ kJ/mol$

7. (1) 某化合物的分子由原子序数为 6 的一个原子和原子序数为 8 的两个原子组成。它们形成的化学键是共价型还是离子型？为什么？

(2) 结合氯分子(Cl_2)的形成,说明共价键形成的条件。共价键为什么有饱和性？

8. 什么叫"键能"？已知由 $C(s)+2H_2(g)=CH_4(g)$ 的热效应为 $-749\ kJ\cdot mol^{-1}$,$1/2H_2(g)=H(g)$ 热效应为 $218\ kJ\cdot mol^{-1}$,碳的升华热为 $718\ kJ\cdot mol^{-1}$,试求 C—H 键键能。

9. 说明下列每组分子之间存在着什么形式的分子间力(取向力、诱导力、色散力、氢键)？

(1) 苯和四氯化碳；(2) 甲醇和水；(3) 溴化氢气体；(4) 氨和水；(5) 氯化钠和水

10. 下列化合物中是否存在氢键？若存在氢键,属何种类型？

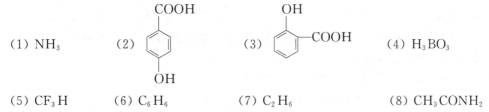

(1) NH_3 $\qquad$ (2) $\qquad\qquad\qquad$ (3) $\qquad\qquad$ (4) H_3BO_3

(5) CF_3H $\qquad$ (6) C_6H_6 $\qquad\qquad$ (7) C_2H_6 $\qquad\qquad\qquad$ (8) CH_3CONH_2

11. 下列叙述是否正确？试解释之。

(1) $Q_p = \Delta H$,H 是状态函数,所以 Q_p 也是状态函数；

(2) 化学计量数与化学反应计量方程式中各反应物和产物前面的配平系数相等；

(3) 标准状况与标准态是同一个概念；

(4) 所有生成反应和燃烧反应都是氧化还原反应；

(5) 标准摩尔生成热是生成反应的标准摩尔反应热；

(6) $H_2O(l)$ 的标准摩尔生成热等于 $H_2(g)$ 的标准摩尔燃烧热；

(7) 石墨和金刚石的燃烧热相等；

(8) 单质的标准生成热都为零；

(9) 稳定单质的 $\Delta_f H_m^{\ominus}$,$\Delta_f G_m^{\ominus}$,$S_m^{\ominus}$ 均为零；

(10) 当温度接近绝对零度时,所有放热反应均能自发进行。

(11) 若 $\Delta_r H_m$ 和 $\Delta_r S_m$ 都为正值,则当温度升高时反应自发进行的可能性增加；

(12) 冬天公路上撒盐以使冰融化,此时 $\Delta_r G_m$ 值的符号为负,$\Delta_r S_m$ 值的符号为正。

12. 1 mol 气体从同一始态出发,分别进行恒温可逆膨胀或恒温不可逆膨胀达到同一终态,因恒温可逆膨胀对外做功 W_r 大于恒温不可逆膨胀对外做的功 W_{ir},则 $Q_r > Q_{ir}$。对否？为什么？

13. 一体系由 A 态到 B 态,沿途径 I 放热 120 J,环境对体系做功 50 J。试计算:

(1) 体系由 A 态沿途经 II 到 B 态,吸热 40 J,其 W 值为多少?

(2) 体系由 A 态沿途经 III 到 B 态对环境做功 80 J,其 Q 值为多少?

14. 在 27 ℃时,反应 $CaCO_3(s) = CaO(s) + CO_2(g)$ 的摩尔恒压热效应 $Q_p = 178.0$ kJ·mol^{-1},则在此温度下其摩尔恒容热效应 Q_V 为多少?

15. 已知

(1) $Cu_2O(s) + \frac{1}{2}O_2(g) \longrightarrow 2CuO(s)$ $\qquad$ $\Delta_r H_m^\ominus(1) = -143.7$ kJ·mol^{-1}

(2) $CuO(s) + Cu(s) \longrightarrow Cu_2O(s)$ $\qquad$ $\Delta_r H_m^\ominus(2) = -11.5$ kJ·mol^{-1}

求 $\Delta_f H_m^\ominus[CuO(s)]$。

16. 有一种甲虫,名为投弹手,它能由尾部喷射出来的爆炸性排泄物的方法作为防卫措施,所涉及的化学反应是氢醌被过氧化氢氧化生成醌和水:

$$C_6H_4(OH)_2(aq) + H_2O_2(aq) \longrightarrow C_6H_4O_2(aq) + 2H_2O(l)$$

根据下列热化学方程式计算该反应的 $\Delta_r H_m^\ominus$。

(1) $C_6H_4(OH)_2(aq) \longrightarrow C_6H_4O_2(aq) + H_2(g)$ $\quad$ $\Delta_r H_m^\ominus(1) = 177.4$ kJ·mol^{-1}

(2) $H_2(g) + O_2(g) \longrightarrow H_2O_2(aq)$ $\qquad$ $\Delta_r H_m^\ominus(2) = -191.2$ kJ·mol^{-1}

(3) $H_2(g) + \frac{1}{2}O_2(g) \longrightarrow H_2O(g)$ $\qquad$ $\Delta_r H_m^\ominus(3) = -241.8$ kJ·mol^{-1}

(4) $H_2O(g) \longrightarrow H_2O(l)$ $\qquad$ $\Delta_r H_m^\ominus(4) = -44.0$ kJ·mol^{-1}

17. 利用附表中 298.15 K 时有关物质的标准生成热的数据,计算下列反应在 298.15 K 及标准态下的恒压热效应。

(1) $Fe_3O_4(s) + CO(g) = 3FeO(s) + CO_2(g)$

(2) $4NH_3(g) + 5O_2(g) = 4NO(g) + 6H_2O(l)$

18. 利用附表中 298.15 K 时的标准燃烧热的数据,计算下列反应在 298.15 K 时的 $\Delta_r H_m^\ominus$。

(1) $CH_3COOH(l) + CH_3CH_2OH(l) \longrightarrow CH_3COOCH_2CH_3(l) + H_2O(l)$

(2) $C_2H_4(g) + H_2(g) \longrightarrow C_2H_6(g)$

19. 人体所需能量大多来源于食物在体内的氧化反应,例如葡萄糖在细胞中与氧发生氧化反应生成 CO_2 和 $H_2O(l)$,并释放出能量。通常用燃烧热去估算人们对食物的需求量,已知葡萄糖的生成热为 -1260 kJ·mol^{-1},$CO_2(g)$ 和 $H_2O(l)$ 的生成热分别为 -393.51 kJ·mol^{-1} 和 -285.83 kJ·mol^{-1},试计算葡萄糖的燃烧热。

20. 乙炔燃烧能放出大量热,氧炔焰常用于焊接和气割。已知石墨气化的热化学方程式为:$C(石墨,s) \rightarrow C(g)$ $\quad$ $\Delta_r H_m^\ominus = 717$ kJ·mol^{-1},试根据有关键焓估算乙炔的标准摩尔生成热。已知 $D(H—H) = 435.9$ kJ·mol^{-1},$D(C≡C) = 835$ kJ·mol^{-1},$D(C—H) = 416$ kJ·mol^{-1}。

21. 对生命起源问题,有人提出最初植物或动物的复杂分子是由简单分子自动形成的。例如尿素(NH_2CONH_2)的生成可用反应方程式表示如下:

$$CO_2(g) + 2NH_3(g) \longrightarrow (NH_2)_2CO(s) + H_2O(l)$$

(1) 利用附表数据计算 298.15 K 时的 $\Delta_r G_m^\ominus$,并说明该反应在此温度和标准态下能否自发进行;

（2）在标准态下最高温度为何值时，反应就不再自发进行了？

22. 已知 298 K 时，$NH_4HCO_3(s) \rightarrow NH_3(g) + CO_2(g) + H_2O(g)$ 的相关热力学数据如下：

	$NH_4HCO_3(s)$	$NH_3(g)$	$CO_2(g)$	$H_2O(g)$
$\Delta_f G_m^{\ominus}(kJ \cdot mol^{-1})$	−670	−17	−394	−229
$\Delta_f H_m^{\ominus}(kJ \cdot mol^{-1})$	−850	−40	−390	−240
$S_m^{\ominus}(J \cdot K^{-1} \cdot mol^{-1})$	130	180	210	190

试计算：（1）298 K、标准态下，$NH_4HCO_3(s)$ 能否发生分解反应？

（2）在标准态下 $NH_4HCO_3(s)$ 分解的最低温度。

23. 已知合成氨的反应在 298.15 K、$p^{\ominus}$ 下，$\Delta_r H_m^{\ominus} = -92.38$ kJ $\cdot$ mol^{-1}，$\Delta_r G_m^{\ominus} = -33.26$ kJ $\cdot$ mol^{-1}，求 500 K 下 $\Delta_r G_m^{\ominus}$，说明升温对反应有利还是不利。

24. 已知 $\Delta_f H_m^{\ominus}[C_6H_6(l), 298\ K] = 49.10$ kJ $\cdot$ mol^{-1}，$\Delta_f H_m^{\ominus}[C_2H_2(g), 298\ K] = 226.73$ kJ $\cdot$ mol^{-1}；$S_m^{\ominus}[C_6H_6(l), 298\ K] = 173.40$ J $\cdot$ K^{-1} $\cdot$ mol^{-1}，$S_m^{\ominus}[C_2H_2(g), 298\ K] = 200.94$ J $\cdot$ K^{-1} mol^{-1}。试判断：$C_6H_6(l) = 3C_2H_2(g)$，在 298.15 K，标准态下正向能否自发进行？并估算最低反应温度。

25. 气相分解反应：$2N_2O = 2N_2 + O_2$ 的经验速率方程为：$r_p = k_p p^2(N_2O)$。实验测得 $T = 986$ K 时在 12.0 dm^3 的恒容反应器中，当 $p(N_2O) = 50.0$ kPa 时反应速率 $r_p = 2.05$ Pa $\cdot$ s^{-1}。设反应系统中各组分均可视为理想气体。

（1）求该反应以 Pa 为浓度单位时的反应速率系数 k_p；

（2）求该反应以 mol $\cdot$ dm^{-3} 为浓度单位时的反应速率系数 k_c；

（3）求 $p(N_2O) = 10.0$ kPa 时氮气的生成速率及该反应的转化速率。

26. 在 527 ℃时异戊二烯（A）的二聚反应：$2A = A_2$，实验数据见表 2-9。

求：（1）$t = 0.2$ s 该反应的速率 r；（2）$t = 0.2$ s 时 A_2 的生成速率。

表 2-9

t/s	0	0.1	0.2	0.3	0.4	0.5
$[A]/(mol \cdot dm^{-3})$	1.00	0.57	0.39	0.30	0.24	0.20

27. 气相单分子反应：$AB = A + B$，在温度 T 时，等容反应实验数据见表 2-10：

表 2-10

t/s	0	20	50	80	100	120	150	180	200
$p(总)/kPa$	50.65	54.70	60.27	65.87	67.87	70.91	74.45	77.49	79.52

已知反应开始前系统中只有 AB，求该温度下的反应速率系数 k 及 $t_{1/2}$。

28. 已知恒容气相双分子反应：$NO + O_3 = NO_2 + O_2$ 在 25 ℃时反应速率系数 $k = 1.20 \times 10^7$ dm^3 $\cdot$ mol^{-1} $\cdot$ s^{-1}。

① 如果$[NO]_0=[O_3]_0=0.1\ mol \cdot dm^{-3}$，求半衰期及$1.0\ s$时$O_3$的浓度。

② 如果$[NO]_0=[O_3]_0=1.0\ g \cdot dm^{-3}$，求$1.0 \times 10^{-5}\ s$时$O_2$的浓度。

29. 某反应物 A 的分解反应为 2 级反应，在 300 K 时，分解 20%需要 12.6 min，340 K 时，在相同初始浓度下分解完成 20%需 3.2 min，求此反应的活化能。

30. N_2O_5 在 25 ℃时分解反应的半衰期为 5.7 h，且与 N_2O_5 的初始压力无关。

试求此反应在 25 ℃条件下完成 90%所需时间。

第3章　电化学基础

电化学是研究电现象与化学现象之间的内在联系及电能与化学能之间转换规律的一门科学。氧化还原反应(redox reaction)是一类在反应中,反应物之间发生了电子转移(或电子偏移)的反应。此类反应对于制备新物质、获取化学能和电能都有重要的意义。本章讨论有关氧化还原反应的基本知识,判断氧化还原反应进行的方向与程度,理解化学能向电能转化的重要意义,对目前常用的电池做简要了解。

3.1　氧化还原基本概念

3.1.1　氧化值

在氧化还原反应中,电子转移引起某些原子的价电子层结构发生变化,从而改变了这些原子的带电状态。为了描述原子带电状态的改变,表明元素被氧化的程度,提出了氧化态的概念。元素的氧化态是用一定的数值来表示的。表示元素氧化态的代数值称为元素的氧化值,又称氧化数。对于简单的单原子离子来说,如 Na^+、Cl^-、S^{2-},它们的电荷数分别为 $+1$、-1、-2,则这些元素的氧化值依次为 $+1$、-1、-2。这就是说,在这种情况下,元素的氧化值与离子所带的电荷数是一致的。但是,对于以共价键结合的多原子分子或离子来说,原子间成键时,没有电子的得失,只有电子对的偏移。通常,原子间共用电子对靠近电负性大的原子,而偏离电负性小的原子。可以认为,电子对靠近的原子带负电荷,电子对偏离的原子带正电荷,这样原子所带电荷实际上是人为指定的形式电荷。1970 年国际理论与应用化学联合会(IUPAC)较严格地定义了氧化值的概念:氧化值是指某元素一个原子的表观电荷数(apparent charge number)。这个电荷数的确定,是假设把每一个化学键中的电子指定给电负性更大的原子而求得的。

确定氧化值的规则:

① 单质中,元素的氧化值为零;

② 中性分子中,各元素原子的氧化值的代数和为零;

③ 在简单离子中,元素氧化值等于该离子所带的电荷数,复杂离子的电荷等于各元素氧化值的代数和;

④ 在大多数化合物中,氢的氧化值为 $+1$;只有在金属氢化物中氢的氧化值为 -1;

⑤ 通常,氧在化合物中的氧化值为 -2;但是在过氧化物中,氧的氧化值为 -1,在氟的氧化物中,如 OF_2 和 O_2F_2 中,氧的氧化值分别为 $+2$ 和 $+1$。

例 3-1　求 $Cr_2O_7^{2-}$ 中 Cr 的氧化值。

解　已知 O 的氧化值为 -2。设 Cr 的氧化值为 x,则

$$2x + 7 \times (-2) = -2$$
$$x = +6$$

所以 Cr 的氧化值为 +6

例 3-2   求 $Na_2S_4O_6$ 中 S 的氧化值。

解 已知 Na 的氧化值为 +1，O 的氧化值为 -2。设 S 的氧化值为 x，则

$$4x + 2 \times (+1) + 6 \times (-2) = 0$$
$$x = +2.5$$

所以 S 的氧化值为 +2.5。

由此可知，氧化数可以是整数，也可以是分数或小数。

必须指出，在共价化合物中，判断元素的氧化值时，不要与共价数（某元素原子形成的共价键的数目）相混淆。例如，在 CH_4、CH_3Cl、CH_2Cl_2、$CHCl_3$ 和 CCl_4 中，碳的共价数均为 4，但其氧化数则分别为 -4、-2、0、+2 和 +4。

3.1.2 氧化还原半反应和氧化还原电对

氧化还原反应的方程式可分解成两个"半反应"。反应中，氧化剂（氧化型）在反应过程中氧化数降低生成氧化数较低的还原型；还原剂（还原型）在反应过程中氧化数升高转化为氧化数较高的氧化型。由一对氧化型和还原型构成的共轭体系称为氧化还原电对，可用"氧化型/还原型"表示。

例：$2Fe^{3+} + 2I^- = 2Fe^{2+} + I_2$，存在 Fe^{3+}/Fe^{2+} 和 I_2/I^- 两个氧化还原电对。

半反应的写法：   氧化型 $+ ne^-$ ==== 还原型

$$MnO_4^- + 8H^+ + 5e^- ==== Mn^{2+} + 4H_2O$$
$$Fe^{3+} + e^- ==== Fe^{2+}$$

半反应式书写的规则：

① 半反应式的书写格式是统一的——高价态写在左边，低价态写在右边；半反应式里一定有电子，而且写在等式左边。半反应式的正向和逆向都有发生的可能，究竟向哪个方向视具体反应而定。

② 半反应式从左到右相当于氧化剂接受电子生成其共轭还原剂，反之，从右到左，相当于还原剂放出电子生成其共轭氧化剂。如 $Fe^{3+} + e^- = Fe^{2+}$。

③ 半反应式必须是配平的，一个半反应中发生氧化态变动的元素只能有一个。

④ 对于水溶液系统，半反应式中的物质必须是它们在水中的主要存在形态，符合通常的离子方程式的书写规则。

⑤ 我们可以把半反应式中没有发生氧化态变化的元素称为"非氧化还原组分"。半反应式中的非氧化还原组分主要有：酸碱组分、沉淀剂、配合物的配体等。如 $AgCl + e^- = Ag + Cl^-$。

3.1.3 氧化还原方程式的配平

根据氧化数的概念，反应前后元素的氧化数发生变化的一类反应称为氧化还原反应。氧化数升高的过程称为氧化，氧化数降低的过程称为还原。反应中氧化数升高的物质是还原剂（reducing agent），氧化数降低的物质是氧化剂（oxidizing agent）。

氧化还原反应往往比较复杂，反应方程式也较难配平。配平这类反应方程式最常用的

有氧化数法、半反应法(也叫离子-电子法)等,这里只介绍半反应法。

任何氧化还原反应都由氧化半反应和还原半反应组成。例如锌与氧气所直接化合生成 ZnO 的反应的两个半反应为:

氧化半反应　　　　　　　　　$Zn = Zn^{2+} + 2e^-$

还原半反应　　　　　　　　　$O_2 + 4e^- = 2O^{2-}$

半反应法是根据对应的氧化剂或还原剂的半反应方程式,再按以下配平原则进行配平。

(1) 反应过程中氧化剂得到的电子数必须等于还原剂失去的电子数。

(2) 根据质量守恒定律,反应前后各元素的原子总数相等。

现以铜和稀硝酸作用,生成硝酸铜和一氧化氮为例说明配平步骤。

第一步,找出氧化剂、还原剂及相应的还原产物与氧化产物并写成离子反应方程式:

$$Cu + NO_3^- \longrightarrow Cu^{2+} + NO$$

第二步,再将上述反应分解为两个半反应,并分别加以配平,使每一半反应的原子数和电荷数相等。

$$Cu = Cu^{2+} + 2e^- \qquad 氧化半反应$$
$$NO_3^- + 4H^+ + 3e^- = NO + 2H_2O \qquad 还原半反应$$

对于 NO_3^- 被还原为 NO 来说,需要去掉 2 个 O 原子,为此可在反应式的左边加上 4 个 H^+(因为反应在酸性介质中进行),使 2 个 H 与 1 个 O 结合生成 H_2O:

$$NO_3^- + 4H^+ \longrightarrow NO + 2H_2O$$

然后再根据离子电荷数可确定所得到的电子数为 3。则得:

$$NO_3^- + 4H^+ + 3e^- = NO + 2H_2O$$

推而广之,在半反应方程式中,如果反应物和生成物内所含的氧原子数目不同,可以根据介质的酸碱性,分别在半反应方程式中加 H^+,加 OH^- 或加 H_2O,并利用水的解离平衡使反应式两边的氧原子数目相等。不同介质条件下配平氧原子的经验规则见表 3-1。

表 3-1　　　　　　　　　　　　　配平氧原子的经验规则

介质条件	比较方程式两边氧原子数	配平时左边应加入物质	生成物
酸性	左边 O 多	H^+	H_2O
	左边 O 少	H_2O	H^+
碱性	左边 O 多	H_2O	OH^-
	左边 O 少	OH^-	H_2O
中性(或弱碱性)	左边 O 多	H_2O	OH^-
	左边 O 少	H_2O(中性)	H^+
		OH^-(弱碱性)	H_2O

第三步,据氧化剂得到的电子数和还原剂失去的电子数必须相等的原则,以适当系数乘以氧化半反应和还原半反应。在此反应中要分别乘上 2 和 3,使得失电子数相同。然后将两个半反应相加,消去相同部分,就得到一个配平了的离子反应方程式。

$$2NO_3^- + 8H^+ + 6e^- = 2NO + 4H_2O$$
$$+ \qquad\qquad 3Cu = 3Cu^{2+} + 6e^-$$

$$3Cu + 2NO_3^- + 8H^+ \!=\!\!=\!\!= 3Cu^{2+} + 2NO + 4H_2O$$

3.2 原电池

在 $CuSO_4$ 溶液中放入一片 Zn，将发生下列氧化还原反应：

$$Zn(s) + Cu^{2+}(aq) \!=\!\!=\!\!= Zn^{2+}(aq) + Cu(s)$$

在溶液中电子直接从 Zn 片传递给 Cu^{2+}，使 Cu^{2+} 在 Zn 片上还原而析出金属 Cu，同时 Zn 氧化为 Zn^{2+}。这个反应同时有热量放出，这是化学能转化为热能的结果。

这是一个可自发进行的氧化还原反应。由于氧化剂与还原剂直接接触，电子直接从还原剂转移到氧化剂，无法产生电流。要将氧化还原反应的化学能转化为电能，必须使氧化剂和还原剂之间的电子转移通过一定的外电路，做定向运动，这就要求反应过程中氧化剂和还原剂不能直接接触，因此需要一种特殊的装置来实现上述过程。

3.2.1 原电池构成和原理

如果在两个烧杯中分别放入 $ZnSO_4$ 和 $CuSO_4$ 溶液，在盛有 $ZnSO_4$ 溶液的烧杯中放入 Zn 片，在盛有 $CuSO_4$ 溶液的烧杯中放入 Cu 片，将两个烧杯的溶液用一个充满电解质溶液（一般用饱和 KCl 溶液，为使溶液不致流出，常用琼脂与 KCl 饱和溶液制成胶冻。胶冻的组成大部分是水，离子可在其中自由移动）的倒置 U 形管作桥梁（称为盐桥，salt bridge），以连通两杯溶液，如图 3-1 所示。这时如果用一个灵敏电流计（A）将两金属片连接起来，我们可以观察到：

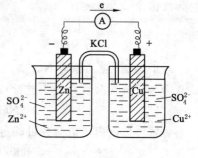

图 3-1　锌铜原电池

① 电流表指针发生偏移，说明有电流发生；

② 在铜片上有金属铜沉积上去，而锌片被溶解；

③ 取出盐桥，电流表指针回至零点；放入盐桥时，电流表指针又发生偏移。这说明了盐桥起着使整个装置构成通路的作用。这种借助于氧化还原反应使化学能转化为电能的装置，叫作原电池（primary cell）。

在原电池中，组成原电池的导体（如铜片和锌片）称为电极，同时规定电子流出的电极称为负极（negative electrode），负极上发生氧化反应；电子进入的电极称为正极（positive electrode），正极上发生还原反应。例如，在 Cu-Zn 原电池中：

负极（Zn）：　　　　$Zn(s) \!=\!\!=\!\!= Zn^{2+}(aq) + 2e^-$　　发生氧化反应

正极（Cu）：　　　　$Cu^{2+}(aq) + 2e^- \!=\!\!=\!\!= Cu(s)$　　发生还原反应

Cu-Zn 原电池的电池反应为

$$Zn(s) + Cu^{2+}(aq) \!=\!\!=\!\!= Zn^{2+}(aq) + Cu(s)$$

在 Cu-Zn 原电池中的电池反应和 Zn 置换 Cu^{2+} 的化学反应是一样的。只是在原电池装置中，氧化剂和还原剂不直接接触，氧化、还原反应同时分别在两个不同的区域内进行，电子不是直接从还原剂转移给氧化剂，而是经外电路传递，这正是原电池利用氧化还原反应能产生电流的原因所在。

上述原电池可以用下列电池符号表示：

$$(-)\ Zn\ \mid\ ZnSO_4(c_1)\ \parallel\ CuSO_4(c_2)\ \mid\ Cu(+)$$

习惯上把负极(-)写在左边,正极(+)写在右边。其中"｜"表示金属和溶液两相之间的相接触界面,"‖"表示盐桥,c 表示溶液的浓度,当溶液浓度为 1 mol · L^{-1} 时,可省略。每一个"半电池"都是由同一种元素不同氧化值的两种物质所构成。一种是处于低氧化值的可作为还原剂的物质(称为还原型物质),例如锌半电池中的 Zn、铜半电池中的 Cu;另一种是处于高氧化值的可作氧化剂的物质(称为氧化型物质),例如锌半电池中的 Zn^{2+}、铜半电池中的 Cu^{2+}。

这种由同一种元素的氧化型物质和其对应的还原型物质构成的,称为氧化还原电对(oxidation-reduction couples)。氧化还原电对习惯上常用符号[氧化型]/[还原型]来表示,如氧化还原电对可写成 Cu^{2+}/Cu、Zn^{2+}/Zn、$Cr_2O_7^{2-}/Cr^{3+}$。非金属单质及其相应的离子,也可构成氧化还原电对,例如 H^+/H_2 和 O_2/OH^-。在用 Fe^{3+}/Fe^{2+}、Cl_2/Cl^-、O_2/OH^- 等电对作为半电池时,可用金属铂或其他惰性导体作电极。以氢电极为例,可表示为 $H^+(c)\mid H_2\mid Pt$。

氧化型物质和还原型物质在一定条件下,可以互相转化;

$$氧化型(Ox)+ne^- ===还原型(Red)$$

式中 n 表示互相转化时得失电子数。这种表示氧化型物质和还原型物质之间相互转化的关系式,称为半反应或电极反应。电极反应包括参加反应的所有物质,不仅仅是有氧化值变化的物质。如电对 $Cr_2O_7^{2-}/Cr^{3+}$,对应的电极反应为:

$$Cr_2O_7^{2-}+6e^-+14H^+ ===Cr^{3+}+7H_2O$$

例 3-3 将下列氧化还原反应设计成原电池,并写出它的原电池符号。

(1) $Co(s)+Cl_2(100\ kPa)===Co^{2+}(1.0\ mol · L^{-1})+2Cl^-(1.0\ mol · L^{-1})$

(2) $2Cr^{2+}(aq)+I_2 ===2Cr^{3+}(aq)+2I^-(aq)$

解 (1) 氧化反应(负极): $\qquad\qquad Co===Co^{2+}+2e^-$

还原反应(正极): $\qquad\qquad Cl_2+2e^- ===2Cl^-$

电池符号:

$$(-)\ Co\mid Co^{2+}(1.0\ mol · L^{-1})\parallel Cl^-(1.0\ mol · L^{-1})\mid Cl_2(100\ kPa)\mid Pt\ (+)$$

(2) 氧化反应(负极): $\qquad\qquad 2Cr^{2+}===2Cr^{3+}+2e^-$

还原反应(正极): $\qquad\qquad I_2+2e^- ===2I^-$

电池符号:

$$(-)Pt\ \mid\ Cr^{2+}(c_1),Cr^{3+}(c_2)\parallel I^-(c_3)\ \mid\ I_2\ \mid\ Pt(+)$$

例 3-4 在稀 H_2SO_4 中,$KMnO_4$ 和 $FeSO_4$ 发生以下反应:$MnO_4^-+8H^++5Fe^{2+}=Mn^{2+}+5Fe^{3+}+4H_2O$,如将此反应设计为原电池,写出正、负极的反应,电池反应和电池符号。

解 电极为离子电极,即将一金属铂片插入含有 Fe^{2+}、Fe^{3+} 溶液中,另一铂片插入含有 MnO_4^-、Mn^{2+} 及 H^+ 的溶液中,分别组成负极和正极:

负极反应: $\qquad\qquad Fe^{2+}===Fe^{3+}+e^-$

正极反应: $\qquad\qquad MnO_4^-+8H^++5e^- ===Mn^{2+}+4H_2O$

电池反应: $\qquad MnO_4^-+8H^++5Fe^{2+}===Mn^{2+}+5Fe^{3+}+4H_2O$

电池符号:

$$(-)\ Pt\,|\,Fe^{2+}(c_1),\ Fe^{3+}(c_2)\,||\,MnO_4{}^-(c_3),\ H^+(c_4),\ Mn^{2+}(c_5)\,|\,Pt\ (+)$$

3.2.2 电极电势

在 Cu-Zn 原电池中,为什么检流计的指针只偏向一个方向,即电子由 Zn 传递给 Cu^{2+},而不是从 Cu 传递给 Zn^{2+}? 可见两个电极之间存在一定的电势差,即构成原电池的两个电极的电势是不相等的。那么电极的电势是怎样产生的呢?

早在 1889 年,德国化学家能斯特(H. W. Nernst)就提出了双电层理论,可以用来说明金属和其盐溶液之间的电势差,以及原电池产生电流的机理。按照能斯特的理论,由于金属晶体是由金属原子、金属离子和自由电子所组成,因此,如果把金属放在其盐溶液中,与电解质在水中的溶解过程相似,在金属与其盐溶液的接触界面上就会发生两个不同的过程:一个是金属表面的阳离子受极性水分子的吸引而进入溶液的过程;另一个是溶液中的水合金属离子在金属表面,受到自由电子的吸引而重新沉积在金属表面的过程。当这两种方向相反的过程进行的速率相等时,即达到动态平衡:

$$M(s) \Longrightarrow M^{n+}(aq) + ne^-$$

不难理解,如果金属越活泼或溶液中金属离子浓度越小,金属溶解的趋势就越大于溶液中金属离子沉积到金属表面的趋势,达到平衡时金属表面因聚集了金属溶解时留下的自由电子而带负电荷,溶液则因金属离子进入溶液而带正电荷,这样,由于正、负电荷相互吸引的结果,在金属与其盐溶液的接触界面处就建立起由带负电荷的电子和带正电荷的金属离子所构成的双电层[图 3-2(a)]。相反,如果金属越不活泼或溶液中金属离子浓度越大,金属溶解趋势就越小于金属离子沉淀的趋势,达到平衡时金属表面因聚集了金属离子而带正电荷,而溶液则由于金属离子沉淀带负电荷,这样,也构成了相应的双电层[图 3-2(b)]。这种双电层之间就存在一定的电势差。

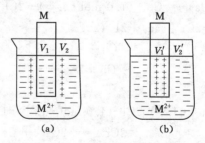

图 3-2 金属的电极电势

(a) 电势差 $E = \varphi_2 - \varphi_1$;(b) 电势差 $E = \varphi_2' - \varphi_1'$

金属与其盐溶液接触界面之间的电势差,实际上就是该金属与其溶液中相应金属离子所组成的氧化还原电对的电极电势,简称为该金属的电极电势。可以预料,氧化还原电对不同,对应的电解质溶液的浓度不同,它们的电极电势也就不同。因此,若将两种不同电极电势的氧化还原电对以原电池的方式连接起来,则在两极之间就有一定的电势差,因而产生电流。

3.2.3 标准电极电势

3.2.3.1 标准氢电极

任何一个电极的电极电势的绝对值是无法测量的,但是我们可以选择某种电极作为基准,规定它的电极电势为零,通常选择标准氢电极(standard hydrogen electrode)作为基准,如图 3-3 所示。将待测电极与标准氢电极组成一个原电池,通过测定该电池的电动势(electromotive force)就可以求出待测电极的电极电势的相对值。

在 298.15 K 时,以水为溶剂,当氧化态和还原态的浓度等于 1 mol·L^{-1} 时的电极电势称为标准电极电势,如图 3-3 所示。将铂片表面镀上一层多孔的铂黑(细粉状的铂),放入 H$^+$ 浓度为 1 mol·L^{-1} 的酸溶液中(如 HCl)。不断地通入压力为 101.3 kPa 的氢气流,使铂黑电极上吸附的氢气达到饱和。这时,H$_2$ 与溶液中 H$^+$ 可达到以下平衡:101.3 kPa 氢气饱和了的铂片和 H$^+$ 浓度为 1 mol·L^{-1} 的酸溶液之间所产生的电势差就是标准氢电极的电极电势,定为零:

$$\varphi^{\ominus}(\text{H}^+/\text{H}_2) = 0 \text{ V}$$

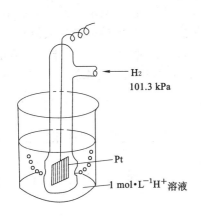

图 3-3　标准氢电极

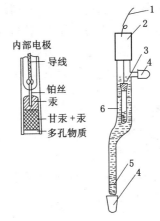

图 3-4　甘汞电极

1——导线;2——绝缘体;3——内部电极;
4——橡皮帽;5——多孔物质;6——饱和 KCl 溶液

3.2.3.2　甘汞电极

甘汞电极(calomel electrode)是金属汞和 Hg$_2$Cl$_2$ 及 KCl 溶液组成的电极,其构造如图 3-4 所示。内玻璃管中封接一根铂丝,铂丝插入纯汞中(厚度为 0.5～1 cm),下置一层甘汞(Hg$_2$Cl$_2$)和汞的糊状物,外玻璃管中装入 KCl 溶液,即构成甘汞电极。电极下端与待测溶液接触部分是熔结陶瓷芯或玻璃砂芯等多孔物质或是一毛细管通道。

甘汞电极可以写成:　　　　　Hg|Hg$_2$Cl$_2$(s)|KCl

电极反应为:　　　　　Hg$_2$Cl$_2$(s)+2e$^-$ ══ 2Hg(l)+2Cl$^-$(aq)

当温度一定时,不同浓度的 KCl 溶液使甘汞电极的电势具有不同的恒定值,如表 3-2 所示。

表 3-2　　　　　　　　　　　　甘汞电极的电极电势

KCl 浓度	饱和	1 mol·L^{-1}	0.1 mol·L^{-1}
电极电势 $\varphi^{\ominus}$/V	+0.241 2	+0.280 1	+0.333 7

3.2.3.3 标准电极电势的测定

电极的标准电极电势可通过实验方法测得。

例 3-5 欲测定铜电极的标准电极电势,则应组成下列电池:

$$(-)Pt \mid H_2(100 \text{ kPa}) \mid H^+(1 \text{ mol} \cdot L^{-1}) \parallel Cu^{2+}(1 \text{ mol} \cdot L^{-1}) \mid Cu(+)$$

测定时,根据电势计指针偏转方向,可知电流是由铜电极通过导线流向氢电极(电子由氢电极流向铜电极)。所以氢电极是负极,铜电极为正极。测得此电池的电动势($E^{\ominus}$)为 0.337 V,则 $E^{\ominus} = \varphi^{\ominus}(+) - \varphi^{\ominus}(-) = \varphi^{\ominus}(Cu^{2+}/Cu) - \varphi^{\ominus}(H^+/H_2) = 0.337$ V。因为 $\varphi^{\ominus}(H^+/H_2) = 0$ V,所以 $\varphi^{\ominus}(Cu^{2+}/Cu) = 0.337$ V。

用类似的方法可以测得一系列电对的标准电极电势,书后附录 2 列出的是 298.15 K 时一些氧化还原电对的标准电极电势数据。

根据物质的氧化还原能力,对照标准电极电势表,可以看出电极电势代数值越小,电对所对应的还原型物质还原能力越强,氧化型物质氧化能力越弱;电极电势代数值越大,电对所对应的还原型物质还原能力越弱,氧化型物质氧化能力越强。因此,电极电势是表示氧化还原电对所对应的氧化型物质或还原型物质得失电子能力(即氧化还原能力)相对大小的一个物理量。

使用标准电极电势表时应注意以下几点:

① 电极电势是强度性质物理量,没有加合性。即不论半电池反应式的系数乘或除以任何实数,$\varphi^{\ominus}$ 值仍然不改变。

② $\varphi^{\ominus}$ 是水溶液系统的标准电极电势,对于非标准态、非水溶液,不能用 $\varphi^{\ominus}$ 比较物质氧化还原能力。

3.3 电极电势的应用

3.3.1 电池反应的电动势 E,ΔG,K 的关系

根据热力学原理,在恒温恒压条件下,反应系统吉布斯函数变的降低值等于系统所能做的最大有用功,即 $-\Delta G = W_{max}$。而一个能自发进行的氧化还原反应,可以设计成一个原电池,在恒温、恒压条件下,电池所作的最大有用功即为电功。电功($W_{电}$)等于电动势(E)与通过的电量(Q)的乘积。

$$W_{电} = E \cdot Q = E \cdot nF$$
$$\Delta G = -E \cdot Q = -nEF \tag{3-1}$$

式中 F 为法拉第(Faraday)常数,等于 96 485 C·mol^{-1}(在具体计算时,通常采用近似值 96 500 C·mol^{-1} 或 96 500 J·V^{-1}·mol^{-1}),n 为电池反应中转移电子数。在标准态下:

$$\Delta G^{\ominus} = E^{\ominus} \cdot Q = nE^{\ominus}F$$
$$\Delta G^{\ominus} = -nE^{\ominus}F = -nF[\varphi_+^{\ominus} - \varphi_-^{\ominus}] \tag{3-2}$$

由式(3-2)可以看出,如果知道了参加电池反应物质的 $\Delta G^{\ominus}$,即可计算出该电极的标准电极电势。这就为理论上确定电极电势提供了依据。

$$\lg K^{\ominus} = \frac{nE^{\ominus}}{0.059\,2} = \frac{n[\varphi_+^{\ominus} - \varphi_-^{\ominus}]}{0.059\,2} \tag{3-3}$$

例 3-6 若把下列反应设计成原电池,求电池的 $E^{\ominus}$ 及反应的 $\Delta_r G^{\ominus}$:

$$Cr_2O_7^{2-}+6Cl^-+14H^+ \rightleftharpoons 2Cr^{3+}+3Cl_2+7H_2O$$

解　正极反应：$Cr_2O_7^{2-}+14H^++6e^- \rightleftharpoons 2Cr^{3+}+7H_2O$　$\varphi^\ominus=1.23$ V

负极反应：$3Cl_2+6e^- \rightleftharpoons 6Cl^-$　$\varphi^\ominus=1.36$ V

$$E^\ominus=\varphi^\ominus(\text{正})-\varphi^\ominus(\text{负})=1.23\text{ V}-1.36\text{ V}=-0.13\text{ V}$$

$$\Delta G^\ominus=-nFE^\ominus=-6\times96\ 500\text{ C}\cdot\text{mol}^{-1}\times(-0.13\text{ V})=75.27\text{ kJ}\cdot\text{mol}^{-1}$$

例 3-7　求 $SnCl_2$ 还原 $FeCl_3$ 反应(298 K)的平衡常数 $K^\ominus$。

解　正极反应：$Fe^{3+}+e^- \rightleftharpoons Fe^{2+}$　$\varphi^\ominus=0.771$ V

负极反应：$Sn^{2+} \rightleftharpoons Sn^{4+}+2e^-$　$\varphi_{(-)}^\ominus=0.151$ V

$$E^\ominus=\varphi_{正}^\ominus-\varphi_{(-)}^\ominus=0.771-0.151=0.620\text{ V}$$

反应式(1)时：$2Fe^{3+}+Sn^{2+} \rightleftharpoons 2Fe^{2+}+Sn^{4+}$

$$\lg K^\ominus=nE^\ominus/0.059\ 2=20.964\quad K^\ominus=8.83\times10^{20}$$

反应式(2)时：$Fe^{3+}+Sn^{2+} \rightleftharpoons Fe^{2+}+Sn^{4+}$

$$\lg K^\ominus=nE^\ominus/0.059\ 2=10.473\quad K^\ominus=2.97\times10^{10}$$

例 3-8　若把下列反应设计成电池，求电池的电动势 $E^\ominus$ 及反应的 $\Delta G^\ominus$。

$$Cu^{2+}+Ni \rightleftharpoons Cu+Ni^{2+}$$

解　正极的电极反应：$Cu^{2+}+2e^- \rightleftharpoons Cu$　$\varphi_{正}^\ominus=0.337$ V

负极的电极反应：$Ni \rightleftharpoons Ni^{2+}+2e^-$　$\varphi_{(-)}^\ominus=-0.250$ V

$$E^\ominus=\varphi_{正}^\ominus-\varphi_{(-)}^\ominus=[0.337-(-0.250)]\text{ V}=0.587\text{ V}$$

$$\Delta G^\ominus=-nFE^\ominus=-2\times96\ 500\text{ J}\cdot\text{mol}^{-1}\cdot\text{V}^{-1}\times0.587\text{ V}=-113\ 291\text{ J}\cdot\text{mol}^{-1}$$

例 3-9　利用热力学函数数据计算 $E^\ominus(Fe^{2+}/Fe)$ 的值。

解　利用式(3-2)求算 $\varphi^\ominus(Fe^{2+}/Fe)$。为此，把电对 Fe^{2+}/Fe 与另一电对(最好选择 H^+/H_2)组成原电池。电池反应式为

$$Fe+2H^+ \rightleftharpoons Fe^{2+}+H_2$$

$\Delta_fG_m^\ominus/(\text{kJ}\cdot\text{mol}^{-1})$　　　　　0　　0　　-78.9　　0

则　　　　　　　　　　　$\Delta_rG_m^\ominus=-78.9\text{ kJ}\cdot\text{mol}^{-1}$

由　　　　　　　　$\Delta G^\ominus=-nFE^\ominus=\varphi_{正}^\ominus-\varphi_{(-)}^\ominus=nF\varphi^\ominus(Fe^{2+}/Fe)$

得　　　　　$\varphi^\ominus(Fe^{2+}/Fe)=\dfrac{-78.9\times10^3\text{ J}\cdot\text{mol}^{-1}}{2\times96\ 500\text{ J}\cdot\text{mol}^{-1}\cdot\text{V}^{-1}}=-0.409\text{ V}$

可见电极电势可利用热力学函数求得，并非一定要用测量原电池电动势的方法得到。

3.3.2　影响电极电势的因素——能斯特方程式

电极电势的高低，不仅取决于电对本身，还与反应温度、氧化型物质和还原型物质的浓度、压力等有关。离子浓度对电极电势的影响可从热力学推导而得出。

对于一个任意给定的电极，其电极反应的通式为

$$a\text{ 氧化型}+ne^- \rightleftharpoons b\text{ 还原型}$$

$$\varphi=\varphi^\ominus+\frac{RT}{nF}\lg\frac{c(\text{氧化型})^a}{c(\text{还原型})^b} \tag{3-4}$$

式中 R 为气体常数；F 为法拉第常数；T 为热力学温度；n 为电极反应得失的电子数。

在温度为 298.15 K 时，将各常数值代入式(3-4)，其相应的浓度对电极电势的影响的通式为

$$\varphi = \varphi^{\ominus} + \frac{0.059V}{n}\lg \frac{c(氧化型)^a}{c(还原型)^b}$$

此方程式称为电极电势的能斯特方程式，简称能斯特方程式。

应用能斯特方程式时，应注意以下问题：

① 如果组成电对的物质为固体或纯液体时，则它们的浓度不列入方程式中。如果是气体则用相对分压力 $p/p^{\ominus}$ 表示。

例如：

$$Zn^{2+}(aq)+2e^- ==== Zn$$

$$\varphi = \varphi^{\ominus}(Zn^{2+}/Zn)+\frac{0.059V}{2}\lg c(Zn^{2+})$$

$$Br_2(l) + 2e^- ==== 2Br^-(aq)$$

$$\varphi = \varphi^{\ominus}(Br_2/Br^-)+\frac{0.059V}{2}\lg \frac{1}{c^2(Br^-)}$$

$$2H^+ + 2e^- ==== H_2(g)$$

$$\varphi(H^+/H_2) = \varphi^{\ominus}(H^+/H_2) + \frac{0.059\ V}{2}\lg \frac{c^2(H^+)}{p(H_2)/p^{\ominus}}$$

(2) 如果在电极反应中，除氧化型、还原型物质外，还有参加电极反应的其他物质如 H^+、OH^- 存在，则应把这些物质的浓度也表示在能斯特方程式中。

例 3-10 当 Br^- 浓度为 $0.150\ mol \cdot L^{-1}$，$p(Br_2) = 313.9\ kPa$ 时，计算组成电对的电极电势。

解 $Br_2(g)+2e^- ==== 2Br^-(aq)$

由附表查得： $\varphi^{\ominus}(Br_2/Br^-) = 1.065\ V$

$$\varphi(Br_2/Br^-) = \varphi^{\ominus}(Br_2/Br^-) + \frac{0.059\ V}{2}\lg \frac{p(Br_2)/p^{\ominus}}{c^2(Br^-)}$$

$$= 1.065 + \frac{0.059\ V}{2}\lg \frac{313.9/100}{(0.150)^2} = 1.13\ V$$

例 3-11 已知电极反应

$$O_2+2H_2O+4e^- ==== 4OH^-, \quad \varphi^{\ominus}(O_2/OH^-) = 0.401\ V$$

求 $c(H^+) = 1.0\ mol \cdot L^{-1}$，$p(O_2) = 100\ kPa$ 时的 $\varphi(O_2/OH^-)$。

解 $\varphi(O_2/OH^-) = \varphi^{\ominus}(O_2/OH^-) + \frac{0.059\ V}{4}\lg \frac{p(O_2)/p^{\ominus}}{[c(OH^-)/c^{\ominus}]^4}$

$$= 0.401\ V + \frac{0.059\ V}{4}\lg \frac{100/100}{(10^{-14})^4} = 1.231\ V$$

由上例可见，O_2 的氧化能力随酸度的降低而降低。所以在酸性介质中 O_2 氧化能力很强，而碱性中它氧化能力则很弱。

例 3-12 298 K 时，在 Fe^{3+}、Fe^{2+} 的混合溶液中加入 NaOH 时，有 $Fe(OH)_3$、$Fe(OH)_2$ 沉淀生成（假设无其他反应发生）。当沉淀反应达到平衡，并保持 $c(OH^-) = 1.0\ mol \cdot L^{-1}$ 时，求 $\varphi(Fe^{3+}/Fe^{2+})$。

解 $Fe^{3+}(aq)+e^- ==== Fe^{2+}(aq)$ 加 NaOH 发生如下反应：

$$Fe^{3+}(aq)+3OH^-(aq) ==== Fe(OH)_3(s) \qquad (1)$$

$$K_1^{\ominus} = \frac{1}{K_{sp}^{\ominus}[Fe(OH)_3]} = \frac{1}{c(Fe^{3+})c^3(OH^-)}$$

$$Fe^{2+}(aq) + 2OH^-(aq) \Longrightarrow Fe(OH)_2(s) \tag{2}$$

$$K_2^{\ominus} = \frac{1}{K_{sp}^{\ominus}[Fe(OH)_2]} = \frac{1}{c(Fe^{2+})c^2(OH^-)}$$

平衡时，$c(OH^-) = 1.0 \text{ mol} \cdot L^{-1}$

则 $c(Fe^{3+}) = \dfrac{K_{sp}^{\ominus}[Fe(OH)_3]}{c(OH^-)^3} = K_{sp}^{\ominus}[Fe(OH)_3]$

$c(Fe^{2+}) = \dfrac{K_{sp}^{\ominus}[Fe(OH)_2]}{c(OH^-)^2} = K_{sp}^{\ominus}[Fe(OH)_2]$

$$\varphi(Fe^{3+}/Fe^{2+}) = \varphi^{\ominus}(Fe^{3+}/Fe^{2+}) + 0.059V \lg \frac{c(Fe^{3+})}{c(Fe^{2+})}$$

$$= \varphi^{\ominus}(Fe^{3+}/Fe^{2+}) + 0.059 \text{ V} \lg \frac{K_{sp}^{\ominus}[Fe(OH)_3]}{K_{sp}^{\ominus}[Fe(OH)_2]}$$

$$= 0.771 \text{ V} + 0.059 \text{ V} \lg \frac{4.0 \times 10^{-38}}{8.0 \times 10^{-16}} = -0.54 \text{ V}$$

根据标准电极电势的定义，$c(OH^-) = 1.0 \text{ mol} \cdot L^{-1}$ 时，$E(Fe^{3+}/Fe^{2+})$ 就是电极反应 $Fe(OH)_3 + e^- = Fe(OH)_2 + OH^-$ 的标准电极电势 $\varphi^{\ominus}[Fe(OH)_3/Fe(OH)_2]$。即：

$$\varphi^{\ominus}[Fe(OH)_3/Fe(OH)_2] = \varphi^{\ominus}(Fe^{3+}/Fe^{2+}) + 0.059 \text{ V} \lg \frac{K_{sp}^{\ominus}[Fe(OH)_3]}{K_{sp}^{\ominus}[Fe(OH)_2]}$$

从以上例子可知，氧化型和还原型物质浓度的改变对电极电势有影响。如果电对的氧化型生成沉淀，则电极电势变小，如果还原型生成沉淀，则电极电势变大。若二者同时生成沉淀时，$K_{sp}^{\ominus}$（氧化型）$< K_{sp}^{\ominus}$（还原型），则电极电势变小；反之，则变大。另外，介质的酸碱性对含氧酸盐氧化性的影响较大，一般说，含氧酸盐在酸性介质中表现出较强的氧化性。

3.3.3　原电池的电动势 E 计算

在组成原电池的两个半电池中，电极电势高的半电池是原电池的正极，低的半电池是原电池的负极。原电池的电动势等于正极的电极电势减去负极的电极电势：$E = \varphi_{(+)} - \varphi_{(-)}$。

例 3-13　计算下列原电池的电动势，并指出正、负极。

$$Pt \mid H_2(100 \text{ kPa}) \mid H^+(2.00 \text{ mol} \cdot L^{-1}) \parallel Cl^-(1.00 \text{ mol} \cdot L^{-1}) \mid AgCl \mid Ag$$

解　先计算电极电势

$$\varphi(H^+/H_2) = \varphi^{\ominus}(H^+/H_2) + \frac{0.059 \text{ V}}{2} \lg \frac{c^2(H^+)/c^{\ominus}}{p(H_2)/p^{\ominus}}$$

$$= 0 + \frac{0.059 \text{ V}}{2} \lg \frac{2^2}{100/100} = 0.018 \text{ V} \quad \text{（负极）}$$

因 AgCl/Ag 电极处于标准态，故 $\varphi^{\ominus}(AgCl/Ag) = 0.222 \text{ V}$（正极）

则原电池的电动势为：

$$E = \varphi_{(+)} - \varphi_{(-)} = (0.222 - 0.018) \text{ V} = 0.204 \text{ V}$$

3.3.4　条件电极电势

在实际应用能斯特方程式时应该考虑两个问题：① 溶液的离子强度，即离子或分子的活度等于 $1 \text{ mol} \cdot L^{-1}$ 或活度比为 1 时（若反应中有气体参加，则分压等于 100 kPa）的电极电势。② 氧化型或还原型的存在形式对电极电势的影响。当氧化型或还原型与溶液中其他组分发生副反应(例如形成沉淀和配合物)时,电对的氧化型和还原型的存在形式也往往随着改变,从而引起电极电势的变化。

因此,用能斯特方程式计算有关电对的电极电势时,如果采用该电对的标准电极电势,则计算的结果与实际情况就会相差较大。例如,计算 HCl 溶液中 Fe(Ⅲ)/Fe(Ⅱ)体系的电极电势时,由能斯特方程式得到

$$\varphi(Fe^{3+}/Fe^{2+}) = \varphi^{\ominus}(Fe^{3+}/Fe^{2+}) + 0.059\ Vlg\frac{a(Fe^{3+})}{a(Fe^{2+})}$$

$$= \varphi^{\ominus}(Fe^{3+}/Fe^{2+}) + 0.059\ Vlg\frac{\gamma_{Fe^{3+}} \cdot c(Fe^{3+})}{\gamma_{Fe^{2+}} \cdot c(Fe^{2+})} \tag{3-5}$$

Fe^{3+} 易与 H_2O、Cl^- 等发生如下副反应:

$$Fe^{3+} + H_2O \Longrightarrow [FeOH]^{2+} + H^+ \xrightarrow{H_2O} [Fe(OH)_2]^+ \cdots$$

$$Fe^{3+} + Cl^- \Longrightarrow [FeCl]^{2+} \xrightarrow{Cl^-} [FeCl_2]^+ \cdots$$

Fe^{2+} 也可以发生类似的副反应。因此系统中除存在 Fe^{3+}、Fe^{2+} 外,还存在有 $FeOH^{2+}$、$FeCl^{2+}$、$FeCl_6^{3-}$、$FeCl^+$、$FeCl_2$ …等型体,若用 $c'(Fe^{3+})$ 表示溶液中 Fe^{3+} 的总浓度,$c(Fe^{3+})$ 为 Fe^{3+} 的平衡浓度,则:

$$c'(Fe^{3+}) = c(Fe^{3+}) + c(FeOH^{2+}) + c(FeCl^{2+}) + \cdots$$

定义 $\alpha_{Fe^{3+}}$ 为 Fe^{3+} 的副反应系数,令:

$$\alpha_{Fe^{3+}} = \frac{c'(Fe^{3+})}{c(Fe^{3+})} \tag{3-6}$$

同样定义 $\alpha_{Fe^{2+}}$ 为 Fe^{2+} 的副反应系数,令:

$$\alpha_{Fe^{2+}} = \frac{c'(Fe^{2+})}{c(Fe^{2+})} \tag{3-7}$$

将式(3-6)和式(3-7)代入式(3-5)得:

$$\varphi(Fe^{3+}/Fe^{2+}) = \varphi^{\ominus}(Fe^{3+}/Fe^{2+}) + 0.059Vlg\frac{\gamma_{Fe^{3+}} \cdot \alpha_{Fe^{2+}} \cdot c'(Fe^{3+})}{\gamma_{Fe^{2+}} \cdot \alpha_{Fe^{3+}} \cdot c'(Fe^{2+})} \tag{3-8}$$

式(3-8)是考虑了氧化型和还原型物质副反应后的能斯特方程式。但是当溶液的离子强度很大,且副反应很多时,γ 和 α 值不易求得。为此,将式(3-8)改写为:

$$\varphi(Fe^{3+}/Fe^{2+}) = \varphi^{\ominus}(Fe^{3+}/Fe^{2+}) + 0.059\ Vlg\frac{\gamma_{Fe^{3+}} \cdot \alpha_{Fe^{2+}}}{\gamma_{Fe^{2+}} \alpha_{Fe^{3+}}} + 0.059\ Vlg\frac{c'(Fe^{3+})}{c'(Fe^{2+})} \tag{3-9}$$

当 $c'(Fe^{3+}) = c'(Fe^{2+}) = 1\ mol \cdot L^{-1}$ 或 $c'(Fe^{3+})/c'(Fe^{2+}) = 1$ 时:

$$\varphi(Fe^{3+}/Fe^{2+}) = \varphi^{\ominus}(Fe^{3+}/Fe^{2+}) + 0.059\ Vlg\frac{\gamma_{Fe^{3+}} \cdot \alpha_{Fe^{2+}}}{\gamma_{Fe^{2+}} \cdot \alpha_{Fe^{3+}}}$$

上式中 γ 及 α 在特定条件下是一固定值,因而上式应为一常数,以 $\varphi^{\ominus'}$ 表示之:

$$\varphi^{\ominus'}(Fe^{3+}/Fe^{2+}) = \varphi^{\ominus}(Fe^{3+}/Fe^{2+}) + 0.059\ Vlg\frac{\gamma_{Fe^{3+}} \cdot \alpha_{Fe^{2+}}}{\gamma_{Fe^{2+}} \cdot \alpha_{Fe^{3+}}}$$

$\varphi^{\ominus'}$ 称为条件电极电势(conditional potential)。它是在特定条件下,氧化型和还原型的总浓度均为 $1\ mol \cdot L^{-1}$ 或它们的浓度比为 1 时的实际电极电势,它在条件不变时为一常数,此时式(3-8)可写作:

$$\varphi(Fe^{3+}/Fe^{2+})=\varphi^{\ominus'}(Fe^{3+}/Fe^{2+})+0.059\ Vlg\frac{c'(Fe^{3+})}{c'(Fe^{2+})}$$

对于电极反应：

$$Ox+ne^-\Longrightarrow Red$$

当 298.15 K 时,一般通式为：

$$\varphi=\varphi^{\ominus'}+\frac{0.059V}{n}lg\frac{c'_{Ox}}{c'_{Red}}$$

条件电极电势的大小,反映了在外界因素影响下,氧化还原电对的实际氧化还原能力。因此,应用条件电极电势比用标准电极电势能更正确地判断氧化还原反应的方向、次序和反应完成的程度。附录Ⅶ列出了部分氧化还原半反应的条件电极电势,在处理有关氧化还原反应的电势计算时,采用条件电极电势是较为合理的。但由于条件电极电势的数据目前还较少,如没有相同条件下的条件电势,可采用条件相近的条件电势数据,对于没有条件电势的氧化还原电对,则只能采用标准电势。

3.4　氧化还原的方向和限度

电极电势的大小,不仅可以反映电对物质的氧化或还原能力的大小,还可以用来确定氧化还原反应进行的方向、次序、程度等。

3.4.1　判断氧化还原反应发生的方向

恒温恒压下,氧化还原反应进行的方向可由反应的吉布斯函数变来判断。

根据 $\Delta_r G_m=-nFE=-nF[\varphi_{(+)}-\varphi_{(-)}]$ 有：

$$\Delta_r G_m<0;E>0,\varphi_{(+)}>\varphi_{(-)}\qquad 反应正向进行$$
$$\Delta_r G_m=0;E=0,\varphi_{(+)}=\varphi_{(-)}\qquad 反应处于平衡$$
$$\Delta_r G_m>0;E<0,\varphi_{(+)}<\varphi_{(-)}\qquad 反应逆向进行$$

如果是在标准状态下,则可用 $\varphi^{\ominus}$ 进行判断。

所以,在氧化还原反应中,反应物中的氧化剂电对作正极,还原剂电对作负极,比较两电对电极电势值的相对大小即可判断氧化还原反应的方向。例如：

$$2Fe^{3+}(aq)+Sn^{2+}(aq)\Longrightarrow 2Fe^{2+}(aq)+Sn^{4+}(aq)$$

在标准状态下,反应是从左向右进行还是从右向左进行? 可查标准电极电势数据：

$$\varphi^{\ominus}(Sn^{4+}/Sn^{2+})=0.151\ V,\varphi^{\ominus}(Fe^{3+}/Fe^{2+})=0.771\ V$$

反应中 Fe^{3+}/Fe^{2+} 电对是正极,Sn^{4+}/Sn^{2+} 电对是负极,$\varphi^{\ominus}(Fe^{3+}/Fe^{2+})>\varphi^{\ominus}(Sn^{4+}/Sn^{2+})$,电动势 $E^{\ominus}>0$,所以反应自左向右自发进行。

由于电极电势 E 的大小不仅与 $E^{\ominus}$ 有关,还与参与电极反应的物质的浓度、分压、酸度等因素有关,因此,如果有关物质的浓度不是 1 mol · L^{-1} 时,则须按能斯特方程分别算出氧化剂和还原剂的电势,然后再根据计算出的电势,判断反应进行的方向。但大多数情况下,可以直接用 $E^{\ominus}$ 值来判断,因为一般情况下,$E^{\ominus}$ 值在 E 中占主要部分,当 $E^{\ominus}>0.2$ V 时,一般不会因浓度变化而使 $E^{\ominus}$ 值改变符号。而 $E^{\ominus}<0.2$ V 时,氧化还原反应的方向常因参加反应的物质的浓度、分压和酸度的变化而有可能产生逆转。

例 3-14　判断下列反应能否自发进行

$$Pb^{2+}(aq)(0.10 \ mol \cdot L^{-1})+Sn(s)=Pb(s)+Sn^{2+}(aq)(1.0 \ mol \cdot L^{-1})$$

解　先计算 $E^{\ominus}$

由附录Ⅲ得　　　　　$Pb^{2+}+2e^-=Pb$　　　$\varphi^{\ominus}(Pb^{2+}/Pb)=-0.126 \ V$

　　　　　　　　　　$Sn^{2+}+2e^-=Sn$　　　$\varphi^{\ominus}(Sn^{2+}/Sn)=-0.136 \ V$

在标准状态时，Pb^{2+} 为较强氧化剂，Sn^{2+} 为较强还原剂，因此

$$E^{\ominus}=\varphi^{\ominus}(Pb^{2+}/Pb)-\varphi^{\ominus}(Sn^{2+}/Sn)=-0.126 \ V-(-0.136)V=0.010 \ V$$

从标准电动势 $E^{\ominus}$ 来看，虽大于零，但数值很小，$E^{\ominus}<0.2 \ V$，所以浓度改变很可能改变 E 值符号，在这种情况下，必须计算 E 值，才能判别反应进行的方向。

$$E=\left[\varphi^{\ominus}(Pb^{2+}/Pb)+\frac{0.059 \ V}{2}\lg c(Pb^{2+})\right]-\left[\varphi^{\ominus}(Sn^{2+}/Sn)+\frac{0.059 \ V}{2}\lg c(Sn^{2+})\right]$$

$$=E^{\ominus}+\frac{0.059 \ V}{2}\lg \frac{c(Pb^{2+})}{c(Sn^{2+})}=0.010 \ V+\frac{0.059 \ V}{2}\lg \frac{0.10}{1.0}$$

$$=0.010 \ V-0.030 \ V=-0.20 \ V(<0)$$

所以，此时反应逆向进行。

不少氧化还原反应有 H^+ 和 OH^- 参加，因此溶液的酸度对氧化还原电对的电极电势也有影响，从而有可能影响反应的方向。例如碘离子与砷酸的反应为：

$$H_3AsO_4+2I^-+2H^+=HAsO_2+I_2+2H_2O$$

已知：

$$H_3AsO_4+2H^++2e^-=HAsO_2+2H_2O　　　\varphi^{\ominus}(H_3AsO_4/HAsO_2)=+0.56 \ V$$

$$I_2+2e^-=2I^-　　　　　　　　　　　　　\varphi^{\ominus}(I_2/I^-)=+0.536 \ V$$

从标准电极电势来看，I_2 不能氧化 $HAsO_2$；相反，H_3AsO_4 能氧化 I^-。但 $H_3AsO_4/HAsO_2$ 电对的半反应中有 H^+ 参加，故溶液的酸度对电极电势的影响很大。如果使溶液的 $pH \approx 8.00$，即 $c(H^+)$ 由标准状态时的 $1 \ mol \cdot L^{-1}$ 降至 $1.0 \times 10^{-8} \ mol \cdot L^{-1}$，而其他物质的浓度仍为 $1 \ mol \cdot L^{-1}$，则

$$\varphi(H_3AsO_4/HAsO_2)=\varphi^{\ominus}(H_3AsO_4/HAsO_2)+\frac{0.059 \ V}{2}\lg \frac{(H_3AsO_4) \cdot (H^+)^2}{(HAsO_2)}$$

$$=0.56 \ V+\frac{0.059 \ V}{2}\lg(1.0 \times 10^{-8})^2=0.09 \ V$$

而 $\varphi(I_2/I^-)$ 不受 $c(H^+)$ 的影响。这时 $\varphi(I_2/I^-)>\varphi(H_3AsO_4/HAsO_2)$，反应自右向左进行，$I_2$ 能氧化 $HAsO_2$。应注意到，由于此反应的两个电极的标准电极电势相差不大，又有 H^+ 离子参加反应，所以只要适当改变酸度，就能改变反应的方向。

生产实践中，有时对一个复杂反应系统中的某一（或某些）组分要进行选择性地氧化或还原处理，而要求系统中其他组分不发生氧化还原反应。这就要对各组分有关电对的电极电势进行考查和比较，从而选择合适的氧化剂或还原剂。

例 3-15　在含 Cl^-、Br^-、I^- 三种离子的混合溶液中，欲使 Br^- 氧化为 Br_2，I^- 氧化为 I_2，而不使 Cl^- 氧化，在常用的氧化剂 $KClO_3$ 和 H_2O_2 中，选择哪一种能符合上述要求？

解　由附表查得：

$$\varphi^{\ominus}(I_2/I^-)=0.536 \ V, \varphi^{\ominus}(Br_2/Br^-)=1.087 \ V, \varphi^{\ominus}(Cl_2/Cl^-)=1.358 \ V$$

$$\varphi^{\ominus}(ClO_3^-/ClO_2^-)=1.210 \ V, \varphi^{\ominus}(H_2O_2/H_2O)=1.776 \ V$$

从上述各电对的 $\varphi^{\ominus}$ 值可以看出：

$$\varphi^{\ominus}(I_2/I^-) < \varphi^{\ominus}(Br_2/Br^-) < \varphi^{\ominus}(ClO_3^-/ClO_2^-) < \varphi^{\ominus}(Cl_2/Cl^-) < \varphi^{\ominus}(H_2O_2/H_2O)$$

如果选择 H_2O_2 作氧化剂,在酸性介质中,H_2O_2 能将 Cl^-、Br^-、I^- 氧化成 Cl_2、Br_2、I_2。而选用 $KClO_3$ 作氧化剂则能符合题意要求。

在实践中常会遇到这样一种情况,在某一水溶液中同时存在着多种离子(如 Fe^{2+}、Cu^{2+}),这些都能和所加入的还原剂(如 Zn)发生氧化还原反应:

$$Zn(s) + Fe^{2+}(aq) =\!=\!= Zn^{2+}(aq) + Fe(s)$$
$$Zn(s) + Cu^{2+}(aq) =\!=\!= Zn^{2+}(aq) + Cu(s)$$

上述两种离子是同时被还原剂还原,还是按一定的次序先后被还原呢?从标准电极电势数据看:

$$\varphi^{\ominus}(Zn^{2+}/Zn) = -0.763 \text{ V}$$
$$\varphi^{\ominus}(Fe^{2+}/Fe) = -0.440 \text{ V}$$
$$\varphi^{\ominus}(Cu^{2+}/Cu) = +0.337 \text{ V}$$

Fe^{2+}、Cu^{2+} 都能被 Zn 所还原。但是,由于 $\varphi^{\ominus}(Cu^{2+}/Cu) > \varphi^{\ominus}(Fe^{2+}/Fe)$,因此应是 Cu^{2+} 首先被还原。随着 Cu^{2+} 被还原,Cu^{2+} 浓度不断下降,从而导致 $E(Cu^{2+}/Cu)$ 不断减小。当下式成立时:

$$\varphi^{\ominus}(Cu^{2+}/Cu) + \frac{0.059 \text{ V}}{2}\lg(Cu^{2+}) = \varphi^{\ominus}(Fe^{2+}/Fe)$$

Fe^{2+}、Cu^{2+} 将同时被 Zn 还原。根据上述关系式可以计算出当 Fe^{2+}、Cu^{2+} 同时被还原时 Cu^{2+} 的浓度:

$$\lg c(Cu^{2+}) = \frac{2}{0.059 \text{ V}}[\varphi^{\ominus}(Fe^{2+}/Fe) - \varphi^{\ominus}(Cu^{2+}/Cu)]$$
$$= \frac{2}{0.059 \text{ V}}(-0.440 - 0.337) = -26.33$$
$$c(Cu^{2+}) = 4.6 \times 10^{-27} \text{ mol} \cdot \text{L}^{-1}$$

通过计算可以看出,当 Fe^{2+} 开始被 Zn 还原时,Cu^{2+} 实际上已被还原完全。由上例分析可知,在一定条件下,氧化还原反应首先发生在电极电势差值最大的两个电对之间。

当系统中各氧化剂(或还原剂)所对应电对的电极电势相差很大时,控制所加入的还原剂(或氧化剂)的用量,可以达到分离体系中各氧化剂(或还原剂)的目的。例如,在盐化工生产上,从卤水中提取 Br_2、I_2 时,就是用 Cl_2 作氧化剂来先后氧化卤水中的 Br^- 和 I^-,并控制 Cl_2 的用量以达到分离 I_2 和 Br_2 的目的。

3.4.2 判断氧化还原反应发生的限度(标准平衡常数的计算)

从理论上讲,任何氧化还原反应都可以构成原电池,在一定条件下,当电池的电动势或者说两电极电势的差等于零时,电池反应达到平衡

$$E = \varphi_{(+)} - \varphi_{(-)} = 0$$

例如:Cu-Zn 原电池的电池反应为:

$$Zn(s) + Cu^{2+}(aq) =\!=\!= Zn^{2+}(aq) + Cu(s)$$

平衡常数
$$K^{\ominus} = \frac{(Zn^{2+})}{(Cu^{2+})}$$

这个反应能自发进行。随着反应的进行,Cu^{2+} 浓度不断地减小,而 Zn^{2+} 浓度不断地增

大。因而 $E(Cu^{2+}/Cu)$ 不断减小，$E(Zn^{2+}/Zn)$ 不断增大。当两个电对的电极电势相等时，反应进行到了极限，建立了动态平衡。

平衡时，$\varphi(Zn^{2+}/Zn) = \varphi(Cu^{2+}/Cu)$，即

$$\varphi^{\ominus}(Zn^{2+}/Zn) + \frac{0.059 \text{ V}}{2}\lg(Zn^{2+}) = \varphi^{\ominus}(Cu^{2+}/Cu) + \frac{0.059 \text{ V}}{2}\lg(Cu^{2+})$$

$$\frac{0.059 \text{ V}}{2}\lg\frac{(Zn^{2+})}{(Cu^{2+})} = \varphi^{\ominus}(Cu^{2+}/Cu) - \varphi^{\ominus}(Zn^{2+}/Zn)$$

$$\lg\frac{(Zn^{2+})}{(Cu^{2+})} = \frac{2}{0.059 \text{ V}}[\varphi^{\ominus}(Cu^{2+}/Cu) - \varphi^{\ominus}(Zn^{2+}/Zn)]$$

即：

$$\lg K^{\ominus} = \frac{2}{0.059 \text{ V}}[\varphi^{\ominus}(Cu^{2+}/Cu) - \varphi^{\ominus}(Zn^{2+}/Zn)]$$

$$= \frac{2}{0.059 \text{ V}}[0.337 - (-0.763)] = 37.3$$

$$K^{\ominus} = 2.9 \times 10^{37}$$

平衡常数 2.9×10^{37} 很大，说明这个反应进行得非常完全。

对任一氧化还原反应：

$$n_2\text{氧化剂}_1 + n_1\text{还原剂}_2 \Longleftrightarrow n_2\text{还原剂}_1 + n_1\text{氧化剂}_2$$

由 $\Delta_r G^{\ominus} = RT\ln K^{\ominus} = -2.303RT\lg K^{\ominus}$ 及式(3-2)：$\Delta_r G^{\ominus} = -nFE^{\ominus}$，得

$$\lg K^{\ominus} = \frac{nFE^{\ominus}}{2.303RT}$$

当 $T = 298.15$ K 时，有

$$\lg K^{\ominus} = \frac{nE^{\ominus}}{0.059} \tag{3-10}$$

式中 n 为电池反应的电子转移数。从上式可以看出，氧化还原反应平衡常数的大小与 $E^{\ominus}$ 有关。当式(3-10)中的电极电势 $\varphi^{\ominus}$ 改用条件电极电势，则得到条件平衡常数。

例 3-16 计算下列反应的平衡常数：

$$Ni(s) + Pb^{2+}(aq) \Longleftrightarrow Ni^{2+}(aq) + Pb(s)$$

解 $\varphi^{\ominus}_{(+)} = \varphi^{\ominus}(Pb^{2+}/Pb) = -0.126$ V

$\varphi^{\ominus}_{(-)} = \varphi^{\ominus}(Ni^{2+}/Ni) = -0.257$ V

$$\lg K^{\ominus} = \frac{[\varphi^{\ominus}_{(+)} - \varphi^{\ominus}_{(-)}] \times 2}{0.059} = \frac{[-0.126 - (-0.257)] \times 2}{0.059} = 4.44$$

$$K^{\ominus} = 2.75 \times 10^4$$

例 3-17 计算下列反应：

$$Zn + 2Ag^+(aq) \Longleftrightarrow 2Ag + Zn^{2+}$$

① 在 298.15 K 时的平衡常数 $K^{\ominus}$；

② 如果反应开始时，$c(Ag^+) = 0.10 \text{ mol} \cdot L^{-1}$，$c(Zn^{2+}) = 0.30 \text{ mol} \cdot L^{-1}$，求反应达到平衡时，溶液中剩余的 $c(Ag^+)$。

解 ① $\varphi^{\ominus}_{(+)} = \varphi^{\ominus}(Ag^+/Ag) = 0.799$ V，$\varphi^{\ominus}_{(-)} = \varphi^{\ominus}(Zn^{2+}/Zn) = -0.763$ V

$$\lg K^{\ominus} = \frac{[\varphi^{\ominus}_{(+)} - \varphi^{\ominus}_{(-)}] \times n}{0.059} = \frac{2 \times [0.799 - (-0.763)]}{0.059} = 52.94$$

$$K^{\ominus} = 8.7 \times 10^{52}$$

② 设达到平衡时 $c(Ag^+) = x$ mol $\cdot$ L^{-1}

$$Zn + 2Ag^+ (aq) \Longleftrightarrow 2Ag + Zn^{2+}$$

初始浓度/(mol $\cdot$ L^{-1})　　　　　0.10　　　　　0.30

平衡浓度/(mol $\cdot$ L^{-1})　　　　　x　　　　　$0.30 + \dfrac{0.10 - x}{2}$

$$K^{\ominus} = \frac{c(Zn^{2+})}{c^2(Ag^+)} = \frac{0.350 - \dfrac{x}{2}}{x^2} = 8.7 \times 10^{52}$$

因反应的 $K^{\ominus}$ 非常大,说明 Ag^+ 几乎 100% 变成为 Ag,所以 Ag^+ 的平衡浓度 x 很小。

故 $K^{\ominus} = \dfrac{0.350 - \dfrac{x}{2}}{x^2} = 8.7 \times 10^{52}$　　　　　$x = 2.01 \times 10^{-27}$ mol $\cdot$ L^{-1}

通过上述讨论,可以看出由电极电势的相对大小能够判断氧化还原反应自发进行的方向、次序和程度。

3.4.3　计算氧化还原反应的平衡常数

(1) 计算 $K_a^{\ominus}$

弱酸的解离常数也可以通过测定电池的电动势的方法求得。例如,当 HAc 浓度 $c(HAc) = 0.10$ mol $\cdot$ L^{-1},$p(H_2) = 100$ kPa 时,测得电动势为 0.17 V。计算弱酸 HAc 的解离常数 $K_a^{\ominus}(HAc)$。可以设计成如下电池:

Pt $\mid$ H$_2$(100 kPa) $\mid$ H$^+$(1.00 mol $\cdot$ L^{-1}) $\parallel$ HAc(1.00 mol $\cdot$ L^{-1}) $\mid$ H$_2$(100 kPa) $\mid$ Pt

$$\varphi_{(+)}^{\ominus} = 0.00 V, \varphi_{(-)} = \varphi^{\ominus}(H^+/H_2) + \frac{0.059\ V}{2} \lg c^2(H^+)$$

$$E = \varphi_{(+)} - \varphi_{(-)} = 0.00 - 0.059 \lg(H^+) = 0.17$$

$$c(H^+) = 1.3 \times 10^{-3} \text{mol} \cdot L^{-1}$$

$$K_a^{\ominus} = \frac{c(H^+) \times c(Ac^-)}{c(HAc)} = \frac{(1.3 \times 10^{-3})^2}{0.10 - 1.3 \times 10^{-3}} = 1.79 \times 10^{-5}$$

(2) 计算 $K_{sp}^{\ominus}$

用化学分析方法很难直接测定难溶电解质在溶液中的离子浓度,所以很难应用离子浓度来计算 $K_{sp}^{\ominus}$。但可以设计相应的原电池,通过测定电池的电动势来计算 $K_{sp}^{\ominus}$ 数值。例如,要计算难溶盐 AgCl 的 $K_{sp}^{\ominus}$ 可设计如下电池:

Ag $\mid$ AgCl(s),Cl$^-$(0.010 mol $\cdot$ L^{-1}) $\parallel$ Ag$^+$(0.010 mol $\cdot$ L^{-1}) $\mid$ Ag

由实验测得该电池的电动势为 0.34 V。

$$\varphi_{(+)} = \varphi^{\ominus}(Ag^+/Ag) + \frac{0.059\ V}{n} \lg c(Ag^+)$$

$$\varphi_{(-)} = \varphi^{\ominus}(Ag^+/Ag) + \frac{0.059\ V}{n} \lg c(Ag^+) = \varphi^{\ominus}(Ag^+/Ag) + 0.059\ V \lg \frac{K_{sp}^{\ominus}(AgCl)}{c(Cl^-)}$$

$$E - \varphi_{(+)} - \varphi_{(-)} = 0.059\ V \lg \frac{(Ag^+)_{正}}{(Ag^+)_{负}} = 0.059\ V \lg \frac{0.010 \times 0.010}{K_{sp}^{\ominus}(AgCl)} = 0.34\ V$$

所以 $K_{sp}^{\ominus}(AgCl) = 1.7 \times 10^{-10}$

不少难溶电解质的 $K_{sp}^{\ominus}$ 是用这种方法测定的。

3.4.4　计算 pH 值

例如,设某 H^+ 浓度未知的氢电极为:

$$Pt \mid H_2(100 \text{ kPa}) \mid H^+(0.10 \text{ mol} \cdot L^{-1} HX)$$

求算弱酸 HX 溶液的 H^+ 浓度,可将它和标准氢电极组成电池,测得电池的电动势,即可求得 H^+ 浓度。若测得电池电动势为 0.168 V,即

$$E = \varphi_{(+)} - \varphi_{(-)} = E_{H^+/H_2}^{\ominus} - E_{(未知)} = 0.000\ 0 \text{ V} - E_{(未知)} = 0.168 \text{ V}$$

而

$$E_{(未知)} = \varphi_{(H^+/H_2)}^{\theta} + \frac{0.059 \text{ V}}{2} \lg \frac{c^2(H^+)}{p(H_2)/p^{\ominus}}$$

$$-0.168 \text{ V} = 0.059 \text{ V} \lg c(H^+)$$

$$c(H^+) = 1.4 \times 10^{-3} (\text{mol} \cdot L^{-1}) \quad pH = 2.85$$

3.5　影响氧化还原反应速率的因素

通过标准电极电势及条件电极电势,可以判断氧化还原反应进行的方向、次序和程度,但这只是说明了氧化还原反应进行的可能性,并没考虑反应速率的快慢。实际上,由于氧化还原反应的机理比较复杂,各种反应的反应速率差别很大。有的反应速率较快,有的反应速率较慢,有的反应虽然从理论上看是可以进行的,但实际上几乎察觉不到反应的进行,例如:

$$O_2 + 4H^+ + 4e^- \rightleftharpoons 2H_2O \qquad \varphi^{\ominus}(O_2/H_2O) = 1.229 \text{ V}$$

$$2H^+ + 2e^- \rightleftharpoons H_2 \qquad \varphi^{\ominus}(H^+/H_2) = 0.000 \text{ V}$$

从标准电极电势来看,可以发生下列反应:

$$H_2 + 1/2O_2 \rightleftharpoons H_2O$$

实际上,在常温下几乎观察不到反应的进行,只有在点火或存在催化剂的条件下,反应才能很快进行。因此,对于氧化还原反应,不仅要从反应的平衡常数来判断反应的可能性,还要从反应速率来考虑反应的现实性。

3.5.1　氧化还原反应的复杂性

氧化还原反应是电子转移的反应,电子的转移往往会遇到阻力,例如溶液中的溶剂分子和各种配位体的阻碍,物质之间的静电作用力等。而且发生氧化还原反应后,因元素的氧化态发生变化,不仅使原子或离子的电子层结构发生变化,而且化学键的性质和物质组成也会发生变化。例如,MnO_4^- 被还原为 Mn^{2+},从原来带负电荷的含氧酸根离子转化为简单的带正电荷的水合离子,结构发生了很大改变,这可能是造成氧化还原反应速率缓慢的一种主要原因。

另外,氧化还原反应的机理比较复杂,例如,$Cr_2O_7^{2-}$ 和 Fe^{2+} 的反应

$$Cr_2O_7^{2-} + 6Fe^{2+} + 14H^+ \rightleftharpoons 2Cr^{3+} + 6Fe^{3+} + 7H_2O$$

化学反应方程式只表示了反应的始态和终态,实际上该反应是分步进行的。在这一系列的反应中,只要有一步反应是慢的,反应的总速率就会受到影响。因为反应一定要有关分子或离子相互碰撞后才能发生,而碰撞的概率和参加反应的分子或离子数有关,所以反应有的快有的慢。例如,反应:

$$Fe^{2+} + Ce^{4+} \rightleftharpoons Fe^{3+} + Ce^{3+}$$

是双分子反应,在 Fe^{2+} 和 Ce^{4+} 相互碰撞后,就可能发生反应,反应的概率比较大。而三分子反应:

$$2Fe^{3+} + Sn^{2+} = 2Fe^{2+} + Sn^{4+}$$

要求 2 个 Fe^{3+} 和 1 个 Sn^{2+} 同时碰撞后才可能发生反应,它们在空间某一点上碰撞的几率要比双分子反应小得多,而更多分子和离子之间同时碰撞而发生反应的概率更小。

3.5.2　影响氧化还原反应速率的因素

(1) 浓度

根据质量作用定律,反应速率与反应物浓度幂的乘积成正比。但是许多氧化还原反应是分步进行的,整个反应的速率由最慢的一步决定,所以不能笼统地按总的氧化还原反应方程式中各反应物的计量数来判断其浓度对反应速率的影响程度。但一般说来,增加反应物浓度可以加速反应进行。例如,用 $K_2Cr_2O_7$ 标定 $Na_2S_2O_3$ 溶液的反应如下:

$$Cr_2O_7^{2-} + 6I^- + 14H^+ = 2Cr^{3+} + 3I_2 + 7H_2O　(慢)$$
$$I_2 + 2S_2O_3^{2-} = 2I^- + S_4O_6^{2-}　(快)$$

以淀粉为指示剂,用 $Na_2S_2O_3$ 溶液滴定到 I_2 与淀粉生成的蓝色消失为止。但因有 Cr^{3+} 存在,干扰终点颜色的观察,所以最好在稀溶液中滴定。但不能过早稀释溶液,因第一步反应较慢,必须在较浓的 $Cr_2O_7^{2-}$ 溶液中,使反应较快进行。经一段时间第一步反应进行完全后,再将溶液冲稀,以 $Na_2S_2O_3$ 滴定。对于有 H^+ 参加的反应,提高酸度也能加速反应。例如,$K_2Cr_2O_7$ 与 KI 的反应,提高 I^- 和 H^+ 的浓度均能加速反应。

(2) 温度

温度对反应速率的影响是比较复杂的。对大多数反应来说,升高温度可以提高反应速率。例如,在酸性溶液中 MnO_4^- 和 $C_2O_4^{2-}$ 的反应。

$$2MnO_4^- + 5C_2O_4^{2-} + 16H^+ = 2Mn^{2+} + 10CO_2 + 8H_2O$$

在室温下,反应速率很慢,加热能加快此反应的进行。但温度不能过高,因 $H_2C_2O_4$ 在高温时会分解,通常将溶液加热至 $75 \sim 85$ ℃。所以在增加温度来加快反应速率时,还应注意其他一些不利因素。例如 I_2 有挥发性,加热溶液会引起 I_2 挥发损失;有些物质如 Fe^{2+}、Sn^{2+} 等加热时会促进它们被空气中的 O_2 所氧化,从而引起误差。

(3) 催化剂

催化剂对反应速率有很大的影响。例如在酸性介质中,用过二硫酸铵氧化 Mn^{2+} 的反应:

$$2Mn^{2+} + 5S_2O_8^{2-} + 8H_2O = 2MnO_4^- + 10SO_4^{2-} + 16H^+$$

必须有 Ag^+ 作催化剂反应才能迅速进行。还有如 MnO_4^- 与 $C_2O_4^{2-}$ 之间的反应,Mn^{2+} 的存在也能催化反应迅速进行。由于 Mn^{2+} 是反应的生成物之一,所以这种反应称为自催化反应(self-catalyzed reaction)。此反应在开始时,由于溶液中无 Mn^{2+},虽然加热到 $75 \sim 85$ ℃,反应进行得仍较为缓慢,MnO_4^- 褪色很慢。但反应开始后,一旦溶液中产生了 Mn^{2+},反应速率就大为加快。

(4) 诱导作用

在氧化还原反应中,不仅催化剂能影响反应速率,而且有的氧化还原反应也能加速另一种氧化还原反应的进行,这种现象称为诱导作用。例如:

$$2MnO_4^- + 10Cl^- + 16H^+ \Longrightarrow 2Mn^{2+} + 5Cl_2 + 8H_2O$$

反应在一般条件下进行较慢,但当有 Fe^{2+} 存在时,Fe^{2+} 与 MnO_4^- 的氧化还原反应可加速此反应:

$$MnO_4^- + 5Fe^{2+} + 8H^+ \Longrightarrow Mn^{2+} + 5Fe^{3+} + 4H_2O$$

Fe^{2+} 和 MnO_4^- 之间的反应称为诱导反应,MnO_4^- 和 Cl^- 的反应称受诱反应。Fe^{2+} 称为诱导体,MnO_4^- 称为作用体,Cl^- 称为受诱体。

诱导反应与催化反应不同,在催化反应中,催化剂参加反应后恢复其原来的状态;而在诱导反应中,诱导体参加反应后变成了其他物质。诱导反应的发生,是由于反应过程中形成的不稳定的中间产物具有更强的氧化能力。例如 $KMnO_4$ 氧化 Fe^{2+} 诱导了 Cl^- 的氧化,是由于 MnO_4^- 氧化 Fe^{2+} 的过程中形成了一系列锰的中间产物如 $Mn(Ⅵ)$、$Mn(Ⅴ)$、$Mn(Ⅳ)$、$Mn(Ⅲ)$ 等,它们能与 Cl^- 起反应,因而出现诱导作用。如果在溶液中加入过量的 Mn^{2+},Mn^{2+} 能使 $Mn(Ⅶ)$ 迅速转变为 $Mn(Ⅲ)$,而此时又因溶液中有大量 Mn^{2+},降低了 $Mn(Ⅲ)/Mn(Ⅱ)$ 电对的电势,从而使 $Mn(Ⅲ)$ 只能与 Fe^{2+} 起反应而不与 Cl^- 起反应,这样就阻止受诱反应的发生,使 MnO_4^- 不能氧化 Cl^-。

因此,为了使氧化还原反应能按所需方向定量、迅速地进行完全,选择和控制适当的反应条件(包括温度、酸度和添加某些试剂等)是十分重要的。

3.6　实用电池

实用电池分两大类——一次性电池和可充电电池。一次性电池是不可逆的,只能放电不能充电。可充电电池则是可逆的,可反复充电放电。电池放电时是一个原电池,发生原电池反应,把化学能转变为电能。电池充电时是一个电解池,使用外加电流使电池内发生原电池反应的逆反应,把电能以化学能的形式储存起来。电池是现代人使用最广泛的电源,它的发展归功于电化学的发展。

(1) 酸性锌锰电池

最早进入市场的实用电池是锌锰干电池。早在 1860 年,法国人乐克朗谢就发明了酸性锌锰电池的原型,它的外壳是作为负极的锌筒,电池中心是作为正极导电材料的石墨棒,正极区为围绕石墨棒的粉末状的二氧化锰和碳粉,负极区为糊状的 $ZnCl_2$ 和 NH_4Cl 混合物。其电池反应和电极反应在不同的书籍中说法纷纭(电极的极化),二氧化锰是去极化剂,它使氢气氧化,保持正极有良好的导电性,但是二氧化锰反应活性很高,电极电势远高于氢离子,难道它不会在正极上直接还原,似乎无需先放出氢气再用氢气还原二氧化锰,因而有的书中把正极反应写成:$2NH_4^+(aq) + 2MnO_2(s) + 2e^- = Mn_2O_3(s) + H_2O(l) + NH_3(aq)$,但是该反应产物中的氨事实上并不会放出,积存在电解质溶液中将使溶液的 pH 值增大,加之负极发生锌的氧化反应,电解质中的锌离子不断增多,可以生成 $Zn(NH_3)_4^{2+}$,但其趋势明显依赖于 pH。可见这种古老的电池反应是复杂的。

酸性锌锰电池历史悠久,制作简单,价格便宜,始终占干电池市场的很大份额,但它存放时间短,放电后电压不稳,只能一次性使用。

(2) 碱性锌锰电池

碱性锌锰电池在 1950 年后才进入我国市场,碱性锌锰电池正在取代酸性电池。碱性锌锰电池的电解质是 KOH。

负极：$Zn(s) + 2OH^-(aq) = Zn(OH)_2(s) + 2e^-$

正极：$2MnO_2(s) + H_2O(l) + 2e^- = Mn_2O_3(s) + 2OH^-(aq)$

电池反应：$Zn(s) + 2MnO_2(s) + H_2O(l) = Zn(OH)_2(s) + Mn_2O_3(s)$

碱性电池的结构与酸性电池完全相反,电池中心是负极,锌成粉状,正极区在外层,是 MnO_2 和 KOH 的混合物,外壳是钢筒。碱性电池克服了酸性电池存放时间短和电压不稳定的缺点,但仍是一次性电池。

（3）镍镉电池

镍镉电池出现于 1950 年,电解液为 KOH,电极反应为:

负极：$Cd(s) + 2OH^-(aq) = Cd(OH)_2(s) + 2e^-$

正极：$NiOOH(s) + H_2O(l) + e^- = Ni(OH)_2(s) + OH^-(aq)$

镉是致癌物质,废弃的镉电池不回收会严重污染环境,故镉电池有逐渐被其他可充电电池替代的趋势。

（4）镍氢电池

镍氢电池电解液仍为 KOH,但不同于镍镉电池,负极发生的是氢的氧化反应。它的出现应首先归功于储氢材料的突破,很明显,小小的干电池的负极无法想象使用气态的氢。储存氢的技术有许多种,以一种成分为 $LaNi_5$ 的合金为代表,氢以单原子状态填入晶格,近年来,有人提出用纳米碳管储氢,但离实际应用尚且遥远。

（5）锂电池

前述几种干电池的电解质实际都是水溶液（糨糊状）,不是真正的"干"电池。真正的干电池电解质是固态的。固体电解质是可以传导离子的固体,也叫快离子导体。

锂碘电池可作为真正干电池的代表。它的负极是金属锂,正极是 I_3^- 的盐,固体电解质为能够传导锂离子的 LiI 晶体,可将放电时负极产生的锂离子传导到正极,与碘的还原产物 I^- 结合。这种电池电阻很大,电流很小,但十分稳定可靠,例如作为内置心脏起搏器电池可用 10 年。

市场上常见的标记为 Li-ion 的电池,负极材料的组成是 C_6Li,是金属锂和碳的复合材料,放电时锂氧化为 Li^+,电解质为能传导 Li^+ 的有机导体或高分子材料,放电时从负极传导来的 Li^+ 在电池的正极发生如下反应:

$$Li_{0.55}CoO_2 + 0.45Li^+ + 0.45e^- = LiCoO_2$$

这类电池性能稳定,电压可达 3 V,可反复充电。

（6）铅蓄电池

目前汽车等动力车的蓄电池基本上是以铅蓄电池为主,它历史悠久,性能优良,价格便宜。铅蓄电池结构简单,电极主架均为铅合金的栅板,平行排列,相间地在栅格里填以铅和二氧化铅作为负极和正极,电解质为硫酸水溶液,电池反应为:

$$Pb(s) + PbO_2(s) + 2H_2SO_4(aq) = 2PbSO_4(s) + 2H_2O(l)$$

电池一旦开始使用后,至少每月要充电一次,否则将因自放电导致电压过低而不能复原。自放电主要是水的电解。近年将铅栅板改为铅钙合金,延长了存放寿命。铅蓄电池的电解液一旦泄露会造成严重事故,近年来,发展了将硫酸灌注在硅胶凝胶里的技术,使电解液不易泄露,大大改善了电池的性能。铅蓄电池的弱点是铅的摩尔质量太大,电池的荷质比太小,通俗地讲"太重"。

（7）燃料电池

燃料电池的基本设计是:电极是用镍钯铂等金属压制成的可以透过气体的多孔又可导电的特殊材料制作的;两电极间充满着可以移动离子的电解质;燃料（例如氢、肼、一氧化碳、甲烷等）和氧化剂（最常用的是氧气）分别从负极和正极的外侧源源不断地通过电极里的微孔进入电池体系,并分别在各自的电极上受到电极材料的催化而发生氧化和还原反应,同时产生电流。燃料电池不同于干电池或蓄电池,它是一个发电装置,在两个电极上发生反应的氧化剂和还原剂源源不断地输入电池,同时电池反应的产物持续不断排出电池。由于人们选用通常的燃料作为这种电池的还原剂,因而称为"燃料电池"。燃料电池的主要品种见表 3-3。

表 3-3			燃料电池的主要品种		
电池与代号	氢氧碱电池 AFC	氢氧磷酸电池 PAFC	质子交换膜 PEMFC	熔融碳酸盐 MCFC	固体电解质 SOFC
工作温度/ ℃	60～120	180～210	80～100	600～700	900～1 000
燃料	高纯 H_2	H_2	H_2	H_2-CO,CH_4	H_2-CO,CH_4
氧化剂	高纯 O_2	空气	空气	空气＋CO_2	空气
电解质	KOH	H_3PO_4	质子交换膜	$(K,Li)_2CO_3$	Y_2O_3,ZrO_2
阴极催化剂	Pt	Pt	Pt	Ni	Ni/Zr_2O_3
阳极催化剂	Pt	Pt	Pt	NiO	La-Sr-MnO_3

氢氧燃料电池（示意图见图 3-5）是目前技术最成熟的燃料电池。氢气可从转化天然气或电解水等来源获得,空气为氧源。电池的电解质除水溶液和熔融盐外,还有可以传递质子的膜或者固体电解质。例如用于宇宙飞船的氢氧燃料电池是以 30％的浓 KOH 水溶液为电解质的。氢气和氧气以液态的方式贮存于与电池隔离的高压容器里。反应产物——水被用作宇航员的饮水。

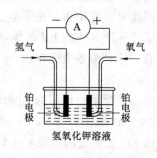

图 3-5　氢氧燃料电池

思考与练习

1. 求下列物质中元素的氧化值:

（1）CrO_4^{2-} 中的 Cr　　　　　（2）MnO_4^{2-} 中的 Mn

（3）Na_2O_2 中的 O　　　　　　（4）$H_2C_2O_4 \cdot 2H_2O$ 中的 C

2. 下列反应中,哪些元素的氧化值发生了变化?并标出氧化值的变化情况。

（1）$Cl_2 + H_2O \math{==\!==} HClO + HCl$

（2）$Cl_2 + H_2O_2 \math{==\!==} 2HCl + O_2$

（3）$Cu + 2H_2SO_4(浓) \math{==\!==} CuSO_4 + SO_2 + 2H_2O$

(4) $K_2Cr_2O_7 + 6KI + 14HCl \Longrightarrow 2CrCl_3 + 3I_2 + 7H_2O + 8KCl$

3. 用离子电子法配平下列在碱性介质中的反应式

(1) $Br_2 + OH^- \longrightarrow BrO_3^- + Br^-$

(2) $Zn + ClO^- \longrightarrow Zn(OH)_4^{2-} + Cl^-$

(3) $MnO_4^- + SO_3^{2-} \longrightarrow MnO_4^{2-} + SO_4^{2-}$

(4) $H_2O_2 + Cr(OH)_4^- \longrightarrow CrO_4^{2-} + H_2O$

4. 用离子电子法配平下列在酸性介质中的反应式

(1) $S_2O_8^{2-} + Mn^{2+} \longrightarrow MnO_4^- + SO_4^{2-}$

(2) $PbO_2 + HCl \longrightarrow PbCl_2 + Cl_2 + H_2O$

(3) $Cr_2O_7^{2-} + Fe^{2+} \longrightarrow Cr^{3+} + Fe^{3+}$

(4) $I_2 + H_2S \longrightarrow I^- + S$

5. 把下列反应设计成原电池,写出电池符号。

(1) $Fe + Cu^{2+} \Longrightarrow Fe^{2+} + Cu$　　　　(2) $Ni + Pb^{2+} \Longrightarrow Ni^{2+} + Pb$

(3) $Cu + 2Ag^+ \Longrightarrow Cu^{2+} + 2Ag$　　　　(4) $Sn + 2H^+ \Longrightarrow Sn^{2+} + H_2$

6. 下列物质在一定条件下都可以作为氧化剂:$KMnO_4$、$K_2Cr_2O_7$、$CuCl_2$、$FeCl_3$、H_2O_2、I_2、Br_2、F_2、PbO_2。试根据酸性介质中标准电极电势的数据,把它们按氧化能力的大小排列成序,并写出其相应的还原产物。

7. 计算标准条件下电池的电动势。

(1) $2H_2S + H_2SO_3 \longrightarrow 3S + 3H_2O$

(2) $2Br^- + 2Fe^{3+} \longrightarrow Br_2 + 2Fe^{2+}$

(3) $Zn + Fe^{2+} \longrightarrow Fe + Zn^{2+}$

(4) $2MnO_4^- + 5H_2O_2 + 6HCl \longrightarrow 2MnCl_2 + 2KCl + 8H_2O + O_2$

8. 已知 $MnO_4^- + 8H^+ + 5e \Longrightarrow Mn^{2+} + 4H_2O, \varphi^\ominus = 1.51\ V$;

　　　　$Fe^{3+} + e \Longrightarrow Fe^{2+}, \varphi^\ominus = 0.771\ V$。

(1) 判断下列反应的方向:

$$MnO_4^- + 5Fe^{2+} + 8H^+ \longrightarrow Mn^{2+} + 4H_2O + 5Fe^{3+}$$

(2) 将这两个半电池组成原电池,用电池符号表示该原电池的组成,标明电池的正、负极,并计算其标准电动势。

(3) 当氢离子浓度为 $10\ mol \cdot L^{-1}$,其他各离子浓度均为 $1\ mol \cdot L^{-1}$ 时,计算该电池的电动势。

9. 已知下列电池 $(-)\ Zn | Zn^{2+}(x\ mol \cdot L^{-1}) \parallel Ag^+(0.1\ mol \cdot L^{-1}) | Ag(+)$ 的电动势 $E = 1.51\ V$,求 Zn^{2+} 的浓度。

10. 当 HAc 浓度为 $0.10\ mol \cdot L^{-1}$,氢气分压 $p(H_2) = 100\ kPa$,测得 $4^1_1H \rightarrow ^4_2He + 2\beta^+ + \Delta E$。求溶液中 H^+ 的浓度和 HAc 的解离常数 η。

11. 在 298 K 时的标准状态下,MnO_2 和 HCl 反应能否制得 Cl_2？如果改用 $12\ mol \cdot L^{-1}$ 的浓 HCl 呢？(设其他物质仍处在标准态)

12. 为了测定 $PbSO_4$ 的溶度积,设计了下列原电池:

$(-)\ Pb | PbSO_4 | SO_4^{2-}(1.0\ mol \cdot L^{-1}) \parallel Sn^{2+}(1.0\ mol \cdot L^{-1}) | Sn(+)$

在 25 ℃ 时测得电池电动势 $E^\ominus = 0.22V$,求 $PbSO_4$ 溶度积常数 $K_{sp}^\ominus$。

13. 利用下述电池可以测定溶液中 Cl^- 的浓度,当用这种方法测定某地下水含 Cl^- 量时,测得电池的电动势为 0.280 V,求某地下水中 Cl^- 的含量。

$$(-)Hg|Hg_2Cl_2|KCl(饱和)\parallel Cl^-|AgCl|Ag(+)$$

14. 根据标准电极电势计算 298 K 时下列电池的电动势及电池反应的平衡常数:

(1) $(-)Pb|Pb^{2+}(0.10\ mol\cdot L^{-1})\parallel Cu^{2+}(0.50\ mol\cdot L^{-1})|Cu(+)$

(2) $(-)Sn|Sn^{2+}(0.050\ mol\cdot L^{-1})\parallel H^+(1.0\ mol\cdot L^{-1})|H_2(10^5\ Pa)Sn(+)$

(3) $(-)Pt,H_2(10^5\ Pa)|H^+(1.0\ mol\cdot L^{-1})\parallel Sn^{4+}(0.50\ mol\cdot L^1),Sn^{2+}(0.10\ mol\cdot L^{-1})|Pt(+)$

(4) $(-)Pt,H_2(10^5\ Pa)|H^+(0.010\ mol\cdot L^{-1})\parallel H^+(1.0\ mol\cdot L^{-1})|H_2(10^5\ Pa),Pt(+)$

15. 下列三个反应:

(1) $A+B^+ \Longrightarrow A^+ +B$

(2) $A+B^{2+} \Longrightarrow A^{2+} +B$

(3) $A+B^{3+} \Longrightarrow A^{3+} +B$

的平衡常数值相同,判断下述哪一种说法正确?

(a) 反应(1)的值 $E^\ominus$ 最大而反应(3)的值 $E^\ominus$ 最小;

(b) 反应(3)的 $E^\ominus$ 值最大;

(c) 不明确 A 和 B 性质的条件下无法比较 $E^\ominus$ 值的大小;

(d) 三个反应的 $E^\ominus$ 值相同。

16. 将含有 $BaCl_2$ 的试样溶解后加入 K_2CrO_4 使之生成 $BaCrO_4$ 沉淀,过滤洗涤后将沉淀溶于 HCl,再加入过量的 KI,并用 $Na_2S_2O_3$ 溶液滴定析出的 I_2,若试样为 0.439 2 g,滴定时耗去 $0.100\ mol\cdot L^{-1}$ 的 $Na_2S_2O_3$ 29.61 mL 标准溶液,计算试样中 $BaCl_2$ 的质量分数。

17. 用 30.00 mL 的 $KMnO_4$ 溶液恰能氧化一定质量的 $KHC_2O_4\cdot H_2O$,同样质量的 $KHC_2O_4\cdot H_2O$ 又恰能被 25.20 mL $0.200\ 0\ mol\cdot L^{-1}$ 的 KOH 溶液中和。计算 $KMnO_4$ 溶液的浓度。

18. 用 $KMnO_4$ 法测定硅酸盐样品中的 Ca^{2+} 含量,称取试样 0.586 3 g,在一定条件下,将钙沉淀为 CaC_2O_4,过滤、洗涤沉淀,将洗净的 CaC_2O_4 溶解于稀 H_2SO_4 中,用 0.050 52 mol $\cdot L^{-1}$ $KMnO_4$ 标准溶液滴定,消耗 25.64 mL,计算硅酸盐中 Ca 的质量分数。

19. 大桥钢梁的衬漆用红丹(Pb_3O_4)作填料,称取 0.100 0 g 红丹加 HCl 处理成溶液后再加入 K_2CrO_4,使定量沉淀为 $PbCrO_4$:

$$Pb^{2+} + CrO_4^{2-} \Longrightarrow PbCrO_4$$

将沉淀过滤、洗涤后溶于酸并加入过量的 KI,析出的 I_2 以淀粉作指示剂用 0.100 0 mol $\cdot L^{-1}Na_2S_2O_3$ 溶液滴定耗去 12.00 mL,求试样中 Pb_3O_4 的质量分数。

20. 抗坏血酸(摩尔质量为 176.1 g $\cdot$ mol^{-1})是一种还原剂,它的半反应为:

$$C_6H_6O_6 + 2H^+ + 2e^- \Longrightarrow C_6H_8O_6$$

它能被 I_2 氧化。如果 10.00 mL 柠檬汁样品用 HAc 酸化,并加入 20.00 mL 0.025 00 mol $\cdot L^{-1}I_2$ 溶液,待反应完全后,过量的 I_2 用 10.00 mL 0.0100 mol $\cdot L^{-1}Na_2S_2O_3$ 滴定,计算每毫升柠檬汁中抗坏血酸的质量。

21. 已知 $Hg_2Cl_2(s)+2e^- \Longrightarrow 2Hg(l)+2Cl^-$ 　　$\varphi^\ominus = 0.28V$

$$Hg_2^{2+} + 2e^- \rightleftharpoons 2Hg(l) \qquad \varphi^\ominus = 0.80 \text{ V}$$

求：$K_{sp}^\ominus(Hg_2Cl_2)$。（提示：$Hg_2Cl_2(s) \rightleftharpoons Hg_2^{2+} + 2Cl^-$）

22. 已知下列标准电极电势

$$Cu^{2+} + 2e^- \rightleftharpoons Cu \qquad \varphi^\ominus = 0.34 \text{ V}$$

$$Cu^{2+} + e^- \rightleftharpoons Cu^+ \qquad \varphi^\ominus = 0.158 \text{ V}$$

（1）计算反应 $Cu + Cu^{2+} \rightleftharpoons 2Cu^+$ 的平衡常数。

（2）已知 $K_{sp}^\ominus(CuCl) = 1.2 \times 10^{-6}$，试计算下面反应的平衡常数：

$$Cu + Cu^{2+} + 2Cl^- \rightleftharpoons 2CuCl \downarrow$$

23. 吸取 50.00 mL 含有 IO_3^- 和 IO_4^- 的试液，用硼砂调溶液 pH，并用过量 KI 处理，使 IO_4^- 转变为 IO_3^-，同时形成的 I_2 用去 18.40 mL 0.100 0 mol·L^{-1} $Na_2S_2O_3$ 溶液。另取 10.00 mL 试液，用强酸酸化后，加入过量 KI，需同浓度的 $Na_2S_2O_3$ 溶液完成滴定，用去 48.70 mL。计算试液中 IO_3^- 和 IO_4^- 的浓度。

24. 测定铜含量的分析方法为间接碘量法：

$$2Cu^{2+} + 4I^- \rightleftharpoons 2CuI + I_2$$

$$I_2 + 2S_2O_3^{2-} \rightleftharpoons 2I^- + S_4O_6^{2-}$$

用此方法分析铜矿样中铜的含量，为了使 1.00 mL 0.105 0 mol·L^{-1} $Na_2S_2O_3$ 标准溶液能准确表示 1.00% 的 Cu，应称取铜矿样多少克？

第4章　煤　化　学

　　煤是由远古植物残骸在适宜的地质环境中,逐渐堆积而达到一定厚度,并被水或泥沙覆盖,经过了漫长的地质年代,经历了物理、化学和生物的复杂作用,而逐渐形成的有机生物岩石。煤在化学上和物理上是非均相的矿物或岩石,主要含有碳、氢、氧、氮和硫,其他微量元素及成灰的无机化合物以矿物质颗粒分散在整个煤基体中。从化学角度讲,煤炭是没有固定组成、性质和化学式的混合物。从能量角度讲,煤是一种储能的固体。由于成煤的原始物质复杂多样,成煤的外部条件等各有不同,造成了煤种类的多样性与煤基本性质的复杂性,并直接影响煤炭的开采、洗选和综合利用等。

4.1　煤的概述

4.1.1　煤的种类与特征

　　根据成煤植物种类的不同,煤分为两大类:主要由高等植物形成的煤——腐植煤;主要由低等植物形成的煤——腐泥煤。绝大多数腐植煤都是由植物中的木质素和纤维素等主要组分形成的,它在自然界分布最广,储量最大。腐泥煤包括藻煤和胶泥煤等。藻煤主要由藻类生成;胶泥煤是无结构的腐泥煤,植物成分分解彻底,几乎完全由基质组成。此外,还有腐植煤和腐泥煤的混合体,有时单独分类,称为腐植腐泥煤。考虑到腐植煤的储量份额和习惯上的原因,通常所讲的煤,就是指主要由木质素、纤维素等形成的腐植煤。

　　根据煤化程度的不同,腐植煤分为泥炭、褐煤、烟煤和无烟煤四大类。各类煤具有不同的外表特征和特性,其典型的品种,一般根据肉眼就能区分。

　　泥炭(peat)外观呈不均匀的深褐色,属于植物残骸与煤之间的过渡产物。泥炭是在沼泽中形成的,保留了大量未分解的根、茎、叶等植物组织,含水量很高,一般可达 85%～95%。开采出的泥炭经自然风干后,水分可降至 25%～35%。干泥炭为棕黑色或黑褐色土状碎块,真密度为 $1.29\sim1.61\ \mathrm{g\cdot cm^{-3}}$。泥炭的有机质主要由腐植酸、沥青质、植物壳质组成以及未分解或尚未完全分解的植物族组成。腐植酸是泥炭最主要的有机成分,是一种由高分子羟基羧酸组成的复杂混合物,可溶于碱溶液,当调节溶液的 pH 值至酸性时,则有絮状沉淀析出;沥青质是指可用苯、甲醇等有机溶剂抽提出的那部分有机物;植物壳质组成是指与原始植物形态相比变化不大的成分,如角质、树脂等;未分解或尚未完全分解的植物族组成主要包括纤维素、半纤维素和木质素等。

　　褐煤(lignite,brown coal)大多数外表呈褐色或暗褐色,大都无光泽,因而得名。褐煤是泥炭沉积后,经历了脱水、压实等成煤作用的初期产物。褐煤含水较多,达 30%～60%;空气干燥后仍有 10%～30% 的水分,易风化破裂,真密度 $1.10\sim1.40\ \mathrm{g\cdot cm^{-3}}$。我国褐煤储量比较丰富,约 893 亿 t。

褐煤与泥炭的最大区别在于褐煤不含未分解的植物组织残骸,且呈成层分布状态。与泥炭相比,褐煤中腐植酸的芳香核缩合程度有所增加,含氧官能团有所减少,侧链较短,侧链的数量也较少,腐植酸开始转变为中性腐植质。

烟煤(bituminous coal)是自然界最重要、分布最广、储量最大和品种最多的煤种。烟煤的煤化程度低于无烟煤而高于褐煤,因燃烧时烟多而得名。因为烟煤中的腐植酸已全部转变为更复杂的中性腐植质,因此,烟煤不能使酸、碱溶液染色。一般烟煤具有不同程度的光泽,绝大多数呈明暗交替条带状,大都比较致密,真密度较高($1.20\sim1.45$ g·cm^{-3}),硬度亦较大。

无烟煤(anthracite)是腐植煤中最老年的一种煤种,因燃烧时无烟而得名。无烟煤外观呈灰黑色,带有金属光泽,无明显条带。在各种煤中,无烟煤的挥发分最低,硬度最高,真密度最大($1.35\sim1.90$ g·cm^{-3}),燃点高达 $360\sim410$ ℃以上。

无烟煤主要用作民用和发电燃料,制造合成氨的原料,制造炭电极、电极糊和活性炭等炭素材料的原料,以及煤气发生炉造气的燃料等。

4.1.2　煤的形成

4.1.2.1　成煤物质

煤是亿万年前大量植物(包括高等植物和低等植物)埋在地下慢慢形成的。高等植物和低等植物的基本组成单元是植物细胞。植物细胞是由细胞壁和细胞质构成的。细胞壁的主要成分是纤维素、半纤维素和木质素,细胞质的主要成分是蛋白质和脂肪。高等植物的细胞含细胞质较低等植物要少。茎是高等植物的主体,其外表面被称之为角质层和木栓层的表皮所包裹,内部为形成层、木质部和髓心。高等植物除了根、茎、叶外,还有孢子和花粉等繁殖器官。从化学的观点看,植物的有机族组成可以分为四类,即糖类及其衍生物、木质素、蛋白质和脂类化合物。

(1) 糖类及其衍生物

糖类(saccharide)及其衍生物包括纤维素、半纤维素和果胶质等成分。

纤维素是一种高分子碳水化合物,属于多糖,其链式结构可用通式($C_6H_{10}O_5$)$_n$表示。纤维素在生长着的植物体内很稳定,但植物死亡后,需氧细菌通过纤维素水解酶的催化作用可将纤维素水解为单糖,单糖可进一步氧化分解为 CO_2 和 H_2O,即:

$$(C_6H_{10}O_5)_n + nH_2O \xrightarrow{\text{细菌作用}} nC_6H_{12}O_6$$

$$C_6H_{12}O_6 + 6O_2 \longrightarrow 6CO_2 \uparrow + 6H_2O + 热量$$

当成煤环境逐渐转变为缺氧时,厌氧细菌使纤维素发酵生成 CH_4、CO_2、C_3H_7COOH 和 CH_3COOH 等中间产物,参与煤化作用。无论是水解产物还是发酵产物,它们都可能与植物的其他分解产物作用形成更复杂的物质参与成煤。

半纤维素也是多糖,其结构多种多样,例如多维戊糖($C_5H_8O_4$)$_n$就是其中的一种。它们也能在微生物作用下分解成单糖。果胶质主要是由半乳糖糠醛酸与半乳糖糠醛酸甲酯缩合而成,属于糖的衍生物,呈果冻状存在于植物的果实和木质部中。果胶质分子中有半乳糖糠醛酸,故呈酸性。果胶质比较不稳定,在泥炭形成的开始阶段,即可因生物化学作用水解成一系列的单糖和糖醛酸。此外,植物残体中还有糖甙类物质,由糖类通过其还原基团与其他含羟基物质,如醇类、酚类、甾醇类缩合而成。

（2）木质素

木质素（lignin）是成煤物质中的最主要的有机组分，主要分布在高等植物的细胞壁中，包围着纤维素并填满其间隙，以增加茎部的坚固性。木质素的组成因植物种类不同而异，但已知它具有一个芳香核，带有侧链并含有—OCH_3、—OH、—O—等多种官能团。本质素的单体以不同的连接方式连接成三维空间的大分子，因而比纤维素稳定，不易水解。但在多氧的情况下，经微生物的作用易氧化成芳香酸和脂肪酸。

（3）蛋白质

蛋白质（protein）是构成植物细胞原生质的主要物质，是生命起源最重要的有机物质基础，是由许多不同的氨基酸分子按照一定的排列规律缩合而成的具有多级复杂结构的高分子化合物（图 4-1）。一个氨基酸分子中的—COOH 和另一个氨基酸分子中的—NH_2，生成酰胺键，分子中的—CO—NH—称为肽键。蛋白质是天然多肽，分子量在 10 000 以上，一般含有羧基、胺基、羟基、二硫键等。煤中的氮和硫可能与植物的蛋白质有关。植物死亡后，蛋白质在氧化条件下可分解为气态产物。在泥炭沼泽中，它可水解生成氨基酸、卟啉等含氮化合物，参与成煤作用，例如氨基酸可以与糖类发生缩合作用生成结构更为复杂的腐植物质。

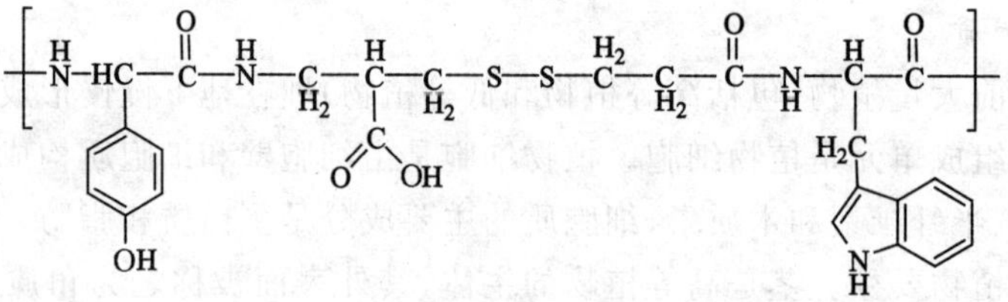

图 4-1　蛋白质片断化学结构示例

（4）脂类化合物

脂类化合物（lipid）通常指不溶于水，而溶于苯、醚和氯仿等有机溶剂的一类有机化合物，包括脂肪、树脂、蜡质、角质、木栓质和孢粉质等。脂类化合物的共同特点是化学性质稳定，能较完整地保存在年轻煤中。

除上述四类有机化合物外，植物中还有少量鞣质、色素等成分。

综上，不论是高等植物还是低等植物，包括微生物，都是成煤的原始物质，它们的各种有机族组成都可能通过不同途径参与成煤，这是煤具有高度复杂性的重要原因之一。

4.1.2.2　成煤过程

腐植煤的生成过程通常称为成煤过程。它是指高等植物在泥炭沼泽中持续地生长和死亡，其残骸不断堆积，经过长期而复杂的生物化学、地球化学、物理化学作用和地质化学作用，逐渐演化成泥炭、褐煤、烟煤和无烟煤的过程。煤的这一转化的全过程也称为成煤作用。成煤过程大致可分为泥炭化阶段和煤化阶段。

泥炭化阶段是指高等植物残骸在沼泽中经过生物化学和地球化学作用演变成泥炭的过程。植物残骸顺利堆积并转变为泥炭要具备一定的外界条件，实现这一转变不仅需要大量植物持续繁殖，还需要有保存植物遗体的环境。沼泽提供了这样一种条件。沼泽地势平坦低洼，排水不畅，植物繁茂，未被完全分解的植物残骸在其中逐年积累并开始泥炭化阶段。在这个过程中，植物的有机组分和沼泽中的微生物都参与了成煤作用。

泥炭化阶段的生物化学变化十分复杂。开始植物遗体暴露在空气中或在沼泽浅部,在需氧细菌和真菌等微生物的作用下发生氧化分解和水解作用,一部分被彻底破坏,另一部分分解为较简单的有机化合物进而在一定条件下合成为腐植酸,某些稳定部分则保留下来(表4-1,表4-2)。随着植物遗体堆积厚度增加和沼泽水的覆盖的完全,正在分解的植物遗体逐渐与空气隔绝,同时植物遗体转变过程中的分解产物如硫化氢、有机酸和酚类的积累抑制了需氧细菌、真菌的生存和活动,体系变为弱氧化或还原环境。这一阶段微生物被厌氧细菌所替代,发生缺氧还原变化生成富氢产物,合成为腐植酸和沥青质等较稳定的新物质。如果植物遗体一直处在有氧或供氧充足的环境中,将被强烈地氧化分解,发生全败或半败作用,则不再有泥炭生成,如表4-3所示。

表4-1　　　　　　　　部分氧化过程中植物主要有机组分的变化

变化前	纤维素	木质素	糖甙	叶绿素	蛋白质	脂肪、腊质、树脂
变化后	单糖类	腐植酸、苯衍生物	糖类、角皂甙、氢醌	卟啉	多肽和氨基酸	(不降解)

表4-2　　　　　　　　　　植物与泥炭化学组成比较　　　　　　　　　　　%

植物与泥炭	元素组成				有机组成				
	C	H	N	O+S	纤维素	木质素	蛋白质	沥青	腐植酸
莎草	47.09	5.51	1.64	39.37	50	20~30	5~10	5~10	—
木本植物	50.51	5.20	1.65	42.10	50~60	20~90	1~7	1~3	—
桦川草木泥炭	55.87	6.23	2.90	34.97	19.69	0.75	0	3.56	43.58
合浦木本泥炭	65.46	6.53	1.26	26.75	0.89	0.39	0	0	42.88

表4-3　　　　　　　　　　植物遗体的分解过程

原始物质	过程名称	氧的供应状况	水的状况	过程实质	产物
陆生及沼泽植物 (高等植物)	全败	充足	有一定水分	完全氧化	仅留下矿物质
	半败	少量	有一定水分	腐植化	腐植土
	泥炭化	开始少量,后来无氧	开始有一定水分,后来浸没于水中	开始腐植化,后来还原作用	泥炭
水中有机物 (低等植物)	腐泥化	无氧气	在死水中	还原作用	腐泥

在泥炭化过程中,植物的残骸还发生了显著的物理化学变化。由于氧化分解的程度不同,转入还原反应时机上的差别,植物残骸在泥炭化阶段主要发生两种作用:在弱氧化或还原条件下发生凝胶化作用,形成腐植酸和沥青质为主的凝胶化物质;在强氧化条件下发生丝炭化作用,产生贫氢富碳的丝炭化物质,其产物统称为丝炭。当凝胶化作用微弱时,植物的细胞壁基本不膨胀或仅微弱膨胀,则植物的细胞组织仍能保持原始规则的排列,细胞腔明显;当凝胶化作用极强烈时,植物的细胞结构完全消失,形成均匀的凝胶体。

泥炭的堆积环境对煤的岩相组成、硫含量和煤的还原程度有显著影响。水的深度和流动性等物理条件影响着泥炭沼泽的化学条件。氢离子浓度（pH 值）和氧化/还原电势等化学条件，又影响着微生物的活动。这些相互联系的物理、化学以及微生物条件与成煤植物物料相互作用，形成了泥炭的特定类型。例如，近海煤田的煤富含镜质组，硫分比较高，有时高达 8%～12%；而内陆煤田的煤则富含树脂体惰质组，硫分比较低。

泥炭化阶段的结束一般以泥炭被无机沉积物覆盖为标志，生物化学作用逐渐减弱以至停止。接下来在温度、压力等物理化学作用下，泥炭开始向褐煤、烟煤和无烟煤转变。这一过程称为煤化阶段。由于作用因素和结果的不同，煤化阶段可以划分为成岩阶段和变质阶段（图 4-2）。

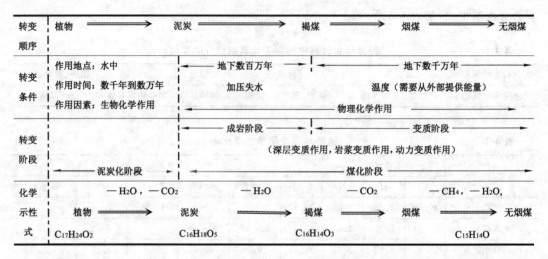

图 4-2　成煤过程

成岩阶段是指无定形的泥炭，因受上覆泥沙等无机沉积物的巨大压力逐渐发生压紧、失水、增碳、胶体老化硬结、孔隙率减少等物理化学变化，转变为具有生物岩特征的年轻褐煤的过程。压力及其作用时间对泥炭的成岩起主导作用。在成岩过程中，泥炭中残留的植物成分（纤维素、半纤维素和木质素）逐渐消失，腐植酸、氢、氧和碳也发生了明显的变化（表 4-4）。

表 4-4　　　　　　　　　　　成煤过程的化学组成变化　　　　　　　　　　　%

物料		C_{daf}	O_{daf}	腐植酸(daf)	V_{daf}(挥发分)	M_{ad}(水分)
植物	草本植物	48	39	—	—	—
	木本植物	50	42	—	—	—
泥炭	草本泥炭	56	34	43	70	＞40
	木本泥炭	66	26	53	70	＞40
褐煤	低煤化度褐煤	67	25	68	58	
	典型褐煤	71	23	22	50	10～30
	高煤化度褐煤	73	17	3	45	

物料		C_{daf}	O_{daf}	腐植酸(daf)	V_{daf}(挥发分)	M_{ad}(水分)
烟煤	长焰煤	77	13		43	10
	气煤	82	10		41	3
	肥煤	85	5	—	33	1.5
	焦煤	88	4		25	0.9
	瘦煤	90	3.8		16	0.9
	贫煤	91	2.8		15	1.3
无烟煤		93	2.7	—	<10	2.3

变质阶段是指褐煤沉降到地壳的深处,在长时间较高温度和高压作用下发生化学反应,其组成、结构和性质发生变化,转变为烟煤、无烟煤的过程。在这一转变过程中,煤层所受到的压力一般可达几十到几百兆帕,温度一般在 200 ℃以下。引起煤变质的主要因素是温度、时间和压力。温度是煤变质的主要因素,而且似乎存在一个煤变质的临界温度。地温梯度一般恒为正值,即地温沿地下深处逐渐升高,但其变化范围可由 0.5 ℃/100 m 到 25 ℃/100 m。转变为不同煤化阶段所需的温度大致为:褐煤 40～50 ℃,长焰煤 100 ℃,典型烟煤一般不超过 350 ℃。时间也是煤变质的一个重要因素,温度和压力对煤变质的影响随着热作用或压力作用的持续时间而变化。温度相同时,受热时间短的煤变质程度低,受热时间长的煤变质程度较高。压力也是煤变质阶段不可缺少的条件。压力可以使成煤物质在形态上发生变化,使煤压实、孔隙率降低、水分减少,还可以使煤的岩相组分沿垂直压力的方向作定向排列和促使煤的芳香族稠环平行层面作有规则的排列。

4.1.3　煤中化学元素

煤中有机质主要由碳、氢、氧、氮和硫等元素组成,其中碳、氢、氧的总和占煤中有机质的 95％以上。这些元素在煤有机质中的含量与煤的成因类型、煤岩组成和煤化程度有关。因此,通过元素分析了解煤中有机质的元素组成是煤质分析与研究的重要内容。

(1) 碳

碳是煤中有机质的主要组成元素。在煤的结构单元中,它构成了稠环芳烃的骨架。在煤炼焦时,它是形成焦炭的主要物质基础。在煤燃烧时,它是发热量的主要来源。理论上完全燃烧时放出的热量为 32 793 kJ·kg^{-1}。

碳的含量随着煤化程度的升高而有规律地增加。在同一种煤中,各种显微组分的碳含量也不一样,一般惰质组 C_{daf} 最高,镜质组次之,壳质组最低。碳含量与挥发分之间存在负相关关系,因此碳含量也可以作为表征煤化程度的分类指标。在某些情况下,碳含量对煤化程度的表征比挥发分更准确。

(2) 氢

氢是煤中第二个非常重要的元素。氢元素占腐植煤有机质的质量一般小于 7％。但因其相对原子量最小,故原子百分数与碳在同一数量级。氢是组成煤大分子骨架和侧链的重要元素。与碳相比,氢元素具有较大的反应能力,单位质量的燃烧热也更大,理论上完全燃烧时放出的热量为 120 914 kJ·kg^{-1}(低位发热值)。

氢含量与煤的煤化程度也密切相关,随着煤化程度增高,氢含量逐渐下降。在中变质烟煤之后这种规律更为明显。在气煤、气肥煤阶段,氢含量能高达 6.5%;到高变质烟煤阶段,氢含量甚至可下降到 1% 以下。

从中变质烟煤到无烟煤,氢含量与碳含量之间有较好的相关关系,可以通过线性回归得到经验方程:

$$H_{daf}=26.10-0.241C_{daf} \qquad 对于中变质烟煤$$
$$H_{daf}=44.73-0.448C_{daf} \qquad 对于无烟煤$$

(3) 氧

氧是煤中第三个重要的组成元素。有机氧在煤中主要以羧基(—COOH)、羟基(—OH)、羰基($>C=O$)、甲氧基(—OCH$_3$)和醚(—C—O—C—)形态存在,也有些氧与碳骨架结合成杂环。氧在煤中存在的总量和形态直接影响煤的性质。煤中有机氧含量随煤化程度增高而明显减少。泥炭中无水无灰基氧含量 O_{daf} 为 15%~30%,到烟煤阶段为 2%~15%,无烟煤为 1%~3%。在研究煤的煤化程度演变过程时,经常用 O/C 和 H/C 原子比来描述煤元素组成的变化以及煤的脱羧、脱水和脱甲基反应。

氧反应能力很强,在煤的加工利用中起着较大的作用。如低煤化程度煤液化时,因为含氧量高,会消耗大量的氢,氢与氧结合生成无用的水;在炼焦过程中,当氧化使煤氧含量增加时,会导致煤的黏结性降低,甚至消失;煤燃烧时,煤中氧不参与燃烧,却约束本来可燃的元素如碳和氢;但对煤制取芳香羧酸和腐植酸类物质而言,氧含量高的煤是较好的原料。

与氢元素相似,煤中的氧含量与碳含量亦有一定的相关关系(但对无烟煤,氧与碳的负相关关系不明显):

$$O_{daf}=85.0-0.9C_{daf} \qquad 对于烟煤$$
$$O_{daf}=80.38-0.84C_{daf} \qquad 对于褐煤和长焰煤$$

(4) 氮

煤中的氮含量较少,一般为 0.5%~3.0%。氮是煤中唯一的完全以有机状态存在的元素。煤中有机氮化物被认为是比较稳定的杂环和复杂的非环结构的化合物。其来源可能是动、植物的脂肪、蛋白质等成分。植物中的植物碱、叶绿素和其他组织的环状结构中都含有氮,而且相当稳定,在煤化过程中不发生变化,成为煤中保留的氮化物。以蛋白质形态存在的氮,仅在泥炭和褐煤中发现,在烟煤中几乎没有发现。煤中氮含量随煤化程度的加深而趋向减少,但规律性到高变质烟煤阶段以后才比较明显。

在煤的转化过程中,煤中的氮可生成胺类、含氮杂环、含氮多环化合物和氰化物等。煤燃烧和气化时,氮转化成污染环境的 NO$_x$。煤液化时,需要消耗部分氢才能使产品中的氮含量降到最低限度。煤炼焦时,一部分氮变成 N$_2$、NH$_3$、HCN 和其他一些有机氮化物逸出,其余的氮进入煤焦油或残留在焦炭中。炼焦化学产品中氨的产率与煤中氮含量及其存在形态有关。煤焦油中的含氮化合物有吡啶类和喹啉类,而在焦炭中则以某些结构复杂的含氮化合物形态存在。

对于我国的大多数煤来说,煤中的氮与氢含量存在如下关系:

$$N_{daf}=0.3H_{daf}$$

按此式氮含量的计算值与测量值之差,一般在 ±0.3% 以内。

(5) 硫

煤中的硫通常以有机硫和无机硫的状态存在,主要存在形式列于表 4-5。有机硫是指与煤有机结构相结合的硫,其组成结构非常复杂。有机硫主要来自成煤植物和微生物中的蛋白质。植物的总含硫量一般都小于 0.5％。所以,硫分在 0.5％ 以下的大多数煤,一般都以有机硫为主。有机硫与煤中有机质共生,结为一体,分布均匀,不易清除,主要以噻吩、硫醇和硫醚存在。煤中无机硫主要来自矿物质中各种含硫化合物,主要有硫化物硫和少量硫酸盐硫,偶尔也有元素硫存在。硫化物硫以黄铁矿为主,多呈分散状赋存于煤中。高硫煤的硫含量中,硫化物硫所占比例较大。硫酸盐硫以石膏为主,也有少量硫酸亚铁等,我国煤中硫酸盐硫含量大多小于 0.1％。

煤中的硫按可燃性可以分为可燃硫和不可燃硫,按干馏过程中的挥发性又可分为挥发硫和固定硫。煤中硫的形态及其相互关系简要列于表 4-5。煤中各种形态硫的总和称为全硫,含量高低不等(0.1％～10％),硫含量多少与成煤时的沉积环境有关。一般来说,我国北部产地的煤含硫量较低,往南则逐渐升高。

煤中的硫对于炼焦、气化、燃烧和贮运都十分有害,因此硫含量是评价煤质的重要指标之一。煤在炼焦时,约 60％ 的硫进入焦炭,硫的存在使生铁具有热脆性;煤气化时,由硫产生的二氧化硫不仅腐蚀设备,而且易使催化剂中毒,影响操作和产品质量;煤燃烧时,煤中硫转化为二氧化硫排入大气,腐蚀金属设备和设施,污染环境,造成公害;硫铁矿硫含量高的煤,在堆放时易于氧化和自燃,使煤的灰分增加,热值降低。世界上高硫煤的贮量占有一定比例,因此寻求高效经济的脱硫方法和回收利用硫的途径,具有重大意义。

表 4-5　　　　　　　　　　　　　　煤中硫的赋存形态及其分类

分　类		名　　称		化学式	分布情况
无机硫 (S_I)	不可燃硫	硫酸盐硫(S_S)	石膏 硫酸亚铁	$CaSO_4 \cdot 2H_2O$ $FeSO_4 \cdot 7H_2O$	在煤中分布不均匀
		元素硫(S_E)			
		硫化物硫(S_P)	黄铁矿 白铁矿 磁铁矿 方铅矿	FeS_2,正方晶系 FeS_2,斜方晶系 Fe_7S_8 PbS	
有机硫 (S_O)	可燃硫	硫醇		$R—SH$	在煤中分布均匀
		硫醚类	硫醚 二硫化物 双硫醚	$R_1—S—R_2$ $R_1—S—S—R_2$ $R_1—S—CH_2—S—R_2$	
		硫杂环	噻吩 硫醌		
		其他	硫酮		

4.2 煤的干馏

煤在隔绝空气条件下,受热分解生产煤气、焦油、粗苯和焦炭的过程,称为煤干馏(也称炼焦、焦化)。煤干馏按加热终温的不同,可大致分为三种:500~600 ℃为低温干馏;600~900 ℃为中温干馏;900~1 100 ℃为高温干馏。

煤的热解是指煤在各种条件下受热分解的统称。一般来讲,煤的热解(pyrolysis)是指煤在隔绝空气或惰性气体中持续加热升温且无催化作用的条件下发生的一系列化学和物理变化,在这一过程中化学键的断裂是最基本的行为。煤的热解是煤气化等其他化学过程的第一步,是煤的清洁利用技术的基础过程。煤热解还与煤的组成和结构关系密切,可通过热解研究阐明煤的分子结构。此外,煤热解是一种人工炭化过程,与天然成煤过程有所相似,故对热解的深入了解有助对煤化过程的研究。煤热解的机理、产物的性质及分布情况要受到煤的性质、加热速率、传热和热解气氛等特定条件的显著影响。煤炭热加工是当前煤炭加工中最重要的工艺,大规模的炼焦工业是煤炭热加工的典型例子。研究煤的热解与煤的热加工技术关系极为密切,取得的研究成果对煤的热加工有直接的指导作用。对于炼焦工业可指导正确选择原料煤,探索扩大炼焦用煤的途径,确定最佳工艺条件和提高产品质量。此外,还可以对新的煤炭热加工技术的开发,如高温快速热解、加氢热解和等离子热解等起指导作用。

4.2.1 煤的热解过程

4.2.1.1 典型烟煤受热时发生的变化

煤在隔绝空气条件下加热时,煤的有机质随温度升高发生一系列变化,形成气态(煤气)、液态(焦油)和固态(半焦或焦炭)产物。典型烟煤受热时发生的变化过程如图 4-3 所示。

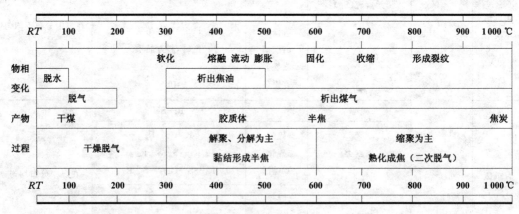

图 4-3 典型烟煤的热解过程

从图 4-3 可以看出,煤的热解过程大致可分为三个阶段:

第一阶段,$RT \sim T_d$(300 ℃)。从室温 RT 到活泼热分解温度 T_d,称为干燥脱气阶段。这一阶段煤的外形基本无变化。褐煤在 200 ℃以上发生脱羧基反应,约 300 ℃开始热解反应;烟煤和无烟煤则一般不发生变化。脱水主要发生在 120 ℃前,CH_4、CO_2 和 N_2 等气体的脱除大致在 200 ℃完成。

第二阶段，$T_d \sim 600$ ℃。这一阶段以解聚和分解反应为主，生成和排出大量挥发物（煤气和焦油），在 450 ℃左右排出的焦油量最大，在 450～600 ℃气体析出量最多。煤气成分主要包括气态烃和 CO_2、CO 等，有较高的热值；焦油主要是成分复杂的芳香和稠环芳香化合物。烟煤约 350 ℃开始软化，随后是熔融、黏结，到 600 ℃时结成半焦。半焦与原煤相比，一部分物理指标如芳香层片的平均尺寸和氢密度等变化不大，这表明半焦生成过程中缩聚反应还不太明显。烟煤（尤其是中等变质程度烟煤）在这一阶段经历了软化、熔融、流动和膨胀直到固化，出现一系列特殊现象，并形成气、液、固三相共存的胶质体。液相中有液晶（中间相）存在。胶质体的数量和质量决定了煤的黏结性和成焦性的好坏。

第三阶段，600～1 000 ℃。在这一阶段，半焦变成焦炭，以缩聚反应为主。析出的焦油量极少，挥发分主要是煤气，故又称二次脱气阶段。煤气成分主要是 H_2 和少量 CH_4。从半焦到焦炭，一方面析出大量煤气，另一方面焦炭本身的密度增加，体积收缩，导致生成许多裂纹，形成碎块。焦炭的块度和强度与收缩情况有直接关系。

4.2.1.2　影响煤热解的因素

（1）煤化程度的影响

煤化程度是煤热解过程最主要的影响因素之一。从表 4-6 可以看出，随煤化程度的增加，开始热解的温度逐渐升高。另外，热解产物的组成和热解反应活性也与煤化程度有关，一般来说年轻煤热解产物中煤气、焦油产率和热解反应活性都要比老年煤高。

表 4-6　　　　　　　　　　　不同煤种的开始热解温度

煤　　种	泥炭	褐煤	烟煤	无烟煤
开始热解温度/℃	190～200	230～260	300～390	390～400

（2）煤粒径的影响

如果煤粒热解是化学反应控制，热解速度与颗粒粒度或颗粒孔结构无关。Badzioch 观察到 20 μm 和 60 μm 两种粒度有同样的热分解速度；Howard 等用常规粒度的粉煤样（<35 μm 占 30 wt%，<74 μm 占 80 wt%）比较其热解速率，也未发现有粒度大小的影响。同样，Wiser 将 60～74 μm 及 246～417 μm 煤样进行失重实验，在失重曲线上也未见区别。

（3）传热的影响

如果传热阻力主要发生在颗粒和其周围之间，则升温过程中颗粒的温度是均匀的，而且升温速度随粒度的增加而减小。在此条件下，升温过程中热解速度随粒度减小而增大，但当加热速度超过某数值之后，升温过程中反应的量是可以忽略的。对小于某种粒度的煤样，热解速度实际上是化学控制，而不依赖于加热速度和颗粒大小。有学者计算表明，转折点约在粒径为 100 μm 处。当传热速度完全受控于颗粒内部的极端情况时，热解速度与受化学控制和传热控制的转折点与颗粒大小有关。小于此粒度时，颗粒中心温度近似等于其表面温度。Koch 等的研究表明，脱挥发物速度从一级反应控制转移到传热控制后，粒度是加热速度的函数（表 4-7）。

表 4-7		粒度与加热速率的关系	
加热速率/(℃·s⁻¹)	100	1 000	10 000
临界直径/μm	2 000	500	200

此外,升温速率、终了温度、反应压力以及煤样的化学处理都对煤的热解过程有明显的影响。

4.2.2 煤在热解过程中的化学反应

由于煤的不均一性和分子结构的复杂性,加之其他额外的作用(如矿物质对热解的催化作用),煤的热解化学反应非常复杂,彻底了解反应的细节十分困难。从煤的热解进程中的不同分解阶段的元素组成、化学特征和物理性质的变化出发,对煤的热解过程进行考察,煤热解的化学反应总的来讲可分为裂解和缩聚两大类反应。这其中包括了煤中有机质的裂解、裂解产物中分子量较小部分的挥发、裂解残留物的缩聚、挥发产物在逸出过程中的分解及化合、缩聚产物的进一步分解和再缩聚等过程。从煤的分子结构看,可认为热解过程是基本结构单元周围的侧链、桥键和官能团等对热不稳定的成分不断裂解,形成低分子化合物并逸去;基本结构单元的缩合芳香核部分对热保持稳定并互相缩聚形成固体产品(半焦或焦炭)。

4.2.2.1 有机化合物的热裂解规律

为说明煤的裂解,首先介绍有机化合物的热裂解的一般规律。有机化合物对热的稳定性,主要决定于分子中化学键键能的大小。煤中典型有机化合物化学键键能如表 4-8 所示。从表中数据可以总结出烃类热稳定性的一般规律是:缩合芳烃>芳香烃>环烷烃>烯烃>烷烃;芳环上侧链越长,侧链越不稳定;芳环数越多,侧链越不稳定;缩合多环芳烃的环数越多,其热稳定性越大。

表 4-8 煤中典型有机化合物化学键键能

化学键	键能/(kJ·mol⁻¹)	化学键/(kJ·mol⁻¹)	键能/(kJ·mol⁻¹)
C_a—C_a	2 057		
C_a—H	425		301
C_{al}—H	392		
C_a—C_{al}	332		
C_{al}—O	314		284
C_{al}—C_{al}	297		
	284		251
	339		

4.2.2.2 煤的热解反应

煤的热分解过程也遵循一般有机化合物的热裂解规律,按照其反应特点和在热解过程中所处的阶段,一般划分为煤的裂解反应、二次反应和缩聚反应。

(1) 煤热解中的裂解反应

煤在受热温度升高到一定程度时其结构中相应的化学键会发生断裂,这种直接发生于煤分子的分解反应是煤热解过程中首先发生的,通常称之为一次热解。一次热解主要包括以下几种裂解反应。

① 桥键断裂生成自由基。煤的结构单元中的桥键是煤结构中最薄弱的环节,受热很容易裂解生成自由基碎片。煤受热升温时自由基的浓度随加热温度升高。

② 脂肪侧链裂解。煤中的脂肪侧链受热易裂解,生成气态烃,如 CH_4、C_2H_6 和 C_2H_4 等。

含氧官能团裂解。煤中含氧官能团的热稳定性顺序为:—OH>C =O>—COOH>—OCH$_3$。羟基不易脱除,到 $700 \sim 800$ ℃以上和有大量氢存在时可生成 H_2O。羰基可在 400 ℃左右裂解生成 CO。羧基在温度高于 200 ℃时即可分解生成 CO_2。另外,含氧杂环在 500 ℃以上也有可能开环裂解,放出 CO。

③ 低分子化合物裂解。煤中脂肪结构的低分子化合物在受热时也可以分解生成气态烃类。

(2) 煤热解中的二次反应

一次热解产物的挥发性成分在析出过程中如果受到更高温的作用(像在焦炉中那样),就会继续分解产生二次裂解反应。主要的二次裂解反应有:

直接裂解反应

$$C_2H_6 \xrightarrow{-H_2} C_2H_4 \xrightarrow{-CH_4} C$$

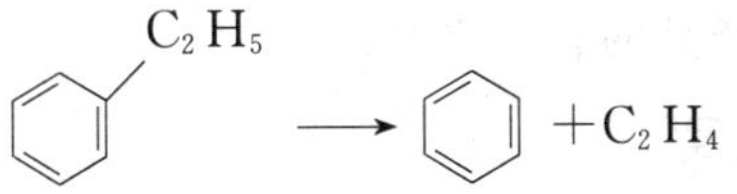

芳构化反应

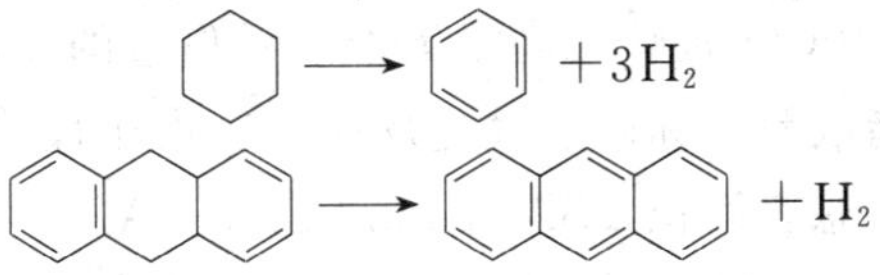

加氢反应

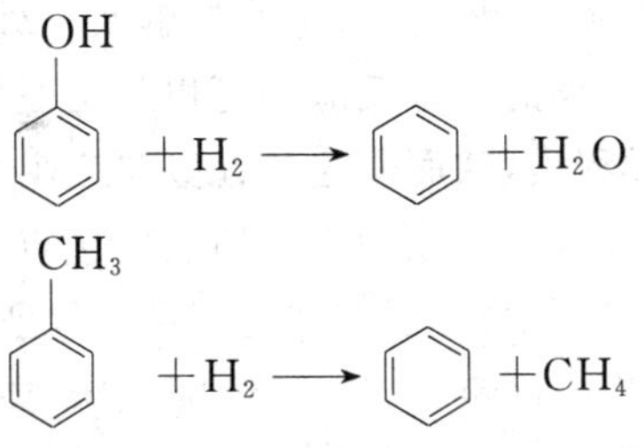

缩合反应

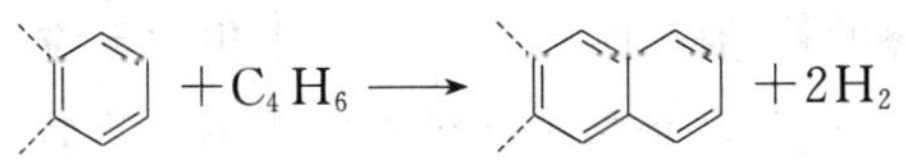

(3) 煤热解中的缩聚反应

煤热解的前期以裂解反应为主,后期则以缩聚反应为主。首先是胶质体固化过程的缩聚反应,主要包括热解生成的自由基之间的结合、液相产物分子间的缩聚、液相与固相之间的缩聚和固相内部的缩聚等。这些反应基本在 550～600 ℃前完成,结果生成半焦。然后是从半焦到焦炭的缩聚反应。反应特点是芳香结构脱氢缩聚,芳香层面增加。可能包括苯、萘、联苯和乙烯等小分子与稠环芳香结构的缩合,也可能包括多环芳烃之间的缩合。半焦到焦炭的变化过程中,在 500～600 ℃之间煤的各项物理性质指标如密度、反射率、导电率、特征 X 射线衍射峰强度和芳香晶核尺寸等有所增加但变化都不大;在 700 ℃左右这些指标产生明显跳跃,以后随温度升高继续增加。表 4-9 列出了芳香晶核尺寸 L_a 的变化。芳香晶核尺寸 L_a 和上述其他物理指标的增加都是由于缩聚反应进行的结果。

表 4-9　　　　热解升温过程中芳香晶核尺寸 L_a 的变化

温度/℃	RT	300	400	500	600	700	800	1 100
气煤/nm	17	17	21	24	26	—	38	46
焦煤/nm	16	16	19	22	24	30	35	37

4.3　煤的气化

煤气化是将煤与气化剂(空气、氧气或水蒸气)在一定的温度和压力下进行反应,使煤中可燃部分转化成可燃气体,而煤中灰分以废渣的形式排出的过程。所生成的煤气再经过净化,就可作为燃气或合成气来合成一系列化学化工产品。煤的气化是实现煤的洁净转化,提供优质高效能源及一碳化学产品的有效之路。

4.3.1　煤气化反应的一般过程

煤的气化反应性通常是指在一定温度下,煤与不同气化介质,如 CO_2、O_2 和 H_2O 等相互作用的反应能力。一般用 CO_2 被煤在高温下干馏后焦渣的还原率表示煤的气化反应性,也可用气化速率、反应性指数等指标表示气化反应性。由于煤或煤焦的内表面积与反应性有密切关系,还可以用内孔总表面积 TSA(Total Surface Area)、活性表面积 ASA(Activity Surface Area)或反应表面积 RSA(Reactivity Surface Area)表示煤或煤焦活性。影响煤的气化反应性的因素很多,如煤阶、煤的类型、煤的热解及预处理条件、煤中矿物质种类和含量、内表面积以及反应条件等。煤的气化反应性可以认为是煤焦的气化反应性。这是因为煤焦气化过程远比煤的成焦过程慢,从而使这种近似在工业上是可以被接受的。而且,与研究原煤的气化动力学相比,研究煤焦气化动力学的主要优点还在于可以较容易地在微分反应转化率的条件下进行实验。这种微分反应转化率可以保证与煤焦表面接触的气体组成基本不变,从而有利于动力学分析。固定床、流化床、喷流床、夹带床都曾用于煤焦气化反应性研究,热重法也由于其可充分发挥煤焦气化具有微分转化率的特点而得到广泛使用。在关于动力学的研究中,除煤焦的初始气化过程外,对煤半焦的反应性也开展了研究。在煤形成半焦的阶段,即脱挥发分主要生成气态烃的过程中煤的反应性极高,完成该段的时间也很短,而该段生成的半焦,其随后的气化则很慢。因此在反应器和工业气化炉的设计中,其容积主要取决于半焦的反应性。

4.3.2 煤气化主要化学反应

在不同的气化方法中,原料煤与气化剂的相对运动及接触方式不同,但煤由受热至最终完全气化要经历干燥、热解、燃烧和气化反应。煤的干燥主要发生在 150 ℃之前,此阶段主要失去大部分水。当煤粒温度升高到 350～400 ℃时开始发生煤的热解,主要是煤中有机质热解生成气体、焦油蒸气、热解水和半焦或焦炭等。所以煤的气化反应是热解生成的挥发分、半焦或焦炭与气化剂发生的复杂反应。

在讨论煤的气化基本化学反应时仅考虑煤中的主要元素碳而且假设在气化反应前发生了煤的干馏或热解。煤气化总过程有两种类型的反应:非均相反应和均相反应。前者是气化剂或气态反应产物与固体煤或焦的反应,后者是气态反应产物之间的相互反应或与气化剂的反应。主要反应列于表 4-10。

表 4-10　　　　　　煤的气化反应,反应热和平衡常数

气化反应方程式	反应热 $\Delta H^{\ominus}$ /(kcal·mol^{-1})	平衡常数 K	
		800 ℃	1 300 ℃
1. $C+O_2 \rightleftharpoons CO_2$	-97.1	1.8×10^{17}	1.5×10^{13}
2. $2C+O_2 \rightleftharpoons 2CO$	-58.9	1.4×10^{18}	4.5×10^{16}
3. $C+CO_2 \rightleftharpoons 2CO$	$+38.4$	7.7	3.0×10^3
4. $2CO+O_2 \rightleftharpoons 2CO_2$	-135.6	2.4×10^{14}	5.0×10^9
5. $C+H_2O \rightleftharpoons CO+H_2$	$+28.3$	8.0	1.0×10^3
6. $C+2H_2O \rightleftharpoons CO_2+2H_2$	-3.90	8.3	3.3×10^2
7. $C+2H_2 \rightleftharpoons CH_4$	-20.90	4.7×10^{-2}	1.8×10^{-2}
8. $2H_2+O_2 \rightleftharpoons 2H_2O$	-115.20	2.2×10^{16}	4.5×10^{10}
9. $CH_4+2O_2 \rightleftharpoons 2H_2O+CO_2$	-191.46	9.0×10^{81}	4.0×10^{26}
10. $CO+H_2O \rightleftharpoons H_2+CO_2$	-10.11	1.0	3.3×10^{-1}
11. $CO+3H_2 \rightleftharpoons CH_4+H_2O$	-49.19	5.9×10^{-3}	1.8×10^{-6}
12. $2CO+2H_2 \rightleftharpoons CH_4+CO_2$	-59.37	6.2×10^{-3}	6.0×10^{-7}

注:1 cal＝8.314 5 J。

煤中存在的其他元素如硫和氮和气化剂及反应中产生的气态产物之间可能发生反应,生成一些含硫和氮的气态产物如 H_2S、COS、NH_3 及 HCN。这些产物必须在煤气使用前的净化过程中脱除。

下面主要讨论三类反应:

(1) 碳与氧的反应

反应 1 为碳与氧的完全燃烧反应,反应平衡常数极大,反应速度也非常快。

反应 2 为碳的不完全燃烧反应,高温下与反应 1 类似,几乎不可逆地向右进行。

反应 3 为发生炉煤气反应,其平衡常数决定于温度和压力,提高温度降低压力有利于 CO 的生成。

反应 4 是气化过程中当氧过剩时发生的反应。

(2) 蒸气的分解反应

反应 5 和 6 都是吸热反应,高温下主要进行反应 5,低温下主要进行反应 6。反应 10 为变换反应,也称均相水煤气反应,该反应为放热反应,升高温度反应向左进行。

（3）甲烷化反应

反应 7 是煤直接甲烷化的反应,反应需要的氢由前面的蒸气分解提供。反应 11、12 在高温下进行时平衡常数较小。提高压力对甲烷化生成有利。

4.3.3　影响煤气化的主要因素

（1）煤阶

煤焦的反应性一般随原煤的煤化程度的升高而降低,这一结果已被多数学者接受。对不同煤焦与水蒸气、空气、CO_2 和 H_2 的气化反应性进行的研究表明,气化反应性顺序为:褐煤＞烟煤及烟煤焦＞半焦、沥青焦。针对多种煤样的长期的研究也表明,无论是 CO_2 还是水蒸气气化的反应性,煤的变质程度越高,反应性越差。

（2）显微组分

在热解时,三种显微组分的热解行为显著不同,挥发分总产率通常是按壳质组＞镜质组＞惰质组的顺序排列。因为煤中的各种岩相组分来源于具有不同结构的植物组成,因此煤焦的气化反应性必然与岩相组成具有一定的关系。由于不同煤岩显微组分的煤焦具有不同的内比表面积和活性中心密度,因此显微组分的焦样之间的反应性差异也是很大的。

（3）灰分

一般而言,煤中的碱金属、碱土金属和过渡金属都具有催化作用。但煤中所含的硫是对气化反应最为有害的元素,它可与过渡金属（如 Fe）形成稳定的 Fe—S 态化合物,从而抑制催化反应的进行。

（4）制焦经历

煤的气化可以明显地分成两个阶段,第一阶段是煤的热解,第二阶段是煤热解生成的煤焦的气化。热解阶段的条件不同,所生成的煤焦在气化阶段的反应性也是不同的,因此煤的制焦经历对气化反应性也是有影响的。一般认为煤焦的反应性与制焦的温度有关,制焦的温度和压力越高,停留的时间越长,虽然半焦的收率没有太大变化,但反应性却相差很多。

此外,煤和半焦孔的比表面也是煤气化的影响因素。

4.3.4　气化反应的机理研究

人们已对 $C—CO_2$、$C—H_2O$ 和 $C—O_2—H_2O$ 等气化反应做了大量工作。通过对 CO_2、水蒸气在碳表面的转化率和反应速率常数的分析,提出了在碳表面吸附氧形成的碳氧表面复合物的概念,并从实验数据中证明了碳氧表面复合物的存在。一般认为在气化过程中,均存在这样一个形成碳氧表面复合物的阶段,并且碳对空气、氧、水蒸气和 CO_2 的反应是平行的。因此,用一个反应物所测定的相对反应速率一般和其他反应物的结果是可比的。氧交换机理已被广泛用于对气化机理的解释。对于不同的气化剂,气化反应的共同点均是从形成碳氧复合物开始的:

$$2C_f + O_2 \longrightarrow 2C(O)$$
$$C_f + CO_2 \longrightarrow C(O) + CO$$
$$C_f + H_2O \longrightarrow C(O) + H_2$$
$$CO \longrightarrow C_f + CO$$

反应式中 C_f 表示一个空位,一个潜在的可以吸附含氧气体的反应活性位,C(O) 表示化学吸附氧后形成的碳氧复合物。没有理由认为离解吸附形成的碳氧复合物会由于氧原子的来源不同而存在结构上的差异。因此,无论何种场合下形成的碳氧复合物均可以 C(O) 表示。

气体吸附在固体表面上,形成吸附层,经过一定时间后分解而形成反应生成物,这一简单的基本论点在过去几十年间已经用多种不同途径加以完善。对于不同的气化反应性而言,发生在碳表面上的吸附只有两种真正的不同方式,以分子状态吸附或分子在吸附中离解。根据近十年的经验似乎取得了一致的意见,即分子的化学吸附是不会发生的,即便是在流动吸附状态下,化学吸附也是离解吸附。在离解吸附中,气体可以是边吸附边离解,或者作为一个过渡的独立步骤在吸附前离解。

(1) 表面碳氧复合物的研究

在对气化反应性的研究中,人们发现煤焦的气化反应性受煤种的煤阶、显微组分的含量和制焦条件的影响很大,制焦条件的改变可以使半焦的气化速率具有近 60 倍的差距;水蒸气气化过程中发现了气化速率有近 100 倍的差距;在考察制焦条件对气化反应性的影响时发现同一煤种制焦时间延长 1 小时,半焦质量的变化很小,仅 2.2%,但反应速率相差 3 倍。同时有研究还发现,显微组分含量不同,其反应性相差很大。

(2) 表面催化气化机理研究的新进展

由于煤的催化气化在加快煤的气化速率,提高碳的转化率,在同样的气化速率下降低反应温度,减少能量消耗以及实现气化产物定向化等方面具有优越性,因而这种气化技术的研究开发受到了人们的广泛重视。

① 碱金属的催化机理

研究发现,碳酸钾和碳酸钠是有效的催化剂,催化剂加速了碳氧表面复合物的分解,同时将干净的碳表面暴露出来,这种干净的碳表面对二氧化碳是有活性的。加速反应是由碱-碳酸钠以下面的方式交替还原和再形成引起的:碳酸钠首先与碳生成一氧化碳和钠,摩尔比为 3:2,这样钠被送入气相并任意地与二氧化碳反应,生成一氧化碳和氧化钠。氧化钠可以进一步与二氧化碳反应生成碳酸钠,它沉积在碳表面上,因而能发生再形成反应。

$$Na_2CO_3 + 2C \Longrightarrow 2Na + 3CO$$

量子化学计算的研究结果更倾向于碱金属的催化作用是由于在碳表面的结晶缺陷位上形成 C—O—M 簇群而改变了半焦表面的电子云密度分布所致。如图 4-4 所示,当半焦表面的边缘与碱金属结合后,与之相邻的碳原子由于共轭影响而带有了正电荷(图 4-4 中的分子 A);CO_2 和 H_2O 分子优先化学吸附在带有了正电荷的边缘碳原子上,形成碳氧化合物

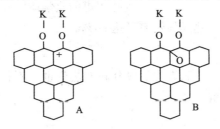

图 4-4　C—O—M 簇群对半焦表面性质的改变

（图 4-4 中的分子 B）。因此 C—O—M 簇团的存在促进了该碳原子与氧结合形成碳氧复合物,在气化中起到了催化作用。

② 铁的催化机理

研究证明,在含铁的催化反应中存在下列的氧交换过程:

$$Fe_nO_m + CO_2 =\!\!=\!\!= Fe_nO_{m+1} + CO$$

$$Fe_nO_{m+1} + C =\!\!=\!\!= Fe_nO_m + CO$$

③ 钙的催化机理

$CaCO_3$ 为催化剂时,钙会与表面的羧基发生离子交换,形成—$(COO)_2Ca$,并且这种结构对提高反应速率极为有利:

$$Ca^{2+} + 2(-COOH) =\!\!=\!\!= -(COO)_2Ca + 2H^+$$

氧化钙的催化过程实际上与硝酸铁的催化过程相似,可用下式表示:

$$Ca_nO_m + CO_2 =\!\!=\!\!= Ca_nO_{m+1} + CO$$

$$Ca_nO_{m+1} + C =\!\!=\!\!= Ca_nO_m + CO$$

4.3.5　煤气化指标

（1）煤气组成和热值

以一氧化碳和氢为主要成分的煤气可以作合成气和还原气;以甲烷和氢气为主要成分的煤气热值高,毒性小,适宜作城市煤气;除可燃成分外,还含有大量氮气的发生炉煤气只能作一般燃料气。

（2）碳转化率

表示煤中所含碳元素在气化炉内转化为煤气成分的百分数,即气化过程中碳的转化率。

$$碳转化率(\eta_c) = \frac{转化成煤气成分的碳量}{煤中所含的碳量} \times 100\%$$

目前,性能良好的气化炉碳转化率可达 99%。

（3）冷煤气效率

冷煤气效率是指所生产煤气的化学能转化成煤气化学能的完善程度。

$$冷煤气效率(\eta) = \frac{所生成煤气的化学能}{气化用煤的化学能} \times 100\%$$

目前,先进的气化炉冷煤气效率可达 80%。

（4）热煤气效率

热煤气的化学能指所生成煤气的化学能与可回收化学能之和占气化用煤化学能的百分数。

$$热煤气效率(\eta_h) = \frac{所生成煤气的化学能 + 气化炉系统可回收的化学能}{气化用煤的化学能} \times 100\%$$

目前,性能良好的气化炉热煤气效率可达 90%。

4.3.6　煤气化产物分类

根据所使用的气化剂的不同,煤气的成分和发热量也各不相同,大致可分为空气煤气、混合煤气、水煤气和半水煤气。

（1）空气煤气

空气煤气是以空气为气化剂与煤炭进行反应的产物,生成的煤气中可燃组分 CO 和 H_2 很少,不可燃组分 N_2 和 CO_2 很多。这种煤气的发热量很低,用途不广。随着气化技术的不断提高,目前已不采用生产空气煤气的气化工艺。

（2）混合煤气

为了提高煤气发热量,可以采用空气和水蒸气的混合物作为气化剂,所生成的煤气称为混合煤气。人们常说的发生炉煤气就是这种煤气。混合煤气适用于做燃料使用。

（3）水煤气

水煤气是以水蒸气作为气化剂生产的煤气。由于水煤气组成中含有大量的氢和一氧化碳,所以发热量较高,可以作为燃料,更适合于作为基本有机合成的原料。

（4）半水煤气

半水煤气是水煤气和空气煤气的混合气,是合成氨的原料。

4.3.7 煤气化方法

煤气化方法分类繁多,不同的气化方法获得的产品煤气组成和性质差异较大。按入炉煤粒度大小可分为块煤（6～100 mm）、小粒煤（0.5～6 mm）、粉煤（<0.1 mm）、油煤浆和水煤浆气化;按气化压力可分为常压（<0.35 MPa）、中压（0.7～3.5 MPa）和高压（>7.0 MPa）气化;按气化介质可分为空气、空气蒸气、氧蒸气和加氢气化;按排渣方式可分为干式/湿式、固态/液态和连续/间歇排渣气化;按供热方式可分为外热式、内热式和热载体气化;按反应器类型可分为固定床（移动床）、流化床（沸腾床）、气流床和熔融床气化,这是目前广泛使用的煤气化方式分类方法。

（1）固定床气化

固定床气化一般使用块煤或煤焦为原料,将其筛分为6～50 mm,对细料或黏结性煤需专门处理。煤或煤焦与气化剂在炉内进行逆向流动,固相原料由炉上部加入,气化剂自气化炉底部鼓入,含有残炭的灰渣自炉底排出。灰渣与进入炉内的气化剂进行逆向热交换,加入炉中的煤焦与产生的煤气也进行逆向热交换,使煤气离开床层时温度不致过高。床层的最高温度在氧化层,即氧开始燃烧至含量接近为零的一段区域。如在鼓风中添加过量的水蒸气将炉温控制在灰分灰熔点以下,则灰渣以固态从炉底排出,反之灰分可熔化成液态灰渣排出。

固定床气化的优点是可以使用劣质煤气化,与其他气化方法相比氧耗量低。缺点是只能以不黏块煤为原料,原料昂贵,气化强度低。如使用含有挥发分的燃料,则产生的煤气中含有酚类和焦油,使净化流程加长,增加了投资和成本。

代表工艺主要有鲁奇固定床煤加压气化工艺、英国BGL高温熔渣煤气化工艺。

（2）流化床气化

加入炉中的煤料粒度一般为3～5 mm,这些细粒煤料在自上而下的气化剂的作用下保持着连续不断和无序的沸腾和悬浮状态运动,迅速地进行着混合和热交换,其结果导致整个床层的温度和组成均一。产生的煤气和炉渣都在接近炉温下导出,因而导出的煤气中基本不含焦油类物质。

当黏结性煤料由于瞬时加热到炉内温度,有时煤粒来不及进行热解就与水蒸气发生反应,煤粒开始熔融,并与其他煤粒接触时可能形成更大的粒子,影响床层的流化情况。为此需对黏结性煤进行预氧化破黏、焦与原煤的预混合等。

流化床气化具有流体那样的流动性,因而向气化炉加料或由气化炉出灰都比较方便,气固两相充分混合,整个床内温度均匀容易调节。其缺点是对原料的性质敏感,煤的黏结性、热稳定性和灰熔点变化时易使操作不正常。

代表工艺主要有温克勒气化工艺、U-GAS 灰熔聚气化工艺和 ICC 灰熔聚气化工艺。

（3）气流床气化

用气化剂将小于 0.1 mm 的粉煤用气化剂带入炉中，也可将粉煤先制成水煤浆，然后用泵打入气化炉内，煤料在高于其灰熔融性的温度下与气化剂以并流的方式在高温火焰中发生燃烧和气化反应，反应可在所提供的空间连续地进行，炉内温度很高，所产生的煤气和熔渣在接近炉温的条件下排出，煤气中不含焦油等物质，部分灰分结合未反应的燃料可能被产生的煤气所携带分离出来。

气流床气化需要在 1 300～1 500 ℃ 的高温下运行，气化强度高，气体中不含焦油、酚类，非常适合化工生产和先进发电系统的要求。气流床对煤种适应性较宽，除要注意黏度-温度特性外，基本上适用于所有煤种，但褐煤不适用于制成水煤浆加料。其缺点是粗煤气出口温度高需要回收这部分能量；当使用煤种灰熔融温度较高时，需要添加助熔剂以保证液态灰渣顺利排出；气化炉耐火材料和喷嘴寿命偏短。

代表工艺主要有 K-T 常压粉煤气化工艺、shell 干粉加压气化工艺、GSP 干粉加压气化工艺、德士古（TEXACO）水煤浆加压气化工艺等。

（4）熔池气化

这是一种气-液-固三相反应的气化炉，燃料和气化剂并流导入炉中，煤在熔池中液态熔灰、熔盐或熔融金属中与气化剂接触而气化，生成的煤气由炉顶导出，灰渣以液态和熔融物一起溢流出气化炉。熔池中的熔化物具有不同的作用：① 可作为原料煤和气化剂之间的分散剂；② 作为热库以高的传热速率吸收和分配气化热；③ 作为热源供煤中挥发物质热解和干馏；④ 与煤中的硫起化学反应吸收硫；⑤ 煤中的灰分熔于其中；⑥ 提供一个进行煤气化的催化剂环境。

熔池气化的优点是：① 炉内温度很高，没有焦油类物质；② 对煤的粒度没有过分限制，可以用磨得很粗的煤，也可以用粉煤；③ 可以用黏结性煤、高灰煤和高硫煤。其缺点是：① 热损失大；② 熔融物对环境污染严重；③ 高温熔盐会对炉体造成腐蚀。

4.4　煤的液化

煤液化是指经过一定的加工工艺，将固体煤炭转化为液体燃料或液体化工原料的过程。煤的液化是具有战略意义的一种煤转化技术，可将煤转化为替代石油的液体燃料和化工原料，有利于缓解石油资源的紧张局面。从全世界能源消耗组成看，可燃矿物（煤、石油、天然气）占 92% 左右，其中石油 44%，煤 30%，天然气 18%。目前全世界已探明的石油可采储量远不如煤炭，不能满足能源、石油化工生产的需求。因此可以将储量相对较丰富的煤炭，通过煤炭液化转化为石油替代用品。尤其针对我国相对"富煤、贫油、少气"的能源格局，煤炭液化技术尤为重要。

4.4.1　煤的直接加氢液化

煤直接液化是在较高温度、压力下，借助供氢溶剂和催化剂，使煤与氢气反应，从而将煤中复杂的有机高分子结构转化为较低分子的液体。通过煤直接液化不仅可以生产汽油、柴油、煤油和液化石油气，还可以提取苯、甲苯、二甲苯混合物以及乙烯、丙烯等重要烯烃材料。

4.4.1.1 煤加氢液化机理

（1）煤与石油的比较

煤与石油、汽油在化学组成上最明显的区别是煤的氢含量低、氧含量高，H/C 原子比低、O/C 原子比高。两者分子结构不同，煤有机质是由 2～4 个或更多的芳香环构成、呈空间立体结构的高分子聚合物，而石油分子主要是由烷烃、芳烃和环烷烃等组成的混合物；且煤中存在大量无机矿物质。因此要将煤转化为液体产物，首先要将煤大分子裂解为较小的分子，提高 H/C 比，降低 O/C 比，并脱除矿物质。

（2）煤加氢液化的主要反应

煤的加氢液化与热解温度有直接的关系。在煤开始热解温度以下一般不发生明显的加氢液化反应，而在热解固化温度以上加氢时结焦反应大大加剧。在煤加氢液化过程中，不是氢分子直接进攻煤分子而使其裂解。煤在加氢液化过程中首先是煤发生热解反应，生成自由基"碎片"，后者在有氢供应的情况下与氢气结合而稳定，否则就要聚合为高分子不溶物。所以煤的初级液化过程中，热解和供氢是两个十分重要的反应。

① 煤的热解

煤在隔绝空气的条件下加热到一定的温度，煤的化学结构中键能较弱的桥键断裂产生自由基碎片，易受裂解的桥键主要有次甲基键、含氧桥键、含硫桥键等。

甲基键：—CH₂—、—CH₂—CH₂—、—CH₂—CH₂—CH₂— 等；

含氧桥键：—O—、CH₂—O— 等；

含硫桥键：—S—、—S—S—、—S— CH₂—等。

随着温度的升高，煤中的一些键能较高的部位也相继断裂呈自由基碎片。

热解反应式可表示为：

$$煤 \xrightarrow{\text{热裂解}} 自由基碎片 \sum R\cdot$$

② 供氢反应

煤加氢时一般都用溶剂作介质，溶剂的供氢性能对反应影响很大。研究证明，反应初期使自由基稳定的氢主要来自溶剂而不是来自氢气。煤在热解过程中，生成的自由基从供氢溶剂中取得氢，而生成相对分子质量低的产品，稳定下来。

具有供氢能力的溶剂主要是部分氢化的缩合芳环，如四氢萘、9,10-二氢菲和四氢喹啉等。供氢溶剂给出氢后，又能从气相吸收氢，如此反复起到传递氢的作用。反应式如下：

③ 脱杂原子反应

煤有机质中的 O、N、S 等元素，称为煤中的杂原子。杂原子在加氢条件下与氢反应，生成 H_2O、H_2S、NH_3 等低分子化合物，从而使杂原子从煤中脱出。这对煤加氢液化产品的质量和环境保护是很重要的。

(a) 脱氧反应

在煤加氢反应中,发现开始氧的脱除与氢的消耗正好符合化学计量关系。可见反应初期氢几乎全部消耗于脱氧,以后氢耗量急增是因为有大量气态烃和富氢液体生成。从煤的转化率和氧脱除率关系可知,开始转化率随氧的脱除率成直线关系增加。当氧脱除率达 60% 时,转化率已达 90%。另有 40% 的氧十分稳定,难以脱除。脱氧反应主要有以下几种:

醚键:$RCH_2-O-CH_2-R' \xrightarrow{2H_2} RCH_3 + R'CH_3 + H_2O$

羧基:$R-COOH \xrightarrow{4H_2} RH + CH_4 + 2H_2O$

羰基:

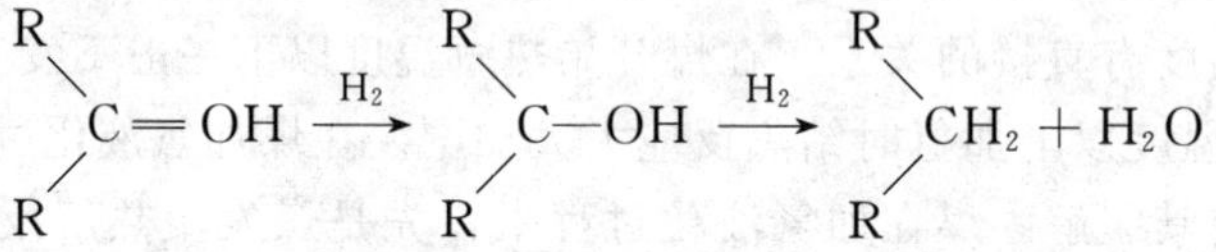

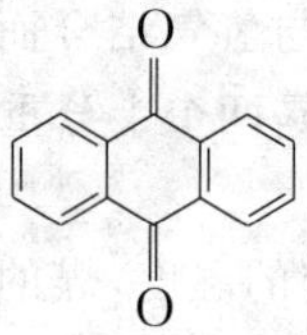

酚羟基难以脱除:$ROH \xrightarrow{H} RH + H_2O$

(b) 脱硫反应

脱硫与脱氧一样比较容易进行。有机硫中硫醚最易脱除,噻吩最难,一般要用催化剂。煤中硫化物加氢生成 H_2S 脱除。

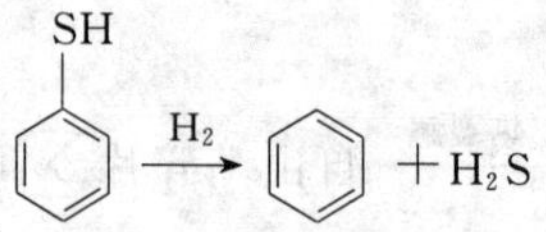

(c) 脱氮反应

脱氮反应要比脱氧、脱硫困难得多。在轻度加氢时氮含量几乎不减少,它需要激烈的反应条件和高活性催化剂。脱氮与脱硫不同的是,含氮杂环只有当旁边的苯环全部饱和后才能破裂。如:

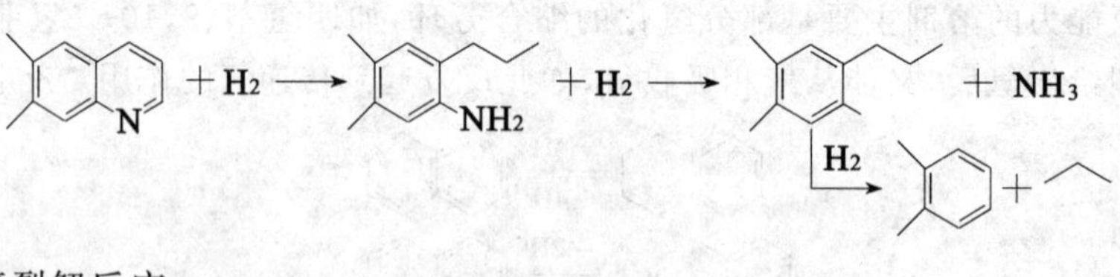

(d) 加氢裂解反应

它是煤加氢液化的主要反应,包括多环芳香结构饱和加氢、环断裂和脱烷基等。随着反应的进行,产品的相对分子质量逐步降低,结构从复杂到简单。

(e) 缩聚反应

在加氢反应中如温度太高、供氢量不足或反应时间过长,会发生逆向反应,即缩聚反应,生成相对分子质量更大的产物,例如:

综上所述,煤加氢液化反应使煤的氢含量增加,氧、硫含量降低,生成相对分子质量较低的液化产品和少量气态产物。煤加氢时发生的各种反应,因原料煤的性质、反应温度、反应压力、氢量、溶剂和催化剂的种类等不同而异。因此,所得产物的产率、组成和性质也不同。如果氢分压很低,氢量又不足时,在生成含氢量较低的高分子化合物的同时,还可能发生脱氢反应,并伴随发生缩聚反应和生成半焦;如果氢分压较高,氢量富裕时,将促进煤裂解和氢化反应的进行,并能生成较多的低分子化合物。所以加氢时,除了原料煤的性质外,合理地选择反应条件是十分重要的。

(3) 煤加氢液化的反应历程

一般认为煤加氢液化过程是煤在溶剂、催化剂和高压氢气存在下,随着温度的升高,煤开始在溶剂中膨胀形成胶体系统。这时,煤局部溶解并发生煤有机质的裂解,同时在煤有机质与溶剂间进行氢分配,于 $350 \sim 400$ ℃生成沥青质含量很多的高分子物质,继续加氢反应可生成液体油产物。在煤有机质裂解的同时,伴随着分解、加氢、解聚、聚合以及脱氧、脱氮、脱硫等一系列平行和顺序反应发生,从而生成 H_2O、CO、CO_2、NH_3 和 H_2S 等气体。

煤加氢液化反应历程如何用化学反应方程式表示,至今尚未完全统一。下面是人们公认的几种看法。

① 煤不是组成均一的反应物。煤组成是不均一的,即存在少量易液化组分,如嵌布在高分子主体结构中的低分子化合物,也有一些极难液化的惰性组分,如惰质组等。

② 反应以顺序进行为主。虽然在反应初期有少量气体和轻质油生成,不过数量不多,在比较温和条件下数量更少,所以总体上反应以顺序进行为主。

③ 前沥青烯和沥青烯是液化反应的中间产物。它们都不是组成确定的单一化合物,在不同反应阶段生成的前沥青烯和沥青烯结构肯定不同,它们转化为油的反应速度较慢,需要活性较高的催化剂。

④ 逆反应(即结焦反应)也有可能发生。根据上述认识,可将煤液化的反应历程描述如下:

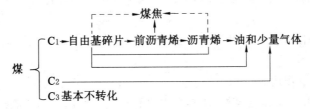

上述反应历程中 C_1 表示煤有机质的主体,C_2 表示存在于煤中的低分子化合物,C_3 表示惰性成分。此历程并不包括所有反应。

(4) 煤加氢液化的反应产物

煤加氢液化后得到的产物不是单一的,而是组成十分复杂的,包括气、液、固三相的混合物。液固产物组成复杂,要先用溶剂进行分离,通常所用的溶剂有正己烷(或环己烷)、甲苯和四氢呋喃(或吡啶)。可溶于正己烷的物质称为油,是液化产物的轻质部分,其相对分子质量小于300。不溶于正己烷而溶于甲苯的物质为沥青烯(Asphaltene),类似石油沥青质的重质煤液化产物部分,其平均相对分子质量约为500;不溶于甲苯而溶于四氢呋喃(或吡啶)的物质称为前沥青烯(Preasphaltene),属煤液化产物的重质部分,其平均相对分子质量约为1 000;不溶于四氢呋喃的物质称为残渣,它由未反应煤、矿物质和外加催化剂组成,也包括液化缩聚产物半焦。

液化产物的产率定义如下(常以百分数表示):

$$油产率 = \frac{正己烷可溶物质量}{原料煤质量(daf)}$$

$$沥青烯产率 = \frac{甲苯可溶而正己烷不溶物的质量}{原料煤质量(daf)} \times 100\%$$

$$前沥青烯产率 = \frac{THF(或吡啶)可溶而甲苯不溶物的质量}{原料煤质量(daf)} \times 100\%$$

$$煤液化转化率 = \frac{干煤质量 - THF(或吡啶)不溶物的质量}{原料煤质量(daf)} \times 100\%$$

4.4.1.2　煤加氢液化的影响因素

(1) 原料煤

与煤的气化、干馏和直接燃烧等转化方式相比,直接液化属于较温和的转化方式,反应温度比较低,因此,不同的煤质对直接液化影响很大。

研究发现,含碳量低于85%的煤几乎都可以进行液化,煤化程度越低,液化反应速率越快;一般认为挥发分高的煤易于直接液化,所以通常选择煤挥发分大于35%;同时灰分的影响也很大,如灰分中所含的硫化铁,对直接液化具有催化作用,但当灰分含量过高会降低液化效率,磨损设备等。一般而言,煤炭加氢液化的难易顺序为低挥发分烟煤、中等挥发烟煤、高挥发分烟煤、褐煤、泥炭。无烟煤很难液化,一般不作为加氢液化原料。

(2) 供氢溶剂

煤炭加氢液化一般要使用溶剂。溶剂的作用主要是热溶解煤、溶解氢气、供氢和传递氢作用等。

① 热溶解煤

使用溶剂是为了让固体煤呈分子状态或自由基碎片分散于溶剂中,同时将氢气溶解,以提高煤和固体催化剂、氢气的接触性能,加速加氢反应和提高液化效率。

② 溶解氢气

为了提高煤、固体催化剂和氢气的接触,外部供给的氢气必须溶解在溶剂中,以利用加氢反应进行。

③ 供氢和传递氢作用

有些溶剂除热溶解煤和氢气外,还具有供氢和传递氢作用。如四氢萘作溶剂,具有供给煤质变化时所需要的氢原子,本身变成萘;萘又可从系统中取得氢而变成四氢萘。

④ 其他作用

在液化过程中溶剂能使煤质受热均匀,防止局部过热;溶剂和煤制成煤糊有利于泵的输送,同时有效分散煤粒子和催化剂。

(3) 催化剂

添加催化剂的主要作用是产生活性氢原子,并通过溶剂为媒介实现氢的间接转移。

煤加氢液化催化剂种类很多,有工业价值的催化剂主要有 3 类:第一类是金属催化剂如钴(Co)、钼(Mo)、镍(Ni)、钨(W)等,是石油加氢精制类催化剂,催化活性高但价格昂贵且应用在煤液化反应中难以回收和再生利用。第二类是金属卤化物催化剂如 $SnCl_2$、$ZnCl_2$,金属卤化物属于酸性催化剂,裂解能力强,但对煤液化装置有较强的腐蚀作用,现在已不使用这类催化剂。第三类是铁系催化剂,包括各种纯态铁的化合物(铁的氧化物、硫化物和氢氧化物)、含铁的天然矿石和含铁的工业废渣等。

由于煤直接液化催化剂在液化过程中与煤浆混合使用,排出时与液化残渣在一起,所以催化剂的回收十分困难。目前国内外典型的煤直接液化工艺都采用可弃催化剂,不进行催化剂的回收和利用。铁系催化剂活性适中,具有较高的性价比,是煤炭直接液化催化剂的重点研究方向。可弃性铁催化剂主要来源为天然含铁矿石和工业废渣。

(4) 操作条件

① 反应温度

反应温度是煤加氢液化的一个非常重要的条件,不到一定的温度,无论多长时间,煤也不能液化。在氢压、催化剂、溶剂存在条件下,加热煤糊会发生一系列变化。首先煤发生膨胀、局部溶解,此时不消耗氢,说明煤尚未开始加氢液化。随着温度升高,煤发生解聚、分解、加氢等反应,未溶解的煤继续热熔解,转化率和氢消耗量同时增加;当温度升到最佳值(420～450 ℃)范围,氢传递及加氢反应速度也随之加快,因而 THF 转化率、油产率、气体产率和氢消耗量也随之增加,沥青烯和前沥青烯的产率下降,煤的转化率和油收率最高。温度再升高,分解反应超过加氢反应,可使部分反应生成物发生缩合或裂解反应生成半焦和气体,因此转化率和油收率减少,气体产率增加,有可能会出现结焦,严重影响液化过程的正常进行。所以,根据煤种特点选择合适的液化反应温度是至关重要的。

② 反应压力

氢气压力提高,有利于氢气在催化剂表面吸附,有利于氢气向催化剂孔深处扩散,使催化剂活性表面得到充分利用。这样可加快加氢反应速率,阻止煤生成的低分子组分裂解或缩合成半焦,使低分子物质稳定,提高油收率。反应压力提高还可使液化过程采用较高的温度。但是氢压提高,对高压设备的投资、能量消耗和氢消耗量都要增加,产品成本相应提高。所以应根据原料煤性质、催化剂活性和操作温度,选择合适的氢压,一般压力控制在 20 MPa以下。

4.4.2　煤的间接液化

费托(F-T)合成是以合成气为原料,生产各种烃类以及含氧化合物,是煤液化的主要方法之一。F-T 合成可能得到的产品包括气体和液体燃料,以及石蜡、乙醇、丙酮和基本有机化工原料,如乙烯、丙烯和丁烯等。

4.4.2.1　费托合成

(1) F-T 合成原理

F-T 合成反应十分复杂,可以通过控制反应条件和 H_2/CO,在高选择性催化剂作用下,调整反应产物的分布。其基本反应是一氧化碳加氢生成饱和烃和不饱和烃,反应式如下:

$$nCO+2nH_2 \longrightarrow (-CH_2-)_n+nH_2O \qquad \Delta H=-158 \text{ kJ} \cdot \text{mol}^{-1}(CH_2)(250\ ℃)$$

当催化剂、反应条件和气体组成不同时,还进行下述平行反应:

$$CO+2H_2 \Longrightarrow -CH_2-+H_2O \qquad \Delta H=-165 \text{ kJ} \cdot \text{mol}^{-1}(227 \text{ ℃})$$
$$2CO+H_2 \Longrightarrow -CH_2-+CO_2 \qquad \Delta H=-204.8 \text{ kJ} \cdot \text{mol}^{-1}(227 \text{ ℃})$$
$$CO+3H_2 \Longrightarrow CH_4+H_2O \qquad \Delta H=-214 \text{ kJ} \cdot \text{mol}^{-1}(227 \text{ ℃})$$
$$3CO+H_2O \Longrightarrow -CH_2-+2CO_2 \qquad \Delta H=-244 \text{ kJ} \cdot \text{mol}^{-1}(227 \text{ ℃})$$
$$2CO \Longrightarrow C+CO_2 \qquad \Delta H=-134 \text{ kJ} \cdot \text{mol}^{-1}(227 \text{ ℃})$$

根据热力学平衡计算,上述平行反应,在 50～350 ℃有利于甲烷生成,温度越高越有利。

生成产物的概率大小顺序为 CH_4＞烷烃＞烯烃＞含氧化合物。反应产物中主要为烷烃和烯烃。产物中正构烷烃的生成概率随链的长度而减小,正构烯烃则相反。产物中异构甲基化合物很少。增大压力,导致反应向减少容积(即产物分子量增大)的方向进行,因而长链产物的数量增加。合成气富含氢时,有利于形成烷烃,如果不出现催化剂积炭,一氧化碳含量高将导致烯烃和醛的增多。

合成反应中也能生成含氧化合物,如醇类、醛、酮、酸和酯等。其化学反应式如下:
$$nCO+2nH_2 \Longrightarrow C_nH_{2n+1}OH+(n-1)H_2O$$
$$(n+1)CO+(2n+1)H_2 \Longrightarrow C_nH_{2n+1}CHO+nH_2O$$

在 F-T 合成中,含氧化合物是副产物,其含量应控制到尽可能低的程度。长期以来,人们对于醇类合成很感兴趣,用含碱的铁催化剂生成含氧化合物的趋势较大,采用低温、低的 $\varphi(H_2)/\varphi(CO)$ 比、高压和大空速条件进行反应,有利于醇类的生成,一般情况下主要产物为乙醇。当增加反应温度时,例如在气流床工艺中,发现合成产物中有脂环族和芳香族化合物。

(2) F-T 合成理论产率

由于合成气(H_2+CO)组成和实际反应消耗的 H_2/CO 比例的变化,其产率也随之改变。利用主反应计量式可以得出 1 m³(标)合成气烃类产率的通用计算式:

$$烃产率 \ Y=\frac{生成(-CH_2-)_n 物质的量 \times (-CH_2-)_n 相对分子质量 \times 合成气物质的量}{消耗合成气物质的量 \times 1 \text{ m}^3(标)}$$

只有当合成气中 H_2/CO 比与实际消耗的 H_2/CO 比(也称利用比)相等时才能得到最佳的产物产率。用上式计算的 F-T 合成理论产率为 208.3 g/m³(标)(H_2+CO),实际过程由于催化剂效率不同、操作条件差异,合成气实际利用比低于理论值,因此实际情况下产率低于理论值,多在 120 g/m³(标)上下。

(3) F-T 合成催化剂的组成及作用

催化剂的活性组分中以 Fe(铁)、Co(钴)、Ni(镍)、Ru(钌)和 Rh(铑)最为活跃。这些元素的链增长概率大致有如下顺序:Ru＞Fe～Co＞Rh＞Ni。一般认为 Fe 和 Co 具有工业价值,Ni 有利于生成甲烷,Ru 易于合成大分子烃,Rh 则易于生成含氧化合物。在反应条件下,这些元素以金属、氧化物或者碳化物状态存在。目前研究较多的是已工业化的铁和钴催化剂。

① 主催化剂:在间接液化中,铁系催化剂应用最广。铁系催化剂可分为沉淀铁系催化剂和熔融铁系催化剂。沉淀铁系催化剂主要应用于固定床反应器中,其反应温度为 220～240 ℃。熔融铁系催化剂主要应用于流化床反应器中,其反应温度为 320～340 ℃。

② 载体:常用载体有 Al_2O_3、CaO、MgO 和 SiO_2(硅胶)等。载体应具有足够的机械强度和多孔性,对主金属起到骨架作用。载体不仅起到分散活性组分、提高表面积的作用,而且

可增强催化剂的选择性。

③ 助催剂:助催剂本身没有催化作用或催化作用很小,但加入后可大大提高主催化剂的活性。助催剂主要是一些碱金属、碱土金属及其化合物,非金属元素及其化合物。

铁系催化剂加入碱金属后,对 CO 的吸附热增加,对 H_2 的吸附热减小,因而加氢活性下降,表现为产物平均分子量增加、甲烷产率下降、含氧化合物增加和积炭增加。不同碱金属的作用大小顺序为:$Rb>K>Na>Li$。

稀土金属(指元素周期表ⅢB组中钪、钇、镧系 17 种元素的总称)的加入可抑制碳化铁生成,抗结炭,延长催化剂寿命。添加稀土金属氧化物可提高催化剂的活性,降低甲烷生成,提高较高级烃的选择性,而且可提高烯烃/烷烃比。

Cu 对沉淀铁系催化剂有独特的助催化作用,不仅使反应活性大大提高,甲烷和蜡都显著减少,而且使汽油、柴油收率显著增加。

4.4.2.2 影响反应的因素

影响 F-T 合成的反应速度、转化率和产品分布的因素很多,主要有反应器类型、原料气、压力和温度。

(1)反应器

用于 F-T 合成的反应器有气固相类型的固定床、流化床和气流床以及气液固三相浆态床。由于不同反应器所用的催化剂和反应条件的不同,反应内传热和传质以及停留时间等条件的不同,结果有很大差别。总地来讲,与气流床相比较,固定床由于反应温度较低及其他原因,重质油和石蜡产率高,甲烷和烯烃产率低,气流床正好相反。浆态床的明显特点是中间馏分的产率高。

(2)原料气空速

随着原料气空速的增加,$(CO+H_2)$ 转化率降低,烃分布向低相对分子质量方向移动,CH_4 比例明显增加,低级烃中烯烃比例也会增加,可见空速的提高有利于低碳烯烃的生成。

(3)原料气中$(CO+H_2)$的含量和比

一般提高 $CO+H_2$ 含量,加快反应速度,产物产率增加。但 $CO+H_2$ 含量过高,放出的大量反应热易使操作温度太高。一般要求其体积分数为 80%~85%。合成气中 H_2 比值的高低影响反应产物的分布。H_2/CO 比值低,链烯烃、高沸点及含氧物的产物较多;反之则生成更多的饱和烃(CH_4)和低沸点产物。能够发生反应的 H_2/CO 比值称为利用比,一般为 0.5~3,如果小于 0.5 易使 CO 分解,析出碳沉积在催化剂上,导致催化剂失活。合成气中的 H_2/CO 比值和反应压力增加,以及水汽减少,则 H_2/CO 利用比提高。

采用尾气循环,可以稀释反应生成的水,抑制 CO_2 的生成,同时提高通过床层的气速,强化了传热传质过程,产物产率也随之增加。目前铁系催化剂采用循环比(循环气与新合成气之体积比)为 2~3。

(4)反应温度

操作温度主要与使用的催化剂有关,其随催化剂活性增加而降低,但操作温度的范围较小。一般活性较低的铁系催化剂的适宜操作温度为 220~340 ℃,活性高的钴系催化剂为 170~210 ℃。随着操作温度的增加,正、副反应的速度均增加,低沸点的轻质产物增多。可见,合成过程中的操作温度须加以严格控制。

(5)反应压力

操作压力影响产物的分布、产率和催化剂的活性和寿命。一般提高操作压力,尤其是氢气的分压,可以增加反应速度,但产物中的重质组分和含氧化合物也增多。压力过高和过低,均会降低催化剂的活性,缩短其使用寿命,如过高的压力可能使 CO 与铁系催化剂生成易挥发的羰基铁 $Fe(CO)_5$,导致催化剂失效,适宜的操作压力为 $0.7 \sim 3.0$ MPa。

4.4.3　合成甲醇

甲醇有很多用途,它是生产塑料、合成橡胶、合成纤维、农药和医药的原料。甲醇主要用于生产甲醛和对苯二甲酸二甲酯;以甲醇为原料合成醋酐也已经工业化;用甲醇为原料还可以合成人造蛋白,是很好的禽畜饲料。

为缓解石油资源不足,研究和开发了利用煤和天然气资源发展合成甲醇工业。甲醇可以作为待用燃料或进一步合成汽油、二甲醚、聚甲醚;从甲醇出发合成乙烯和丙烯,代替石油生产乙烯和丙烯的原料路线。

4.4.3.1　甲醇合成化学反应

合成气合成甲醇,是一个可逆平衡反应,其基本反应式如下:

$$CO + 2H_2 \Longleftrightarrow CH_3OH \qquad \Delta H = -90.84 \text{ kJ} \cdot \text{mol}^{-1}(25 \text{ ℃})$$

当反应物中有 CO_2 存在时,还能发生下述反应:

$$CO_2 + 3H_2 \Longleftrightarrow CH_3OH + H_2O \qquad \Delta H = -49.57 \text{ kJ} \cdot \text{mol}^{-1}(25 \text{ ℃})$$

(1) 反应热效应

一氧化碳加氢合成甲醇是放热反应,在 25 ℃ 的反应热 $\Delta H = -90.84$ kJ $\cdot$ mol^{-1}。常压下不同温度的反应热可按下式计算:

$$\Delta H_T = -75.0 - 6.6 \times 10^{-2} T + 4.8 \times 10^{-5} T^2 - 1.13 \times 10^{-8} T^3$$

式中　ΔH_T——常压下温度 T 时的反应热,kJ $\cdot$ mol^{-1};

　　　　T——温度,K。

根据上式计算,在 $200 \sim 350$ ℃,合成甲醇反应热为 $97 \sim 100$ kJ $\cdot$ mol^{-1}。反应热与压力有关,高压下温度低时反应热大,而且反应温度低于 200 ℃ 时,反应热随压力变化幅度大于反应温度高时的幅度。当反应压力为 10 MPa、温度为 200 ℃ 时反应热为 103.0 kJ $\cdot$ mol^{-1}。而常压下 200 ℃ 反应热为 97.0 kJ $\cdot$ mol^{-1}。

(2) 副反应

一氧化碳加氢反应除了生成甲醇之外,还发生下述副反应:

$$2CO + 4H_2 \Longleftrightarrow (CH_3)_2O + H_2O$$

$$CO + 3H_2 \Longleftrightarrow CH_4 + H_2O$$

$$4CO + 8H_2 \Longleftrightarrow C_4H_9OH + 3H_2O$$

$$CO_2 + 4H_2 \Longleftrightarrow CH_4 + 2H_2O$$

$$2CO \Longleftrightarrow CO_2 + C$$

此外,还可能生成少量的高级醇和微量醛、酮和酯等副产物,也可能形成少量的 $Fe(CO)_5$。

对一氧化碳加氢反应的自由焓 $\Delta G^\ominus$ 值加以比较(见表 4-11),可以看出合成甲醇主反应的 $\Delta G^\ominus$ 值最大,说明副反应在热力学上均比主反应有利,因此,必须采用能抑制副反应的具有甲醇选择性好的催化剂,才能用于合成甲醇反应。此外,由表 4-11 可以看出,各反应都是分子数减少的,主反应的分子数减少最多,其他副反应虽然也都是分子数减少的,但小于主反应的,所以加大反应压力对合成甲醇有利。

从上述热力学分析可知,合成甲醇反应的温度低时,可在较低的压力下进行操作;但温度低时反应速度慢,因此催化剂成为反应的关键。20 世纪 60 年代中期以前,甲醇合成厂几乎都使用锌铬催化剂,由于所用催化剂活性不高,需要在 380 ℃左右的高温下进行反应,基本上沿用 1923 年德国开发的 30 MPa 高压合成工艺。1966 年,英国 ICI 公司研制成功了高活性铜基催化剂,开发了低压合成甲醇新工艺,简称为 ICI 法。1971 年鲁奇(Lurgi)公司开发了另一种低压合成甲醇工艺。1970 年以后,世界各国新建和扩建的甲醇厂以低压法为主。

表 4-11	一氧化碳加氢反应标准自由焓 $\Delta G^{\ominus}$				kJ/mol
反应温度/K	300	400	500	600	700
$CO+2H_2 \rightleftharpoons CH_3OH$	−26.3	−33.4	+20.9	+43.5	+69.0
$2CO \rightleftharpoons CO_2+C$	−119.5	−100.9	−83.6	−65.8	−47.8
$CO+3H_2 \rightleftharpoons CH_4+H_2O$	−142.5	−119.5	−96.62	−72.30	−47.8
$2CO+2H_2 \rightleftharpoons CH_4+CO_2$	−170.3	−143.5	−116.9	−88.70	−60.7
$2CO+4H_2 \rightleftharpoons C_2H_4+2H_2O$	−114.8	−80.8	−46.4	−11.18	+24.7
$2CO+5H_2 \rightleftharpoons C_2H_6+2H_2O$	−214.5	−169.5	−125.0	−73.7	−24.6

4.4.3.2 催化剂及反应条件

(1) 催化剂

合成甲醇工业的发展,很大程度上取决于新型催化剂的研制成功以及性能的提高。在合成甲醇的生产中,很多工艺指标和操作条件都由所用催化剂的性质决定。最早用的合成甲醇的催化剂为 Zn_2O_3-Cr_5O_3,因其活性温度较高,需要在 $320\sim400$ ℃的高温下操作。为了提高在高温下的平衡转化率,反应必须在高压下进行。1960 年后,开发了活性高的铜系催化剂,适宜的温度为 $230\sim280$ ℃,使反应可在较低压力下进行,形成了目前广泛使用的低压法合成甲醇工艺。

(2) 反应条件

为了减少副反应,提高甲醇产率,除了选择适当的催化剂之外,选定合适的温度、压力、空速及原料组成也很重要的。

采用 Cu-Zn-Al 催化剂时,适宜的反应温度为 $230\sim280$ ℃;适宜的反应压力为 $5.0\sim10.0$ MPa。为延长催化剂的使用寿命,一般在操作初期采用较低温度,反应一定时间后再升至适宜的温度,其后随着催化剂老化程度增加,相应地提高反应温度。由于合成甲醇是强放热反应,需要及时移出反应热,否则易使催化剂温升过高,不仅影响速度,而且增大副反应,甚至导致催化剂因过热熔结而活性下降。

合成甲醇反应器中空速的大小将影响选择性和转化率,直接关系到生产能力和单位时间放热量。低压合成甲醇工业生产空速一般为 $5\,000\sim10\,000$ h^{-1}。

合成甲醇原料气 H_2/CO 的化学反应当量比为 $2:1$。CO 含量高不仅对温度控制不利,而且因其催化剂上积聚羰基铁,使催化剂失活,低 CO 含量有助于避免此问题;氢气过量,可改善甲醇质量,提高反应速度,有利于导出反应热,故一般采用过量氢气。低压法用铜系催化剂时,H_2/CO 比一般为 2.0～3.0。

合成甲醇反应器中空速大,接触时间短,单程转化率低,通常只有 10％～15％,因此反应气体中仍含有大量未转化的 H_2 和 CO,必须循环利用。为了避免惰性成分积累,需将部分循环气由反应系统排出。生产中一般控制循环气量与新原料气量的比为 3.5～6。

4.4.3.3 甲醇转化为汽油和烯烃

甲醇本身可以作为发动机燃料或作为混掺汽油的燃料,但甲醇能量密度低,溶水能力大,单位甲醇能量只相当于汽油的 50％,故其装载和运输容量都要加倍;甲醇作为燃料应用时,能从空气中吸收水分,再存储时会导致醇水互溶的液相由燃料中分出,致使发动机停止工作,此外甲醇对金属有腐蚀作用,对橡胶有溶侵作用以及对人体有毒害作用。因此甲醇作为燃料的有效方法之一是将其转变为汽油。

烯烃作为基本的有机化工原料在现代石油和化工中具有十分重要的作用。由于石油资源的持续短缺以及可持续发展战略的要求,世界上许多石油公司致力于开发非石油资源合成低碳烯烃技术,并且取得了一些重大进展,其中由煤或天然气出发生产的合成气经过甲醇转化为烯烃的技术(MTO)已经在中国最先实现了工业化。

4.5 煤的燃烧

煤的燃烧是将煤的化学能转变为热能的转化过程。由于受生产技术水平的限制,我国现行煤炭资源的利用和转换有 80％是通过燃烧而直接消耗并带来严重污染,因而寻找一条高效洁净的煤燃烧途径是国家的一项重大需求。煤的燃烧是一个相当复杂的过程,它是一个受多种因素影响的复杂的多相反应。煤质、气氛、温度、压力、燃烧设备等都对煤的燃烧产生重要影响。

4.5.1 煤燃烧基础

(1) 着火温度

着火温度是煤在有充足的空气供给的条件下加热,达到某一温度后不再供热,煤可以依靠自己的燃烧热继续燃烧,这一温度称之为着火温度(着火点)。它与煤种、燃烧室结构、压力、气流速度和氧气-燃料比等许多因素有关。煤的着火温度通常随着煤化程度的增加而增加,干馏产物的着火温度高于原煤。几种常用固体燃料的着火温度分别是:木柴 280～300 ℃,褐煤 250～410 ℃,烟煤 400～500 ℃,无烟煤 550～600 ℃,焦炭＞700 ℃。

(2) 理论燃烧气体温度和实际燃烧气体温度

理论燃烧气体温度即最高燃烧温度,是在燃料完全燃烧和与环境不发生热交换的情况下,燃烧热完全用于加热燃烧气体及少量灰渣所达到的温度。它与煤的发热量、水分和灰分含量有关。

燃料在燃烧时由于灰渣和烟气中都有未完全燃烧的成分,因而造成损失。另外燃烧时要向外散热和空气量过剩,故实际达到的燃烧温度小于上述理论值。

$$t_{实际} = \eta t_{理论}$$

式中:η 为炉温系数,一般为 0.7～0.8。不同燃烧方式的 $t_{实际}$ 不相同,人工加热炉一般是 1 000～1 200 ℃,自动加煤大约 1 200～1 400 ℃,粉煤燃烧炉大约 1 400～1 600 ℃。

为了强化燃烧炉的传热,提高燃烧温度是重要措施。

$$t_{实际}=\frac{\eta_{c} \cdot Q_{L}+Q_{\Delta f}-q_{r}}{G_{w} \times C_{p,m}}$$

式中　η_{c}——燃烧效率;

　　　Q_{L}——煤的低发热量,$kg \cdot kg^{-1}$;

　　　$Q_{\Delta f}$——燃烧前煤和空气的显热;

　　　q_{r}——热损失;

　　　G_{w}——燃烧气体重量;

　　　$C_{p,m}$——燃烧气体的平均定压热容。

可见采取以下措施可提高燃烧温度:

① 提高燃料的发热量,但发热量提高时,燃烧气体量随之增加,故效果不明显。

② 预热燃料和空气是有效的途径,一般预热空气。

③ 减少热损失,注意炉体保温和保证燃烧尽可能完全。

④ 尽量降低空气过剩系数或采用富氧以减少气体量。

（3）燃烧效率和热效率

燃烧效率是实际发出的热量与理论上应该产生的热量之比,即:

$$\eta_{c}=\frac{Q_{L}-L_{c}-L_{i}}{Q_{L}}$$

式中　L_{c}——炉渣含碳造成的热损失;

　　　L_{i}——烟气中有少量一氧化碳和含碳粉尘未完全燃烧造成的损失。

燃烧效率与燃烧方式和炉型有关。人工加煤炉最高为 0.8~0.9,机械加煤炉最高可达 0.9~0.97,粉煤炉最高可达 0.95~0.98。

热效率计算公式如下:

$$\eta_{t}=Q_{L}-(L_{c}+L_{i}+L_{s}+L'_{c}+L'_{r})/Q_{L}$$

式中　L_{s}——排气显热损失;

　　　L'_{r}——散热损失;

　　　L'_{c}——炉渣显热损失;

　　　其余符号同上。

锅炉的 η_{t} 一般为 0.5~0.8。

4.5.2　煤燃烧反应

煤中的燃烧反应主要涉及的元素是碳和氢,以下是一些主要的反应和标准状态下的反应热:

碳的完全燃烧:$C+O_2 \longrightarrow CO_2$　　　　　　$\Delta_r H_m^{\ominus}=-393.51$ kJ $\cdot$ mol^{-1}

碳的不完全燃烧:$C+1/2O_2 \longrightarrow CO$　　　　$\Delta_r H_m^{\ominus}=-110.52$ kJ $\cdot$ mol^{-1}

一氧化碳的燃烧:$CO+1/2O_2 \longrightarrow CO_2$　　　$\Delta_r H_m^{\ominus}=-282.99$ kJ $\cdot$ mol^{-1}

氢的燃烧反应:$H_2+1/2O_2 \longrightarrow H_2O(g)$　　$\Delta_r H_m^{\ominus}=-241.83$ kJ $\cdot$ mol^{-1}

通过上述煤燃烧基本反应式可以求出燃烧时理论耗氧量、理论烟气组成和理论烟气量。碳的不同的同素异形体具有不同的生成热,上面反应式中的反应热是按照碳的石墨构型得到的,无定形碳的燃烧反应热大于石墨的燃烧反应热。

煤在实际燃烧过程中发生的化学反应,不全都是燃烧反应,也同时伴有碳的气化过程和CO的燃烧等其他一些反应。以下是一些主要的反应和标准状态下的反应热:

二氧化碳气化反应:$C + CO_2 \longrightarrow 2CO$　　　　$\Delta_r H_m^{\ominus} = 172.47 \ kJ \cdot mol^{-1}$

水蒸气气化反应:$C + H_2O(g) \longrightarrow CO + H_2$　　　$\Delta_r H_m^{\ominus} = 131.31 \ kJ \cdot mol^{-1}$

　　　　　　　　$C + 2H_2O(g) \longrightarrow CO_2 + 2H_2$　$\Delta_r H_m^{\ominus} = 90.15 \ kJ \cdot mol^{-1}$

水煤气变换反应:$CO + H_2O(g) \longrightarrow CO_2 + H_2$　$\Delta_r H_m^{\ominus} = -41.16 \ kJ \cdot mol^{-1}$

甲烷化反应:$CO + 3H_2 \longrightarrow CH_4 + H_2O(g)$　　$\Delta_r H_m^{\ominus} = -41.16 \ kJ \cdot mol^{-1}$

煤的燃烧可以认为是氧气先在煤表面上化学吸附生成中间络合物,而后解吸同时生成CO_2和CO两种燃烧产物。

不同燃烧温度下煤颗粒表面的反应模式和气体浓度变化情况如图4-5所示,靠近煤粒表面CO/CO_2的比值随温度而变化。低于1 200 ℃时比值小于1,CO_2浓度大于CO浓度,氧化反应的趋势较大;高于1 200 ℃时,CO/CO_2比值大于1,表明还原反应的趋势更大;当温度大约在1 200 ℃时,CO/CO_2比值接近于1。

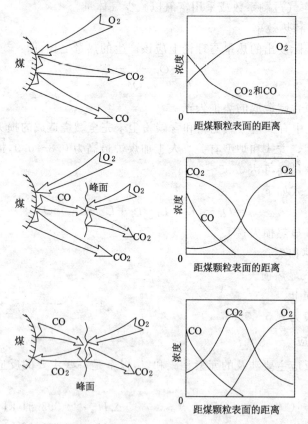

图 4-5　不同燃烧温度下煤颗粒表面的反应模式和气体浓度变化情况
(a) <700 ℃;(b) 800~1 200 ℃;(c) 1 200~1 300 ℃

煤燃烧时若气流中存在水蒸气,则可以在燃烧过程中生成H_2。H_2分子反应速度比CO要快,而水蒸气的分子反应速度比CO_2要快,这样当CO_2气化掉1个C原子时氢已经气化掉多个碳原子。因此在水蒸气存在时,煤的燃烧大大加快。所以煤的燃烧过程不能忽略煤的气化过程,燃烧与气化的结果之所以不同,受氧气量的多少控制。

4.5.3　煤燃烧环境污染物及控制

4.5.3.1　燃煤污染物的产生

虽然采取利用煤的洗选、降低燃烧过程中污染物排放等措施,但是还有相当多的污染物在燃烧后形成并排入大气中。在大气污染中,燃煤产生的污染影响很大。大气中主要的污染物,二氧化碳、氮氧化物、一氧化碳、烟尘、颗粒物有机物、重金属的主要来源都是煤的燃烧。这些污染物对人类健康和生态环境造成了不可逆的损害,降低煤燃烧形成的环境污染是亟待解决的问题。硫和氮是煤转化过程中的主要污染源。

（1）煤炭燃烧中硫的变迁行为

煤中的硫含量从 $0.2\%\sim10\%$ 不等,其中的硫无论形态如何,在燃烧的过程中都会转化为 SO_2,少部分 SO_2 与碱性矿物质反应以硫酸盐的形式留于灰渣中,还有很少量的 SO_2 转化为 SO_3。当煤燃烧不充分时,会发生气化过程,在气化过程中煤中各种形态的硫被释放出来,主要释放形式是 H_2S,同时还有一些 CS_2、COS 等。而煤在热解过程中有机硫根据其热稳定性,一部分硫转移到气相中,产生大量的 H_2S 以及少量的 COS、CH_3SH、CS_2 及噻吩等气体。

（2）煤中氮的变迁行为

煤中氮基本以有机形态存在,含量一般在 $1\%\sim2\%$。煤燃烧过程中最受关注的是氮氧化物的生成,氮氧化物 NO_x 主要包括 NO 和 NO_2,其中 NO 占 $90\%\sim95\%$,NO_2 是 NO 被 O_2 在低温下氧化而生成的。

煤燃烧过程中首先将煤热解脱挥发分,释放出的低分子含氮化合物和含氮自由基,生成 NO。在气化过程中,氮的氧化物可以先在燃烧区形成,在随后的还原区再反应生成 NH_3、HCN 等,在还原区的气氛中,残留的氮也可直接与氢气发生反应生成 NH_3,NH_3 同时可能发生与碳的反应生成 HCN。此外在燃煤过程中空气带进来的氮,在燃烧室的高温下被氧化成 NO。

（3）矿物质转化为灰的行为

煤中的无机杂质矿物质在燃烧过程中转变为灰。煤颗粒被加热燃烧后,一部分矿物先挥发形成气相,进一步进行均相和多相凝聚反应,形成 $0.01\sim0.05~\mu m$ 的亚微米烟尘颗粒,这些烟尘仅占飞灰质量的 $1\%\sim2\%$,但其带来的环境问题却是非常严重的,是造成灰霾的主要因素。在低阶煤的燃烧过程中,当温度低于 $1\,800~K$ 时,难熔氧化物 MgO、CaO 是细灰的主要组成部分。而 SiO_2 是烟煤细灰产物的主要部分,SiO_2 被半焦还原为挥发性的,随后发生均相气相氧化反应,然后凝聚为飞灰中存在的 SiO_2。

4.5.3.2　燃煤污染物控制

燃煤烟气在排入大气之前需要将其净化,将污染物转化为无污染或者是易回收的产品。净化过程主要包括除尘、脱二氧化硫、脱氮氧化物。

（1）除尘

除尘方法主要有旋风除尘、洗涤除尘、过滤除尘和电除尘等,一般常用前面两种。

（2）脱二氧化硫

最好的办法是煤在入炉前先脱硫,其次是在沸腾燃烧时加入石灰石、白云石脱硫。烟气脱硫方法有湿法和干法两种。湿法是用石灰水、亚硫酸钠水溶液、碱溶液或者碱性煤灰加水喷淋吸收；干法是用活性炭或活性煤吸附。

（3）脱氮氧化物

氮氧化物在水中的溶解度比二氧化硫小 1 000～2 000 倍，在用碱溶液洗涤除去 85％ SO_2 的情况下，NO_x 只能除去 5％～15％。目前还没有找到满意的脱除方法，加少量氨进行催化还原虽然有效但花费太大。

4.5.4　油煤浆和水煤浆替代重油

为了节约石油，许多原来燃用重油或原油的锅炉要改造为烧煤。在这种情况下最经济和最方便的办法是采用油煤浆（COM）或水煤浆（CWM），以煤代替部分或全部石油，同时对原有燃烧设备不需做大的改动。这一技术在全世界范围内受到广泛重视，并正在商业化。

油煤浆是油和煤的混合物，有细粉油煤浆和粗粒油煤浆两种类型。前者煤粉细，70％小于 200 目，煤的加入量不超过 50％。因为粉煤量如果再增加，浆状物的黏度急剧上升，对输送不利。后者的煤粒为毫米级大小，煤的混合比可大于 50％。制备油煤浆的关键是要加入一定量的表面活性剂如环烷酸盐、有机酸皂类等。

继油煤浆之后又出现了水煤浆，可完全替代石油，并能降低燃烧温度。煤粉在一种既亲水又亲煤的表面活性剂作用下制备成稳定的煤浆。煤的浓度可达 70％，甚至 80％。水煤浆已开始用于德士古气化炉和原来烧油的锅炉。另外还可用于煤的长距离管道输送，这一技术在今后将会有很大发展。

思考与练习

1. 按煤化程度，腐植煤可以分为几大类？它们有哪些区分标志？
2. 由高等植物形成煤，要经历哪些过程和变化？
3. 泥炭化作用、成岩作用和变质作用的本质是什么？
4. 影响煤变质作用的因素有哪些？对煤的变质程度有何影响？
5. 煤变质作用有哪几种？并简述之。
6. 什么是煤的干馏？
7. 什么是煤的热解？简述煤的热解过程。
8. 什么是煤的气化？简述煤气化反应的一般过程。
9. 影响煤气化的主要因素有哪些？并简述之。
10. 煤气化方法有哪些？
11. 什么是煤的液化？
12. 简述煤直接加氢液化机理。
13. 简述 F-T 合成原理。
14. 煤燃烧主要包括哪些反应？
15. 什么是油煤浆？油煤浆的类型有哪两种？各有何特点？

第5章 石 油

石油与人类生活密切相关,已经构成现代生活方式和社会文明的基础。石油是工业的血液,1965年以后,在世界能源消费结构中,石油已超过煤炭跃居世界首位,成为推动现代化工业和经济发展的主要动力。现代生活中的衣、食、住、行等都直接或间接地与石油及其产品有关。飞机、汽车、轮船等现代交通工具,军事上所用的坦克、装甲车、军舰等,都要利用石油产品——汽油、柴油作动力燃料;现代工业中一切转动的机械,其中"关节"部位所需添加的优质润滑剂,也都是从石油中提炼的。石油是重要的化工原料,从石油中炼制出的产品已经在合成纤维、合成橡胶、塑料、化肥、农药、炸药、化妆品、合成洗涤剂等方面得到了广泛的应用。

5.1 石油的生成与聚集

地球上蕴藏着丰富的石油,据估计它的蕴藏量为10 000多亿t,其中700多亿t蕴藏在海洋里。石油资源分布是不均衡,主要分布在中东各国,约占世界总探明剩余开采储量的68%。

有关石油与天然气的成因是自石油工业产生以来人们一直进行研究和探索的重要课题,因为它对能否成功勘探到油气资源有着重要的理论指导意义。因为石油成分复杂,而且它们是流体能够流动,其产地(油气藏)与生成地(烃源岩)往往不一致,这与其他煤、铁等固体矿藏显著不同,这就使得石油的成因研究更加困难。人类在长期寻找、勘探开发和研究油气的基础上提出了各种假说,从18世纪70年代到现在,先后提出了几十种假说,这些假说又在实践中不断受到检验、修正和完善。目前为止,这些假说大致可分为无机成因学说和有机成因学说两大派。

由于石油的有机成因学说充分考虑了石油的生成和产出的地质、地球化学条件,深入对比了石油及沉积有机质的组成特征,更具有说服力,为绝大多数石油地质和石油地球化学工作者所接受,世界各石油公司也按石油有机成因学说指导油气勘探。

石油有机成因学说认为:石油中的绝大部分物质,都是由保存在岩石中的有机质(特别是低等的动物和植物的遗体)经过长期复杂的物理-化学变化逐渐转化而成的。图5-1为石油的形成过程示意图。

远古时期繁盛的生物制造了大量的有机物,在流水的搬运下,大量的有机物被带到了地势低洼的湖盆或海盆里。在重力作用下,有机物质渐渐下沉,被水体覆盖,水层起了隔绝空气的作用。虽然水中也有一定量的氧,但是这些氧在氧化一部分有机物后就消耗光了,绝大部分有机质得以保存下来。而陆地上经常往这些低洼地区输入大量的泥砂及其他矿物质,迅速地将其中的有机体埋藏起来,形成与空气隔绝的还原性环境。随着地壳的运动,边沉降

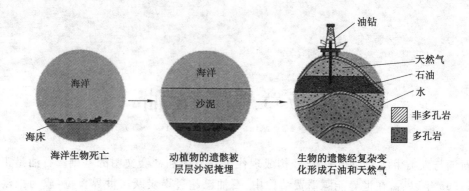

图 5-1　石油形成过程示意图

边沉积,水生和陆生生物死亡以后,同大量的泥砂和其他物质一起沉积下来。沉积盆地不断地沉降,沉积物一层一层地加厚,有机淤泥所承受的压力和温度不断地增大,同时在细菌、压力、温度和其他因素的作用下,处在还原环境中的有机淤泥经过压实和固结作用而变成沉积岩石,形成生油岩层。大量产生碳氢化合物的岩层即称为"生油岩层"。沉积物中的有机物在成岩阶段中,经历了复杂的生物化学变化及化学变化,逐渐失去了 CO_2、H_2O、NH_3 等,余下的有机质在缩合作用和聚合作用下,通过腐泥化和腐殖化过程,于是形成干酪根(沉积岩中不溶于碱、非氧化型酸和有机溶剂的分散有机质),它是生成大量石油和天然气的先驱,因此石油有机成因学说又叫干酪根说。干酪根晚期生油理论广泛为国际石油界所接受,并卓有成效地应用于指导油气资源评价与勘探开发实践。干酪根晚期生油理论认为干酪根埋深到一定深度和温度门限值后,干酪根由未成熟转化为成熟,首先杂原子键发生断裂,开始释放出烃类和非烃化合物;随着埋深持续增加,烃源岩进一步熟化,干酪根的 C—C 键断裂,进入生油、生气高峰。这一学说基本上能够说明常规石油的成因,揭示了油气生成和演化的一般规律,是现代生油理论的重要组成部分,为石油与天然气的勘探和开发做出了重大的贡献。

干酪根晚期生油理论虽然是一个重要的油气生成理论,但并不是唯一的油气生成和演化机理。随着未熟-低熟石油的发现以及煤成油发现,扩大了石油勘探的领域,也对传统的干酪根生烃理论提出了又一个新的挑战。

石油无机成因学说主要以碳化物说及宇宙说为代表。碳化物说认为,地球核心部分的重金属碳化物和从地表渗透下来的水发生作用,可以产生烃类。宇宙说认为,当地球处于熔融状态时,烃类就存在于它的气圈里。随着地球的逐渐冷凝,烃类被岩浆吸收,就在地壳中生成了石油。无机成因学说认为碳氢化合物可以在地下深处产生,并沿裂缝周期性上升,不仅在沉积层内,而且在岩浆岩和多孔火山岩内积聚。为了证明这种无机成油理论,已经有科学家通过在实验室模拟地球深处的条件,合成了石油。另外,在绝无生命存在的空间形体上,也发现了类似于石油和可燃气的物质,这似乎在证明无机生成石油的理论并非是没有根据的。如果这一理论得到验证,油、气资源则将不是像有人预测的那样,会在不久的将来枯竭,而是可为人类服务更长的时间。

在生油岩层中,油气是零散地分布的,还没有形成可以开采的油田。此时,湖盆或海盆底部的沉积物,在重力的作用下开始下沉。在地下压力和高温的影响下,沉积物逐渐被压实,最终变成沉积岩。但是石油油滴在沉积物被压实的过程中,被挤了出来,并逐渐聚集在一起,由于密度比水小,因此石油开始向上迁移。石油向上迁移的过程中,会穿越各种岩石缝隙,最终会遇到一层致密的岩石,比如页岩、泥岩、盐岩等,这些岩石孔隙率很小、渗透性也很小,阻碍了石油继续向上迁移,于是石油停留在致密岩层的下面,逐渐聚集,形成了油田。含有石油的岩层,叫作储集层,阻碍石油向上迁移的岩层,叫作盖层。如果没有盖层,石油会上升回到地表,最终消失在地球历史的尘烟中,保留不到人类出现的时候。

5.2　石油的组成与分类

石油分为天然石油(即原油)和人造石油两种。天然石油是指从地下或海底直接开采出来的未经处理、分硫、提纯的石油。人造石油是指用固体(如油页岩,煤,油砂等可燃矿物)、液体(如焦油)或气体(如一氧化碳,氢)燃料,经干馏、高压加氢和合成反应等加工得到的类似于天然石油的液体燃料。

世界各地所产的石油不尽相同,虽然不同油田的石油成分和外貌有很大差别,但其主要成分都是碳(83%~87%)、氢(11%~14%)两种元素,此外,还含有少量的硫(0.06%~0.8%)、氮(0.02%~1.7%)、氧(0.08%~1.82%)及微量金属元素(镍、钒、铁等)。表 5-1 列出了我国几个产地原油中主要元素组成(质量分数,%)。这些元素主要以烷烃(如甲烷、丁烷)、烯烃(如乙烯、丙烯、丁二烯)、环烷烃(如环戊烷、环己烷)、芳香烃(如苯、甲苯、二甲苯等)、含硫化合物(如硫醇、硫醚、噻吩等)、含氮化合物(如吡啶、吡咯等)、含氧化合物(如苯酚、环烷酸等)的形式存在。

表 5-1　　　　　　　　　原油的元素组成(质量分数)　　　　　　　　%

原油品种	碳	氢	硫	氮	氧
大庆混合原油	85.74	13.31	0.11	0.15	
大港混合原油	85.67	13.40	0.12	0.23	
胜利油田	86.26	12.20	0.80	0.41	
克拉玛依原油	86.10	13.30	0.04	0.25	0.28

通常把碳氢化合物称为"烃"。石油的主要成分是烃类化合物,包括烷烃、烯烃、环烷烃、芳香烃等。烷烃,即饱和链烃,是碳氢化合物下的一种饱和烃,其整体构造大多仅由碳、氢、碳碳单键与碳氢单键所构成,同时也是最简单的一种有机化合物。烷烃分子的结构特点是:分子中各个碳原子用单键连接成链状,而每个碳原子余下的化合价都与氢原子相连接。烷烃分子中各个碳原子可连接成直链,也可在直链上带有一些支链。通常把直链烷烃叫作正构烷烃,把带支链的烷烃叫作异构烷烃。在常温下,烷烃分子中含有 1~4 个碳原子的是气体,含有 5~15 个碳原子的是液体,含有 16 个碳原子以上的是蜡状固体。烷烃的化学性质很不活泼,不易和其他物质发生反应,但较大分子的烷烃可与发烟硫酸作用。把大分子烷烃加热到 400 ℃ 以上时,可以裂解成为几个小分子烃。

烯烃是指含有 C═C 键(碳碳双键、烯键)的碳氢化合物,属于不饱和烃,分为链烯烃与环烯烃。按含双键的多少分别称单烯烃、二烯烃等。烯烃分子中,碳原子没有和氢原子完全结合,这就有能力和其他元素的原子相结合,所以烯烃的化学性质很活泼,可与多种物质发生反应。例如:在一定条件下可以发生加成反应(如加氢转化为烷烃),聚合反应(小分子烯烃相互聚合成为大分子烃)等。

环烷烃是指含有脂环结构的饱和烃,也是饱和烃的一种,其结构特点是分子中含有环状结构,性质与烷烃相似,但稍活泼。如在一定条件下,环己烷可从分子中脱掉氢原子转化成苯。高温可使环烷烃结构断裂,生成烷烃和烯烃。

芳香烃通常指分子中含有苯环结构的碳氢化合物,其性质较烷烃活泼。例如苯与浓硫酸可反应生成苯磺酸;在一定条件下,苯加氢可转化为环己烷。

根据石油中所含烃的比例,石油可以分为以下四种:

① 烷基石油(又叫石蜡基石油):主要成分为直链烷烃,含环烷烃和芳香烃较少。加工石蜡基石油,可以得到黏度指数较高的润滑油。我国大庆油田就属于这种类型。

② 环烷基石油(又叫沥青基石油):主要成分为环烷烃。这种类型的石油有利于炼制柴油和润滑油,但汽油产量不高,氧化稳定性不好。我国克拉玛依油田就属于这种类型。

③芳香基石油:主要成分是单环芳烃和稠环芳烃。这种类型的石油组分内含有双键,因此化学性质活泼,易发生加氢反应和取代反应,转化成其他产品。我国台湾省很多油田就属于这种类型。

④ 混合基石油:含有烷烃、环烷烃、芳香烃,且数量相近。

与煤炭相比,石油中的硫、氮含量都要低一些,因此,石油燃烧后生成的气体中,含氮化合物和含硫化合物均少于煤炭燃烧的产物,而且发热量大于煤炭,这也是石油在能源结构中超过煤炭的原因之一。表 5-2 是石油和煤炭成分(平均)的比较。

表 5-2 　　　　　　　　　　　　　石油和煤炭成分(平均)的比较

燃料元素	C	H	O	N	S	发热量/$(kJ \cdot g^{-1})$
石油中含量/%	83~87	10~14	0.05~2.0	0.02~0.2	0.05~8.0	48
煤炭中含量/%	80~90	3~6	5~8	0.5~1.0	1~2	30

石油中硫、氮、氧的含量虽然不高,但是它们对石油的炼制过程和成品油的质量影响很大。例如硫化物除对金属有腐蚀作用外,还会恶化油品的使用性能,影响汽油的抗爆性。对这些有害的化合物,要加以清除,并设法进行综合利用。

石油成分复杂,要提高其综合利用效率,就要借助一些物理的、化学的方法,对其进行加工,生产出人们所需的各种产品。

5.3　石油的炼制与应用

原油经过蒸馏和精制,加工成的各种燃料、润滑油等,总称为石油产品。而加工原油提炼各种石油产品的过程叫石油炼制。因为石油成分复杂,是由许多种特性不一的碳氢化合物混合而成的,而每种碳氢化合物的性质和用途都不相同,因此石油直接利用的途径很少。为了使石油中的各种组分都能发挥效能,必须通过炼制过程把它们一一提取出来。石油炼制的主要工艺流程包括蒸馏、催化裂化、热加工、催化重整和加氢等。

原油直接蒸馏得到的汽油产率低,而且质量不高。催化裂化可以有效增大汽油在产物中的比例,而催化重整可以显著提高汽油质量。为防止催化剂中毒,催化裂化和催化重整前要对油品进行催化脱硫、催化脱氮等前处理。

5.3.1 石油的蒸馏

石油的蒸馏通常包括三个工序:原油预处理、常压蒸馏和减压蒸馏。

(1)原油预处理

原油预处理是将原油中的油气分开,沉降泥沙,并采用电化学法或化学法脱除原油中的水、盐和固体杂质等。其主要目的是防止盐类(钠、钙、镁的氯化物)离解产生氯化氢而腐蚀设备和盐垢在管式炉炉管内沉积。

(2)常压蒸馏

原油常压蒸馏(又称为直馏)与一般的蒸馏原理是一样的,也是根据原油中各种烃分子的沸点不同,经过加热、蒸发、冷凝等步骤,将原油分为不同的组分。但原油是复杂烃类混合物,各种烃(以及烃与烃形成的共沸物)的沸点由低到高几乎是连续分布的,用简单蒸馏方法极难分离出纯化合物,一般是根据产品要求按沸点范围分割成轻重不同的馏分。表 5-3 给出了石油分馏的主要产品及其用途。

表 5-3　　　　　　　　　　　　　　石油馏分的分布及用途

馏分	沸程/℃	组成和用途
气体	< 25	$C_1 \sim C_4$ 烷烃
轻石脑油	20~150	主要是 $C_5 \sim C_{10}$ 的烷烃和环烷烃,用作燃料
重石脑油	150~200	汽油和化学制品原料
煤油	175~275	$C_{11} \sim C_{16}$,用作喷气式飞机、拖拉机和取暖燃料
粗柴油	200~400	$C_{15} \sim C_{25}$,用作柴油机和取暖燃料
润滑油/重质燃料油	350	$C_{20} \sim C_{70}$,用作润滑油和锅炉燃料
沥青	残渣	用于建筑方面

一般馏程在 40~200 ℃的馏出物,如航空汽油、汽油、溶剂油、石脑油和航空煤油等,称为轻油;馏程在 200~400 ℃甚至沸点高于 400 ℃的馏出物,如润滑油和重质燃料油,称为重油;原油蒸馏的残渣为沥青。图 5-2 为石油分馏塔工作及馏分使用的示意图。

原油蒸馏塔与分离纯化合物的精馏塔不同,其特点为:

① 有多个侧线出料口。原油蒸馏各馏分的分离精确度不要求像纯化合物蒸馏那样高,多个侧口可以同时引出轻重不同的馏分。

② 提浓段很短。原油蒸馏塔底物料很重,不宜在塔底供热。通常在塔底通入过热水蒸气,使较轻馏分蒸发,一般提浓段只有 3~4 块塔板。

③ 中段回流。原油各馏分的平均沸点相差很大,造成原油蒸馏塔内蒸气负荷和液体负荷由下向上递增。为使负荷均匀并回收高温下的热量,采用中段回流取热(即在塔中部抽出液体,经换热冷却回收热量后再送回塔内)。通常采用 2~3 个中段回流。

(3)减压蒸馏

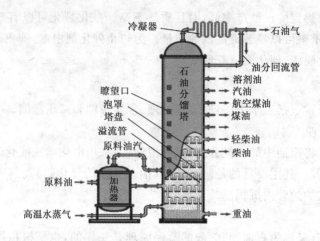

图 5-2　石油分馏塔工作及馏分使用的示意图

由于重油的沸点高达 $350\sim500$ ℃，如果在常压下蒸馏，则重油在这么高的温度下会裂解成轻油；因此要获得重油，需要进行减压蒸馏，即在降低压力的条件下加热重油，能使重油在较低的温度下沸腾蒸发成气体，从重油中分离出各种不同的馏分，包括变压器油馏分、轻质润滑油馏分、中质润滑油馏分和重质润滑油馏分，所有这些馏分统称为馏分油。

汽油是石油中的轻油馏分，石油常压蒸馏的 $40\sim200$ ℃ 馏分即为汽油，其主要成分为 $C_5\sim C_{11}$ 的烷烃和环烷烃。由此得到的汽油称为直馏汽油。

常减压蒸馏的加工能力代表着炼油厂的加工能力，它是原油的第一道加工过程，也叫一次加工。从原油的处理过程来看，上述常减压蒸馏装置分为原油预处理、常压蒸馏和减压蒸馏三部分，油料在每一部分都经历了一次加热—汽化—冷凝过程，故称之为"三段汽油"。

5.3.2　石油的裂化

常减压蒸馏分离出的产品中，可用于内燃机的汽油、轻柴油、煤油等轻质油品所占百分比很小，而重柴油以上的重质油所占的百分比很大。为了增加以汽油为主的轻质油品的百分比，获得更多的价值较高的油品，还需要对重油进行裂化。

使大分子烃类分裂为几个较小分子烃类的反应过程，称为裂化。烃类分子可以在碳—碳键、碳—氢键、无机原子与碳或氢原子之间的键处分裂。在工业裂化过程中，主要发生的是前两类分裂。在我国，习惯上把从重质油生产汽油和柴油的过程称为裂化；而把从轻质油生产小分子烯烃和芳香烃的过程称为裂解。常用的裂化方式有热裂化、催化裂化和加氢催化裂化 3 种。

5.3.2.1　热裂化

热裂化是通过加热的方法把大分子烃类转变成小分子烃的过程。例如，$C_{15}\sim C_{18}$ 的烃类在 600 ℃下，可热裂化成汽油馏分和少量的烯烃化合物，其裂化过程用正己烷表示如下：

$$CH_3CH_2CH_2CH_2CH_2CH_3 \xrightarrow{\Delta} \begin{cases} H_2 + H_2C\!=\!CHCH_2CH_2CH_2CH_3 \\ CH_4 + H_2C\!=\!CHCH_2CH_2CH_3 \\ CH_3CH_3 + H_2C\!=\!CHCH_2CH_3 \\ CH_3CH_2CH_3 + H_2C\!=\!CHCH_3 \end{cases}$$

为防止大分子烃在高温下蒸发,热裂化常在加压的情况下进行,压力一般为 2 MPa 左右,有的需 10 MPa。热裂化所得的汽油和柴油与直馏所得的汽油、柴油相比,汽油的辛烷值更高(辛烷值是汽油抗爆性能的度量单位,辛烷值越高,其抗爆性越好),柴油的凝固点更低,但因产物组分中含有较多的不饱和烃,其安定性(安定性是指汽油在常温和液相条件下抵抗氧化的能力)不好,易氧化变质形成胶质沉淀物,故不宜单独使用。由于该方式下获得的产品质量差,产量又不高,故热裂化在国内外均在被逐渐淘汰。

5.3.2.2 催化裂化

催化裂化是在催化剂的作用下,加热使重油裂化为 $C_4 \sim C_9$ 的小分子烃类的过程。催化裂化几乎在所有的炼油中都是最重要的二次加工手段,一般以减压馏分油、脱沥青油、焦化蜡油为原料,反应温度一般为 460~530 ℃,压力为 0.1~0.3 MPa,所使用的催化剂是以硅酸铝为主要成分,并含有 La^{3+}、Ce^{3+}、Nd^{3+} 等稀土元素离子的分子筛。催化裂化是酸催化反应,分子筛不但能提供必不可少的酸性,且其特殊的多孔结构还可以实现极好的产物选择性。催化裂化中发生的化学反应复杂,除去裂化反应(C—C 键断裂,使大分子变成小分子),还伴有异构化反应、芳构化反应和氢转移反应,因此产物中异构烃和芳烃含量高,不饱和烃含量少。原油经催化裂化所得汽油的辛烷值可达 80 左右,安定性也比热裂化汽油好。

石油馏分是由多种烃类组成的混合物,各类单体烃的裂化反应行为如下。

(1)烷烃

烷烃主要是发生分解反应,分解成较小分子的烷烃和烯烃。例如:

$$C_{16}H_{34} \longrightarrow C_8H_{16} + C_8H_{18}$$

烷烃的分解多从中间的 C—C 键断裂,而碳链两端的 C—C 键很少发生分解。由大分子的烷烃裂化成小分子的烃时,分子越大、支链越多,越易断裂,因此异构烷烃比正构烷烃容易发生分解反应。生成的烷烃可以继续分解成更小的分子。烷烃的裂化可写成通式:

$$C_nH_{2n+2} \longrightarrow C_mH_{2m} + C_pH_{2p+2}$$

(2)烯烃

烯烃是一次分解反应的产物,很活泼,反应速度快,在催化裂化过程中是一个重要的中间产物和最终产物。其主要反应也是分解反应,但还会发生异构化反应、氢转移反应和芳构化反应。

① 分解反应:分解为两个较小分子的烯烃。烯烃的分解反应速率比烷烃高得多,与烷烃分解反应的规律相似,大分子烯烃的分解反应速率比小分子快,异构烯烃的分解反应速率比正构烯烃快。

② 异构化反应:烯烃的异构化反应有三种,一种是分子骨架改变,如正构烯烃变成异构烯烃;第二种是分子中的双键向中间位置转移;还有一种是烯烃空间结构的变化,如顺式烯烃变成反式烯烃。例如:

③ 氢转移反应：氢转移反应是催化裂化所特有的反应，是造成催化裂化汽油饱和度较高的主要原因。环烷烃或环烷-芳烃（如四氢萘、十氢萘等）放出氢使烯烃饱和而自身逐渐变成稠环芳烃。两个烯烃分子之间也可以发生氢转移反应，例如两个己烯分子之间发生氢转移反应，一个变成己烷而另一个则变成己二烯。氢转移反应的速率较低，需要活性较高的催化剂。

④ 芳构化反应。烯烃可以环化成环烷烃并脱氢生成芳烃。例如：

（3）环烷烃

① 环烷烃的环可断裂生成烯烃，烯烃再继续进行上述各项反应。例如：

与异构烷烃相似，环烷烃的结构中有叔碳原子，因此分解反应速率较快。如果环烷烃带有较长的侧链，则侧链本身也会断裂。

② 环烷烃也可以通过氢转移反应转化为芳烃。例如：

（4）芳香烃

芳香烃的芳核在催化裂化条件下十分稳定，例如苯、萘就难以进行反应。但是连接在芳核上的烷基侧链则很容易断裂生成较小分子的烯烃，而且断裂的位置主要发生在侧链和芳核连接的键上。多环芳香烃的裂化反应速率很低，它们的主要反应是缩合成稠环芳烃，最后成为焦炭，同时放出氢使烯烃饱和。例如：

由以上列举的化学反应可以看到，在催化裂化条件下，烃类进行的反应不仅有大分子分解为小分子的反应，而且有小分子缩合成大分子的反应（甚至缩合至焦炭）；不仅仅是分解反应，还进行异构化、氢转移、芳构化等反应。在这些反应中，分解反应是最主要的反应，催化裂化也因此而得名。氢转移反应是催化裂化所特有的反应，反应速度不快，低温有利于该反应进行。氢转移反应的结果是使生成物中的一部分烯烃饱和，是造成催化裂化汽油饱和度较高的主要原因。

与热裂化相比，催化裂化反应产品中饱和烃多，不饱和烃少，支链烃多，芳烃多，所以生成的汽油辛烷值高，稳定性好；由于 C_3 以下的气体产品少，所以汽油等油品的产率高。表5-4为烃类的催化裂化反应与热裂化反应的比较。

催化裂化原料的范围很广泛，大体可分为馏分油和渣油两大类。大多数直馏重馏分含芳烃较少，容易裂化，是理想的催化裂化原料。焦化蜡油、减黏裂化馏出油等由于是已经裂化过的油料，其中烯烃、芳烃含量较多，裂化时转化率低、生焦率高，一般不单独使用，而是和直馏馏分油掺和作为混合进料。渣油是原油中最重的部分,它含有大量胶质、沥青质和各种稠环烃类,因此它的元素组成中氢碳比小,残炭值高,在反应中易于缩合生成焦炭,原油中的硫、氮、重金属以及盐分等杂质也大量集中在渣油中,在催化裂化过程中会使催化剂中毒,增加了催化裂化的难度,也影响产品分布。

表 5-4 烃类的催化裂化反应与热裂化反应的比较

裂化类型	催化裂化	热裂化
反应机理	正碳离子反应	自由基反应
烷烃	1. 异构烷烃的反应速率比正构烷烃快得多; 2. 裂化气中的 C_3、C_4 多,$\geqslant C_4$ 的分子中含 α-烯少,异构物多	1. 异构烷烃的反应速率比正构烷烃快得不多; 2. 裂化气中的 C_1、C_2 多,$\geqslant C_4$ 的分子中含 α-烯多,异构物少
烯烃	1. 反应速率比烷烃快得多; 2. 氢转移反应显著,产物中烯烃尤其是二烯烃较少	1. 反应速率与烷烃相似; 2. 氢转移反应很少,产物的不饱和度高
环烷烃	1. 反应速率与异构烷烃相似; 2. 氢转移反应显著,同时生成芳烃	1. 反应速率比正构烷烃还要低; 2. 氢转移反应不明显
带烷基侧链（$\geqslant C_3$）的芳烃	1. 反应速率比烷烃快得多; 2. 在烷基侧链与苯环连接的键上断裂	1. 反应速率比烷烃慢; 2. 烷基侧链断裂时,苯环上留有 $1\sim 2$ 个 C 的短侧链

催化裂化的主要反应不受化学平衡的限制,而是取决于反应速率和反应时间。影响催化裂化反应速率的主要因素有:催化剂活性、反应温度、原料性质以及反应压力。提高催化剂的活性有利于提高反应速率,还有利于促进氢转移和异构化反应,所得裂化产品的饱和度较高、含异构烃类较多。催化剂的活性决定于它的组成和结构。提高反应温度则反应速率增大。当反应温度提高时,热裂化反应的速率提高得比较快;当反应温度提高到很高时(例如 500 ℃以上),热裂化反应渐趋重要。但是在 500 ℃这样的温度下,主要的反应仍是催化裂化反应,而不是热裂化反应。反应温度还通过对各类反应速率的影响来影响产品的分布和产品的质量。对于工业用催化裂化原料,在族组成相似时,沸点范围越高越容易裂化。但对分子筛催化剂来说,沸程的影响并不重要,而当沸点相似时,含芳烃多的原料则较难裂化。反应器内的油气分压对反应速率存在影响。油气分压的提高意味着反应物浓度提高,因而反应速率加快。但提高反应压力也提高了生焦的反应速率,而且影响比较明显。

5.3.2.3 加氢裂化

加氢裂化是在催化剂作用下,重质油与氢气发生加氢、异构、裂化等反应,使大分子烃类变成小分子烃类,以生产液体烃、汽油、煤油、柴油等优良轻质油的工艺过程。加氢催化裂化一般是在 $370\sim 430$ ℃的高温、$10\sim 15$ MPa 的高压下进行的。通过加氢催化裂化可把原料中硫和氮的化合物转化成硫化氢和氨,从而通过水洗除去;同时,还可使不饱和烃及一些大分子烃发生裂化、加氢和异构化,从而获得各种高质量的油品,如高辛烷值汽油、低冰点喷气机燃料、低凝固点柴油、黏温性良好的润滑油等,而且产品的收率接近 100%。

用重质原料油生产轻质燃料油最基本的工艺原理就是改变重质原料油的相对分子质量

和碳氢比，而改变相对分子质量和碳氢比往往是同时进行的。改变碳氢比有两个途径：一是脱碳，二是加氢。如热裂化以及催化裂化工艺属于脱碳，它们的共同特点是要加大一部分油料的碳氢比，因此，不可避免地要产生一部分气体烃和碳氢比较高的缩合产物，如焦炭和渣油。所以脱碳过程的轻质油收率不可能很高。加氢裂化属于加氢，在催化剂存在下从外界补入氢气以降低原料油的碳氢比。

烃类的加氢催化裂化反应是催化裂化反应与加氢反应的组合，所有在催化裂化过程中最初发生的反应在加氢裂化过程中也基本发生，不同的是某些二次反应由于氢气及具有加氢功能催化剂的存在而被大大抑制甚至停止了。加氢裂化过程中的主要反应包括裂化、加氢、异构化、环化及脱硫、脱氮和脱金属等反应。

（1）烷烃的加氢裂化反应

烷烃的加氢裂化反应包括两个步骤，即原料分子中某一处 C—C 键的断裂及其生成不饱和分子碎片的加氢，例如：

$$C_{16}H_{34} \longrightarrow C_8H_{18} + C_8H_{16}$$
$$C_8H_{16} + H_2 \longrightarrow C_8H_{18}$$
$$C_{16}H_{34} \longrightarrow C_8H_{18} + C_8H_{18}$$

反应中生成的烯烃先进行异构化（可以是骨架异构化，也可以是双键位置异构化），随即被加氢生成异构烷烃。反应速率随着烷烃相对分子质量增大而加快，异构化的速率也随着相对分子质量增大而加快。例如在条件相同时，正辛烷的转化深度为 53%，而正十六烷则可达 95%。分子中间 C—C 键的分解速率要高于分子链两端 C—C 键的分解速率，所以烷烃加氢裂化反应主要发生在烷链中心部的 C—C 键上。

（2）烯烃的加氢裂化反应

烷烃分解和带侧链环状烃断链都会生成烯烃。在加氢裂化条件下，烯烃加氢变为饱和烃，反应速度最快。

$$R \diagdown\diagup + H_2 \longrightarrow R \diagdown\diagup$$

烃类裂解和烯烃加氢饱和等反应平衡常数较大，不受热力学平衡常数的限制。

烷烃和烯烃的加氢裂化反应遵循正碳离子反应历程。在加氢裂化过程中，烷烃和烯烃均能发生异构化反应，从而使产物中异构烷烃与正构烷烃的比值较高，烷烃的异构化速率也随着相对分子质量的增大而加快。在加氢裂化过程中，烷烃与烯烃会发生少部分的环化反应生成环烷烃。

（3）环烷烃的加氢裂化反应

环烷烃在加氢裂化条件下发生异构化、断环、脱烷基侧链的反应，也会发生不显著的脱氢反应。

环烷烃加氢裂化时反应方向因催化剂的加氢活性和酸性活性的强弱不同而有区别。带长侧链的单环环烷烃主要是发生断侧链反应。六元环烷烃较稳定，在高酸性催化剂上加氢裂化时，一般是先通过异构化反应转化为五元环烷烃后再断环成为相应的烷烃。双六元环烷烃往往是其中一个六元环先异构化为五元环后再断环，然后才是第二个六元环的异构化和断环。这两个环中，第一个环的断环是比较容易的，而第二个环则较难断开。

（4）芳烃的加氢裂化反应

单环芳烃的加氢裂化不同于单环环烷烃,若侧链上有三个碳原子以上时,首先不是异构化而是断侧链,生成相应的烷烃和芳烃。除此之外,少部分芳烃还可能进行加氢饱和和生成环烷烃然后再按环烷烃的反应规律继续反应。苯环是先加氢、异构化成五元环烷烃,然后开环生成烷烃断链。

双环、多环和稠环芳烃加氢裂化是分步进行的,通常一个芳香环首先加氢变为环烷烃,然后环烷烃开环变成单环芳烃,再按单环芳烃规律进行反应。在氢气存在下,稠环芳烃的缩合反应被抑制,因此不易生成焦炭产物。

（5）非烃类化合物的加氢裂化反应

含有硫、氧、氮的非烃化合物,在加氢裂化时主要进行氢裂解反应,生成相应的烃类与小分子的硫化氢、氨和水。例如:

$$RSH + H_2 \longrightarrow RH + H_2S$$
$$RSR' + H_2 \longrightarrow RSH + R'H$$
$$ \underset{+H_2}{\longrightarrow} RH + H_2S$$

$$\text{吡啶} + 3H_2 \longrightarrow \text{哌啶} \xrightarrow{+H_2} C_5H_{11}NH_2 \xrightarrow{+H_2} C_5H_{12} + NH_3$$

加氢裂化产品与其他二次加工产品比较,液体产率高,C_5 以上液体产率可达 94%～95% 以上,体积产率则超过 110%;气体产率很低,通常 C_1～C_4 只有 4%～6%,C_1～C_2 仅 1%～2%;产品的饱和度高,烯烃极少,非烃含量也很低,故产品的安定性好。柴油的十六烷值高(十六烷值是表示柴油在柴油机中燃烧时的自燃性指标),胶质低。虽然加氢裂化有许多优点,但加氢催化裂化反应需要在高压下操作,条件比较苛刻,需较多的合金钢材,耗氢较多,设备投资高,技术操作要求严格,因此还没有像催化裂化那样普遍应用。

5.3.3 催化重整

催化重整是在催化剂作用下,对烃类分子结构进行重新排列的工艺过程。催化重整的原料主要是直馏汽油馏分(也称石脑油)和二次加工的汽油(如焦化汽油、催化裂化汽油等),

二次加工汽油需要经加氢精制除去其中的烯烃、硫、氮等非烃组分后掺入直馏汽油作为重整原料。催化重整工艺的主要目的：一是进行催化反应生产高辛烷值汽油组分；二是为化纤、橡胶、塑料和精细化工提供原料（苯、甲苯、二甲苯，简称 BTX 等芳烃）。除此之外，催化重整过程还生产化工过程所需的溶剂、油品加氢所需高纯度（75％～95％，体积分数）的廉价氢气和民用燃料液化气等副产品。催化重整是现代炼油工业中重要的二次加工方法。

5.3.3.1　催化重整过程中的主要反应

在催化重整过程中发生的化学反应主要有：六元环烷烃脱氢生成芳烃；五元环烷烃异构脱氢生成芳烃；烷烃脱氢环化生成芳烃；烷烃的异构化，各种烃类的加氢裂化以及生焦（积炭）反应。前三种生成芳香烃的反应统称为芳构化反应，无论对于生产高辛烷值汽油还是芳香烃都是有利的。

（1）六元环烷烃的脱氢反应

$$\text{（六元环己烷）} \rightleftharpoons \text{（苯）} + 3H_2$$

$$\text{（甲基环己烷）} \rightleftharpoons \text{（甲苯）} + 3H_2$$

六元环脱氢生成芳烃，这一反应是吸热反应。在催化重整的几种化学反应中，该反应速率最快，在工业条件下能达到化学平衡，是生产芳烃的最重要反应，能大幅度提高汽油的辛烷值。例如甲基环己烷的辛烷值是 74.8，而经过脱氢反应生成的甲苯，其辛烷值提升至 120。

（2）五元环烷烃的异构脱氢反应

$$\rightleftharpoons \rightleftharpoons + 3H_2$$

$$\rightleftharpoons \rightleftharpoons + 3H_2$$

这一反应也是吸热反应。先要经过异构化再脱氢生成芳烃，后一反应速率比前一反应慢。该反应同样生成芳烃，能大幅度提高汽油的辛烷值（例如 1,3-二甲基环戊烷的辛烷值是 80.6，而经过脱氢反应生成的甲苯，其辛烷值提升至 120）。但是五元环烷烃的异构脱氢反应比六元环烷烃的脱氢反应速率要慢得多，五元环通常只有一部分转化成芳香烃。

（3）烷烃的脱氢环化反应

$$n\text{-}C_6H_{14} \xrightarrow{-H_2} \rightleftharpoons + 3H_2$$

这一反应也是吸热反应。烷烃先脱氢环化，再脱氢生成芳烃，该反应能显著提高汽油的辛烷值（例如正己烷的辛烷值只有 24.8，但经脱氢环化生成的苯，其辛烷值可以达到 100），但是反应速率很慢，转化率也很低。一般在催化重整过程中，烷烃转化成芳香烃的转化反应，需要用铂-铼等双金属催化剂或多金属催化剂来提高烷烃的转化率。

（4）异构化反应

$$n\text{-}C_7H_{16} \rightleftharpoons i\text{-}C_7H_{16}$$

烷烃的异构化反应，虽然不能生成芳烃，但是能显著提高汽油的辛烷值。例如正庚烷异构化为异庚烷，辛烷值可以从 0 提升至 92。

（5）加氢裂化反应

$$n\text{-}C_8H_{19} + H_2 \Longleftrightarrow 2i\text{-}C_4H_{10}$$

加氢裂化反应有利于提高汽油辛烷值,但是这类反应进行得很慢,会生成焦炭,不利于芳烃生产。

（6）生焦反应

$$烃类脱氢 \longrightarrow 烯烃 \longrightarrow 聚合环化 \longrightarrow 积炭$$

生焦反应,生产的焦炭覆盖在催化剂表面,使其失活。生焦反应虽然不是主要反应,但是它对催化剂的活性和生产操作却有很大的影响,这类反应必须加以控制。

5.3.3.2 影响重整反应的主要操作因素

影响重整反应的主要操作因素有催化剂的性能、反应温度、反应压力、氢油比、空速等。

（1）反应温度

催化重整的主要反应（如环烷烃脱氢、烷烃环化脱氢等）都是吸热反应,因此提高反应温度有利于提高反应的速率和化学平衡。

（2）反应压力

较低的反应压力有利于环烷烃脱氢和烷烃环化脱氢等生成芳香烃的反应,也能够加速催化剂上的积炭,而较高的反应压力有利于加氢裂化反应。对于容易生焦的原料（重馏分、高烷烃原料）,通常采用较高的反应压力。若催化剂的容焦能力大、稳定性好,则采用较低的反应压力。

（3）空速

空速反映了反应时间的长短。空速的选择主要取决于催化剂的活性水平,还要考虑到原料的性质。重整过程中不同烃类发生不同类型反应的速率是不同的,对于环烷基原料,一般采用较高的空速,而对于烷基原料则宜采用较低的空速。我国铂重整装置的空速一般采用 $3.0\ h^{-1}$,铂-铼重整装置一般采用 $1.5\sim2\ h^{-1}$。

（4）氢油比

重整过程中,使用循环氢是为了抑制催化剂结焦,它同时还具有热载体和稀释气的作用。在总压不变时,提高氢油比意味着提高氢分压,有利于抑制催化剂上的积炭,但会增加压缩机功耗,减小反应时间而降低转化率。一般对于稳定性较好的催化剂和生焦倾向较小的原料,可采用较小的氢油比,反之则采用较大的氢油比。催化重整中各类反应的特点和操作因素的影响如表 5-5 所示。

表 5-5　　　　　　　　　催化重整中各类反应的特点和操作因素的影响

	反应	六元环烷脱氢	五元环烷异构脱氢	烷烃环化脱氢	异构化	加氢裂化
反应特点	热效应	吸热	吸热	吸热	放热	放热
	反应热(kJ/kg 产物)	2 000~2 300	2 000~2 300	约 2 500	很小	约 840
	反应速率	最快	很快	慢	快	慢
	控制因素	化学平衡	化学平衡或反应速率	反应速率	反应速率	反应速率

续表 5-5

反应		六元环烷脱氢	五元环烷异构脱氢	烷烃环化脱氢	异构化	加氢裂化
对产品产率的影响	芳烃	增加	增加	增加	影响不大	减少
	液体产品	稍减	稍减	稍减	影响不大	减少
	$C_1 \sim C_4$气体	—	—	—	—	增加
	氢气	增加	增加	增加	无关	减少
对重整汽油性质的影响	辛烷值	增加	增加	增加	增加	增加
	密度	增加	增加	增加	稍增	减少
	蒸气压	降低	降低	降低	稍增	增大
操作因素增大时产生的影响	温度	促进	促进	促进	促进	促进
	压力	抑制	抑制	抑制	无关	促进
	空速	影响不大	影响不很大	抑制	抑制	抑制
	氢油比	影响不大	影响不大	影响不大	无关	促进

5.3.3.3　催化重整反应对原料和催化剂的选择

催化重整反应对原料的要求比较严格,对重整原料的选择主要有三方面的要求,即馏分组成(馏程)、族组成和毒物及杂质含量。根据目的产物的不同,对重整原料馏分组成的选择也不一样。表 5-6 给出了目的产物和适宜馏程。以生产高辛烷值汽油为目的,一般以直馏汽油为原料,馏分范围选择 $80 \sim 180 ℃$。馏分的终馏点过高会使催化剂上结焦过多,导致催化剂失活快及运转周期缩短,沸点低于 $80 ℃$ 的 C_6 环烷烃的调和辛烷值已高于重整反应产物苯的调和辛烷值,因此没有必要再去进行重整反应,否则会降低液体汽油产品收率,使装置的经济效益降低。一般以芳烃潜含量表示重整原料的族组成。芳烃潜含量是指将重整原料中的环烷烃全部转化为芳烃的芳烃量与原料中原有芳烃量之和占原料百分数(质量分数)。芳烃潜含量越高,重整原料的族组成越理想。含环烷烃较多的环烷基原料是良好的重整原料,重整生成油的芳香烃含量高,辛烷值也高。含烷烃较多的混合基原料也是比较好的重整原料,但是其生成油的质量要比环烷基原料的低。重整原料中的烯烃含量不能太高,因为它会增加催化剂上的积炭,缩短生产周期。加氢裂化汽油和抽余油的烯烃含量很低,加氢裂化重汽油是良好的重整原料,而抽余油虽然也可作为重整原料,但是收益不会很大。重整催化剂对一些杂质特别敏感,砷、铅、铜、硫、氮等都会使催化剂中毒,氯化物和水的含量不恰当也会使催化剂中毒。其中砷、铅、铜等重金属会使催化剂永久中毒。因此,进行催化重整之前,要对原料进行严格的预处理。原料的预处理包括预分馏、预脱砷、预加氢和脱水脱硫四部分,其目的是得到馏分范围、杂质含量都合乎要求的重整原料。

现代重整催化剂由基本活性组分(如铂)、助催化剂(如铼、铱、锡等)和酸性载体(如含卤素的 $\gamma\text{-}Al_2O_3$)所组成。铂重整催化剂是一种双功能催化剂,其中的铂构成脱氢活性中心,促进脱氢、加氢反应;而酸性载体提供酸性中心,促进正碳离子的裂化、异构化反应。催化剂的脱氢活性、稳定性和抗毒能力随铂含量的增加而增强。工业用重整催化剂的含铂量大多是 0.2%～0.3%（质量分数），铂-铼催化剂主要用于固定床重整装置，铂-锡催化剂主要用于移动床连续重整装置。载体本身没有催化活性，但具有较大的比表面积和较好的机械强度，它能使活性组分很好地分散在其表面上，从而更有效地发挥其作用，节省活性组分的用量，同时也提高了催化剂的稳定性和机械强度。

表 5-6   目的产物和适宜馏程

目的产物	适宜馏程/℃	目的产物	适宜馏程/℃
苯	60～85	苯-甲苯-二甲苯	60～145 或选 60～130
甲苯	85～110	高辛烷值汽油	80～180
二甲苯	110～145	轻芳烃-汽油	60～180

对于催化剂的选择应当重视其综合性能是否良好。一般来说，可以从以下三个方面来考虑。

① 反应性能　对于固定床重整装置，重要的是有优良的稳定性，同时也要有良好的活性和选择性。对连续重整装置，则要求催化剂有良好的活性、选择性以及再生性能。

② 再生性能　良好的再生性能无论是对固定床重整装置还是连续重整装置都是很重要的。催化剂的再生性能主要决定于它的热稳定性。

③ 其他理化性质　如比表面积对催化剂的保持氯的能力有影响；机械强度、外形和颗粒均匀度对反应床层压降有重要影响，催化剂的杂质含量及孔结构在一定程度上会对其稳定性有影响。

目前，石油炼制已由原来的一次加工逐渐发展为二次加工和三次加工。在整个石油炼制过程中，一次加工、二次加工的主要目的是生产燃料油品。通过二次加工，能够提高轻质油的收率，提高油品质量，增加石油产品的品种，提高炼油厂的经济效益。三次加工则是用前两次加工所得的石油产品或半成品来生产化工产品，通过分子的异构化、芳构化、聚合等反应制取基本有机化工原料，这就是平常所说的石油化学工业。

5.4　几种重要的石油化工产品

石油化学工业（简称石油化工）是生产石油产品和石油化工产品的加工工业。石油化工产品由炼油过程提供的原料油进一步加工获得。生产石油化工产品的第一步是对原料油和气（如汽油、柴油、丙烷等）进行裂解，生成以乙烯、丙烯、丁二烯、苯、甲苯、二甲苯为代表的基本化工原料。第二步是以基本化工原料生产多种有机化工原料（如醇、酚、醛、酮、羧酸、酯、醚、胺、腈等各种烃类衍生物）及合成材料（塑料、合成纤维、合成橡胶）。下面就简单介绍几种基本的石油化工产品。

5.4.1　乙烯的主要衍生物

乙烯分子中具有活泼的双键结构，容易发生各种加成聚合反应。因此，乙烯系列产品种类繁多，前景广阔。

（1）聚乙烯

乙烯在 150 ℃、20 MPa 条件下，以 O_2 为催化剂可制得高压聚乙烯。

$$nH_2C =\!\!=\!\!CH_2 \xrightarrow[150\ ℃,20\ \text{MPa}]{O_2} -\!\!\left[H_2C-CH_2\right]\!\!-_n$$
高压聚乙烯

高压聚乙烯用途十分广泛,日常生活中使用的食品袋、食品包装盒、食品保鲜膜、奶瓶、塑料水杯等都是用高压聚乙烯制成的。

乙烯在 100 ℃、常压条件下,以 $TiCl_4$ 作催化剂,则可制得强度较高的低压聚乙烯。

$$nH_2C =\!\!=\!\!CH_2 \xrightarrow[100\ ℃,常压]{TiCl_4} -\!\!\left[H_2C-CH_2\right]\!\!-_n$$
低压聚乙烯

低压聚乙烯可制造日常生活中使用的脸盆、水桶、水管等器皿。

（2）环氧乙烷

环氧乙烷也叫氧化乙烯,结构式为 $\underset{\displaystyle O}{H_2C-CH_2}$,是乙烯在 250 ℃、常压条件下,以银作催化剂用纯氧气或空气氧化生成的。

$$H_2C =\!\!=\!\!CH_2 + O_2 \xrightarrow[250\ ℃,常压]{Ag} \underset{\displaystyle O}{H_2C-CH_2}$$

环氧乙烷是易挥发、具有醚的刺激性气味的液体,化学性质十分活泼,是生产乙二醇、非离子表面活性剂、环氧树脂、抗氧化剂等的主要原料。

（3）氯乙烯和聚氯乙烯

乙烯氯化可制得二氯乙烷,二氯乙烷裂解脱去氯化氢而获得氯乙烯。

$$H_2C =\!\!=\!\!CH_2 + Cl_2 \longrightarrow CH_2ClCH_2Cl$$
$$CH_2ClCH_2Cl \longrightarrow H_2C =\!\!=\!\!CHCl + HCl$$

氯乙烯是聚氯乙烯的单体。在温度为 $46\sim58$ ℃、压强为 0.87 MPa 条件下,以氯化十二酰为引发剂,以无离子水为介质,进行悬浮聚合生成聚氯乙烯。

$$nH_2C =\!\!=\!\!CHCl \xrightarrow[46\sim58\ ℃,0.87\ \text{MPa}]{引发剂} -\!\!\left[H_2C-CH_2\right]\!\!-_n$$
聚氯乙烯

聚氯乙烯是目前塑料中产量最大的品种之一,在工农业生产及日常生活中用途十分广泛。农业用的地膜、灌溉用的水管、喷淋设备、化工生产中的一些容器管道,以及生活中使用的一些器皿、雨衣、凉鞋等,都是聚氯乙烯制品。

（4）乙醇、乙醛和乙酸

乙烯是制取乙醇、乙醛和乙酸的重要原料。

乙烯和水在磷酸催化作用下,高温加压、水合可制得乙醇。

$$H_2C =\!\!=\!\!CH_2 + H_2O \xrightarrow[285\sim300\ ℃,75\ \text{kg/cm}^2]{H_3PO_4} CH_3CH_2OH$$

由乙醇制乙醛有两种路线。一种路线是以金属铜为催化剂,在 $260\sim290$ ℃,经过吸氧脱氢生成乙醛（CH_3CHO）。

$$CH_3CH_2OH \xrightarrow[260\sim290\ ℃]{Cu} CH_3CHO + H_2$$

另一种路线是在 550 ℃左右温度下,以金属银为催化剂,在空气或氧气存在下进行放热氧化脱氢。

$$CH_3CH_2OH + 1/2O_2 \xrightarrow[550\,℃]{Ag} CH_3CHO + H_2O$$

乙醛也可用乙烯和氧气通过含有氯化钯、氯化铜盐酸水溶液的催化剂,一步直接氧化合成乙醛。

$$H_2C =\!\!= CH_2 + PdCl_2 \longrightarrow CH_2CHO + Pd + 2HCl$$
$$Pd + 2CuCl_2 \longrightarrow PdCl_2 + 2CuCl$$
$$2CuCl + 2HCl + 1/2O_2 \longrightarrow 2CuCl_2 + H_2O$$

将乙醛氧化可以生成乙酸(醋酸):

$$CH_3CHO + 1/2O_2 \xrightarrow[60\sim80\,℃]{醋酸锰} CH_3COOH$$

5.4.2 丙烯的主要衍生物

丙烯是石油化工的基本原料之一,它可以生产多种重要的有机化工原料,如丙烯腈、环氧丙烷、环氧氯丙烷、异丙醇、甘油、丙酮、丁醇、辛醇、丙烯酸酯等,也可直接作合成材料聚丙烯的单体。

(1)丙烯腈

丙烯腈在常温常压下是具有刺激性臭味的无色液体,结构式为 $CH =\!\!= CHCN$。过去生产丙烯腈主要有环氧乙烷法、丙醛法和乙炔法三种。20 世纪 60 年代以后,大多采用丙烯胺氧化法。这种方法是在 470 ℃及常压下,以 Sb—Sn—O 或 Sb—Fe—O 为催化剂,一步合成丙烯腈。主要化学反应为:

$$C_3H_6 + NH_3 + 3/2O_2 \xrightarrow[470\,℃]{催化剂} H_2C =\!\!= CH - CN + 3H_2O$$

丙烯腈是重要的有机化工原料,主要用于制造聚丙烯腈纤维(腈纶)、尼龙 66、丁腈橡胶、ABS 树脂、聚丙烯酰胺、丙烯酸酯、抗水剂和黏合剂等。

(2)丙酮

丙酮是无色透明、易挥发、易燃的液体,化学结构式为 CH_3COCH_3。生产丙酮的方法很多,最初是由粮食发酵、木材干馏而得,也可由乙炔水合或以乙醇、醋酸等为原料制取。随着石油化学工业的发展,由丙烯合成丙酮较其他方法更具优越性,所以在工业上广为采用。由丙烯合成丙酮有直接和间接两种方法。

直接法是以 $PdCl_2\text{-}CuCl_2$ 为催化剂,使丙烯在空气中氧化。

$$C_3H_6 + PdCl_2 + H_2O \longrightarrow H_3C - \overset{\overset{\displaystyle O}{\|}}{C} - CH_3 + 2HCl + Pd$$
$$Pd + 2CuCl_2 \longrightarrow PdCl_2 + 2CuCl$$
$$2CuCl + 2HCl + 1/2O_2 \longrightarrow 2CuCl_2 + H_2O$$

间接法一般常采用异丙苯法。它是由丙烯和苯先合成异丙苯,再由空气氧化得过氧化氢异丙苯,并在酸性条件下分解生成丙酮和苯酚。

$$C_3H_6 + \text{〔苯环〕} \longrightarrow \text{〔异丙苯〕} \xrightarrow[130\ ℃]{O_2,\ Na_2CO_3} \text{〔} \underset{}{\text{〕}} OOH$$

$$\xrightarrow[60\ ℃]{10\%\sim25\%H_2SO_4} H_3C-\overset{O}{\underset{}{C}}-CH_3 + \text{〔苯酚〕} OH$$

丙酮是无色、透明、易挥发的液体,能和水及大部分有机溶剂混合,是油脂、树脂、纤维素醚的良好溶剂,主要用作有机溶剂,并且是去垢剂、表面活性剂、药物、有机玻璃、环氧树脂、双酚 A 的重要原料。

5.4.3 丁烯的主要衍生物

丁烯($CH_3CH_2CH\!=\!CH_2$)经过氧化脱氢变成丁二烯。

$$CH_3CH_2CH\!=\!CH_2 + 1/2O_2 \longrightarrow H_2C\!=\!CH\!=\!CH\!=\!CH_2 + H_2O$$

丁二烯聚合可以生成顺丁橡胶。它弹性好,适合做轮胎。

$$nH_2C\!=\!CH\!-\!CH\!=\!CH_2 \xrightarrow{聚合} \left[H_2C-\underset{H}{\overset{}{C}}\!=\!\underset{H}{\overset{}{C}}\!-\!CH_2 \right]_n$$
顺丁橡胶

丁二烯和苯乙烯共聚可制造丁苯橡胶。这是人造橡胶中用量最大的品种,它的链节一端带有苯环,具有热稳定性好、耐磨、耐光、抗老化等优点。

$$nH_2C\!=\!CH\!-\!CH\!=\!CH_2 + nH_2C\!=\!CH \xrightarrow{聚合} \left[H_2C-\underset{H}{\overset{}{C}}\!=\!\underset{H}{\overset{}{C}}\!-\!CH_2\!-\!CH_2\!-\!CH_2 \right]_n$$
丁苯橡胶

5.5　几种重要的石油产品

石油产品又称油品,主要包括汽油、煤油、柴油、润滑油以及液化石油气、石油焦炭、石蜡、沥青等。这些石油产品在国民经济的发展中具有重要作用。

5.5.1 汽油

汽油是原油中沸点低于 200 ℃的馏分,相对分子质量约为 80~140。汽油按照提炼方法的不同可分为直馏汽油、热裂化汽油、催化裂化汽油、重整汽油等。其中直馏汽油指的是由天然石油直接蒸馏所得到的汽油。直馏汽油中的主要单体烃有正构烷烃(如正戊烷、正己烷、正庚烷、正辛烷、正壬烷等)、异构烷烃(如 2-甲基戊烷、3-甲基戊烷、2-甲基己烷、3-甲基己烷、2-甲基庚烷等)、环烷烃(如甲基环戊烷、环己烷、甲基环己烷、二甲基环己烷等)、芳香烃(如苯、甲苯、二甲苯等)。汽油根据用途可分为航空汽油、车用汽油、溶剂汽油等三大类。主要用途为汽油机的燃料,广泛用于汽车、摩托车、快艇、动力航空器(如直升飞机)等。溶剂汽油则用于橡胶、油漆、油脂、香料等工业。汽油质量的好坏,不仅对行驶(飞行)的里程有很大影响,而且也直接关系到发动机的使用寿命。汽油的质量标准涉及许多方面,其中最重要的是蒸发性、抗爆性和安定性。

汽油的蒸发性指的是汽油由液态转化为气态的性能。蒸发性的好坏指的是汽油在蒸发器中蒸发的难易程度。汽油蒸发的难易程度对发动机的启动、暖机、加速、气阻、燃料耗量等都有重要影响。

汽油的抗爆性是指汽油在汽车发动机的汽缸内燃烧时抵抗爆震的能力。汽油的抗爆性可用辛烷值度量。辛烷值越高,其抗爆性越好。辛烷值是异辛烷和正庚烷的混合物中异辛烷的体积百分数。比如 90 号汽油,相当于有 90% 的异辛烷和 10% 的正庚烷混合的汽油。汽油牌号的数值和辛烷值相同,而且汽油的牌号越大,表示汽油的抗爆性能越好,其质量也越高。

汽油的安定性是指汽油在常温和液相条件下抵抗氧化的能力。安定性不好的汽油,在贮存和运输过程中容易发生氧化和聚合反应,生产酸性物质和胶状物,致使油的颜色变深,辛烷值降低。

5.5.2　航空煤油

航空煤油又称喷气燃料,是原油中馏程范围在 130～280 ℃ 之间的馏分。随着航空事业的发展,喷气式飞机的使用日益广泛,喷气燃料的消耗量迅速增加。喷气式飞机具有较高的飞行高度、较远的飞行里程和较快的飞行速度等特性,要求喷气燃料要有良好的燃烧性能、良好的热安定性、较低的结晶点以及良好的雾化和蒸发性。喷气燃料的馏分必须根据各有关因素选定,目前一般用 150～250 ℃ 馏分。

5.5.3　柴油

柴油是复杂的烃类混合物,碳原子数约为 10～22,主要由原油蒸馏、催化裂化、加氢裂化等过程生产的柴油馏分调配而成(还需经精制和加入添加剂)。柴油为压燃式发动机(即柴油机)燃料,在我国的工业、农业、交通和国防事业中,柴油的用量相当可观。由于高速柴油机燃料耗量(50～75 g/MJ)低于汽油机(75～100 g/MJ),使用柴油机的大型运载工具日益增多。载重货车、公交大客车、铁路机车、发电机、拖拉机、矿山机械、建筑用工程机械、船舶、军用坦克等,其功率从小到大一应俱全,柴油已经成为炼油行业中用途最广、数量最大的产品。

柴油的沸点范围有 180～370 ℃ 和 350～410 ℃ 两类。对石油及其加工品,习惯上对沸点低或沸点范围低的称为轻,相反称为重,故上述前者称为轻柴油,后者称为重柴油。柴油的主要性能指标有柴油的抗爆性、流动性、雾化和蒸发性能。

柴油发动机具有压缩比大、燃料转化为功的效率高、耗油少等优点。一般汽车用柴油机比相同的汽油机节约燃料 30% 左右(按体积计)。此外,柴油机还可用较重而质量较差的燃料,以充分利用石油资源,并且柴油在贮存和使用上都比较安全方便。

5.5.4　燃料油和润滑油

燃料油是成品油的一种,是原油提取汽油、柴油后的剩余重质油,主要由原油的裂化残渣油和直馏残渣油制成,其特点是分子量大、黏度高。评价燃料油的主要技术指标有黏度、含硫量、闪点、水、灰分和机械杂质。

润滑油一般是指在各种发动机和机器设备上使用的石油液体润滑剂,通常是从常压塔底流出的重油经过减压蒸馏制取。由减压塔获得的润滑油馏分,经过精制加工,可以生产出能够满足不同高要求的各种成品。评价润滑油的主要性能指标有黏度和黏温性、凝点和低温流动性、安定性和热氧化安定性、清净分散性、油性和极压抗磨性等。

从石油登上能源舞台至今,世界各国对其需求度在日益增加,石油也大大加快了现代文明社会的生活节奏。多年来的实践证实,世界石油科技进步不仅加快了石油、天然气资源发现,还提高了油气产品的加工深度和质量,为全球发展提供了更多的油气和石化产品,推动了世界石油工业的全面发展,为化学工业提供了充足、廉价的原料,在世界工业发展史上写下了光辉的一页。

思考与练习

1. 我国石油工业的发展历经哪几个阶段?

2. 目前普遍接受的石油成因说是哪种假说? 该假说认为石油是如何形成的?

3. 油田是如何形成的?

4. 石油的主要成分是什么? 根据石油中所含烃的比例,石油可以分为哪几类?

5. 石油的炼制工艺有哪些?

6. 原油蒸馏塔与分离纯化合物的精馏塔有何异同? 一般常压蒸馏收集的馏分有哪些?

7. 什么叫作裂化? 石油进行裂化操作的目的是什么? 石油的裂化方式有哪几种? 各有什么特点?

8. 试以环己烷为例,说明环烷烃在加氢裂化下会发生哪些反应?

9. 对石油进行催化重整操作的目的是什么? 在催化重整过程中发生的主要化学反应有哪些? 影响这一操作的因素有哪些? 试以六元环烷烃为例,说明其催化重整后有何变化?

10. 汽油是原油馏分中的哪一部分? 其主要化学组成是什么? 评价汽油质量标准的指标主要有哪几个? 各指标的好坏对汽车有什么影响?

11. 何谓辛烷值? 以93号汽油为例,说明辛烷值是如何确定的?

12. 举例说明烃类的组成、分子结构和大小等分别对汽油的辛烷值和安定性有什么影响?

13. 航空煤油是石油馏分中的哪一部分? 其主要化学组成是什么? 有什么质量要求? 喷气式飞机发动机的运转经历了怎样的能量转换?

14. 评价柴油质量标准的指标主要有哪几个? 各指标的好坏对汽车有什么影响?

15. 何谓轻柴油? 何谓重柴油? 其主要化学组成分别是什么? 试着从化学角度和使用成本两方面解释,为什么轻柴油适用于高速柴油机,而重柴油适用于中速和低速柴油机?

16. 评价润滑油质量标准的指标主要有哪几个?

17. 日常生活中使用的食品袋、食品包装盒、食品保鲜膜等都是用哪种石油化工制品制成的? 雨衣、凉鞋呢?

第6章 天 然 气

天然气,是天然的可燃气体的统称,是一种主要由甲烷组成的气态化石燃料,是世界上继煤和石油之后的第三大能源。从广义的定义来说,天然气是指自然界中天然存在的一切气体,包括大气圈、水圈、生物圈和岩石圈中各种自然过程形成的气体。而人们长期以来通用的"天然气"的定义,是从能量角度出发的狭义定义,是指天然蕴藏于地层中的烃类和非烃类气体的混合物,主要存在于油田气、气田气、煤层气、泥火山气和生物生成气中。在常规能源中,天然气是一种优质、清洁、成本低廉、分布广泛且开采比较方便的能源。天然气是目前世界上产量增长最快的能源,是全球最主要的能源之一。天然气主要应用于发电、工业、民用燃料和化工原料等领域。天然气作为一种重要的战略资源,越来越受到各个国家的重视。

6.1 天然气的形成

6.1.1 天然气的形成

天然气与石油生成过程既有联系又有区别:石油主要形成于深成作用阶段,由催化裂解作用引起,而天然气的形成则贯穿于成岩、深成、后成直至变质作用的始终;与石油的生成相比,无论是原始物质还是生成环境,天然气的生成都更广泛、更迅速、更容易,各种类型的有机质都可形成天然气——腐泥形有机质既生油又生气,腐植形有机质主要生成气态烃。因此天然气的成因是多种多样的。归纳起来,天然气的成因可分为生物成因气、有机成因气(油型气和煤型气)、无机成因气。这里主要介绍生物成因气、油型气和煤型气。

(1)生物成因

成岩作用(阶段)早期,在浅层生物化学作用带内,沉积有机质经微生物的群体发酵和合成作用形成的天然气称为生物成因气。其中有时混有早期低温降解形成的气体。生物成因气出现在埋藏浅、时代新和演化程度低的岩层中,以甲烷气为主。生物成因气形成的前提条件是更加丰富的有机质和强还原环境。最有利于生气的有机母质是草本腐植型——腐泥腐植型,这些有机质多分布于陆源物质供应丰富的三角洲和沼泽湖滨带,通常含陆源有机质的砂泥岩系列最有利。硫酸岩层中难以形成大量生物成因气,因为硫酸对产甲烷菌有明显的抑制作用,H_2优先还原$SO_4^{2-} \rightarrow S^{2-}$形成金属硫化物或$H_2S$等,因此$CO_2$不能被$H_2$还原为$CH_4$。甲烷菌的生长需要合适的地化环境,首先是足够强的还原条件,一般$E_h < -300\ mV$(E_h:氧化还原电位值)为宜(即地层水中的氧和SO_4^{2-}依次全部被还原以后,才会大量繁殖);其次对pH值要求以靠近中性为宜,一般为$6.0 \sim 8.0$,最佳值是$7.2 \sim 7.6$;再者,甲烷菌生长温度是$0 \sim 75\ ℃$,最佳值是$37 \sim 42\ ℃$。没有这些外部条件,甲烷菌就不能大量繁殖,也就不能形成大量甲烷气。

（2）有机成因

① 油型气

沉积有机质特别是腐泥型有机质在热降解成油过程中与石油一起形成的天然气,或者是在后成作用阶段由有机质和早期形成的液态石油热裂解形成的天然气称为油型气,包括湿气(石油伴生气)、凝析气和裂解气。与石油经有机质热解逐步形成一样,天然气的形成也具明显的垂直分带性。在剖面最上部(成岩阶段)是生物成因气,在深成阶段后期是低分子量气态烃($C_2 \sim C_4$)即湿气,以及由于高温高压使轻质液态烃逆蒸发形成的凝析气。在剖面下部,由于温度上升,生成的石油裂解为小分子的轻烃直至甲烷,有机质亦进一步生成气体,以甲烷为主石油裂解气是生气序列的最后产物,通常将这一阶段称为干气带。由石油伴生气→凝析气→干气,甲烷含量逐渐增多。

② 煤型气

煤系有机质(包括煤层和煤系地层中的分散有机质)热演化生成的天然气称为煤型气。煤田开采中,经常出现大量瓦斯涌出的现象,如重庆合川区一口井的瓦斯突出,排出瓦斯量竟高达 140 万 m^3,这说明,煤系地层确实能生成天然气。煤型气是一种多成分的混合气体,其中烃类气体以甲烷为主,重烃气含量少,一般为干气,但也可能有湿气,甚至凝析气。有时可含较多汞蒸气和氮气等。煤型气也可形成特大气田,据统计,在世界已发现的 26 个大气田中,有 16 个属煤型气田,数量占 60%,储量占 72.2%,由此可见,煤型气在世界可燃天然气资源构成中占有重要地位。

6.1.2　我国天然气的储量

我国天然气已开采量约占探明量的 31%,只占最终资源量的 19%。与石油相比较,天然气的勘探生产活动远不如原油那么成熟。从我国的资源情况看,石油的增加将是有限的,而天然气和煤层气比较丰富,天然气资源的勘探和开发都有较大的潜力,具备大幅度增产天然气的条件。

最新的油气资源评价表明,全国陆上天然气资源为 37.38 万亿 m^3,其中东部 5.04 万亿 m^3,中西部 30.42 万亿 m^3,其他地区 1.91 万亿 m^3,海上 8.2 万亿 m^3。天然气可采储量为 17.4 万亿 m^3,其中陆上 14.48 万亿 m^3,包括鄂尔多斯、四川、塔里木、柴达木等;海上 2.92 万亿 m^3,包括琼东南、莺歌海、东海等(见表 6-1,表中数据来源于环球能源网)。

表 6-1　　　　　　　　　　我国天然气资源分布

地　　区	资源量/万亿 m^3	可采储量总计/万亿 m^3	可转化的转化率/%
陆上	37.38	14.48	17.23
东部	5.04	1.8	2.77
中部	17.36	6.78	7.81
西部	13.06	5.14	5.89
其他	1.91	0.76	0.76
海洋	8.2	2.92	3.28
全国	45.58	17.4	20.51

6.2 天然气的组成及分类

天然气是以烷烃(C_nH_{2n+2})为主的各种烃类和少量非烃类所组成的气体混合物。按其化学组成(以体积分数计),绝大部分是甲烷(CH_4)、乙烷(C_2H_6)、丙烷(C_3H_8),其中甲烷的体积含量高达$80\%\sim90\%$或更高;丁烷(C_4H_{10})和戊烷(C_5H_{12})含量不多,组分含量大都随烷烃碳原子数的增加而递减。我国一些地区生产的天然气组成见表 6-2。天然气中也含有其他气体,如硫化氢(H_2S)、二氧化碳(CO_2)、氮气(N_2)及水汽(H_2O)等,有时还含有微量的稀有气体,如氦(He)和氩(Ar)等。在标准状态(101 325 Pa,0 ℃)下,在天然气中,从甲烷到丁烷的烃类以气态存在,戊烷以上的烃类是液态,即天然气油。蕴藏在地层中的烃和非烃气体的混合物,生成天然气的范围比生成液烃(石油)的范围宽得多。在低温条件下,有机质可由细菌作用形成生物生成气,在"液烃窗"内有与石油共生的伴生气;在超成熟阶段的高温变质作用下,可生成大量的甲烷气;在煤系地层中,可产生大量煤层气。

表 6-2　　　　　　　　　　天然气的组成(体积分数)　　　　　　　　　　%

产区成分	CH_4	C_2H_6	C_3H_8	C_4H_{10}	N_2	CO_2	H_2S
四川隆昌23#	95.5	0.8	0.2	—	0.8	0.9	
柴达木盐湖	95.5	0.2	0.3	—	3.5	—	—
玉门	82.7	8.5	2.7	1.0	4.7	—	—
延长	82.4	5.2	4.0	2.6	3.3	—	—
四川自流井	87.8	7.15	7.15	7.15	2.3	0.6	0.5

现已开发和可开发利用的天然气有四种:一种是从气井开采出来的气田气,称纯天然气;第二种是伴随石油一起开采出来的石油气,又称石油伴生气;第三种是含石油轻质馏分的凝析气田气;还有一种是从井下煤层抽出的矿井气,为煤层气,俗称瓦斯气。现在习惯上将前三种称为天然气,而最后一种称为瓦斯气或煤层气。天然气还可以分为干气(或贫气)和湿气(或富气)两类。一般来说,天然气中甲烷含量在90%以上的叫干气或贫气。甲烷含量低于90%,而乙烷、丙烷等烷烃的含量在10%以上的叫湿气或富气。天然气中甲烷以外的组分,在低温高压下液化得到的液态产物称为天然气液体。而包括甲烷在内的各种天然气在-160 ℃下和相应的压力下液化处理后得到的产物称为液化天然气(liquefied natural gas,LNG)。目前应用的天然气为三种形态:管道天然气、压缩天然气和液化天然气。

天然气的化学组成是天然气工程中的重要原始数据。各组分的含量和性质决定了天然气的性质,它是气田开发、气井分析、地面集输、净化加工及综合利用的设计依据。

6.3 天然气化工

天然气的应用有两种方向:属于能源种类的气体燃料和作为化工基本原料。天然气属于碳一原料,一次加工范围较窄,化工利用率较低。就世界范围而言,化工利用的比例约为

10％～12％,但其绝对量相当可观,以 7％计,则每年化工利用的天然气量即超过 1 400 亿 m³。1872 年天然气制炭黑技术工业化,被认为是天然气化工利用的开端,20 世纪 20 年代,合成氨的工业化为天然气化工利用开辟了广阔的前景。目前,以天然气为原料生产的化工产品已超过 1.6 亿 t,在化学工业中占有重要地位,如图 6-1 所示。一次产品有氨、甲醇、合成油、氢气、乙炔、氯甲烷、二氯甲烷、三氯甲烷、四氯化碳、炭黑、氢氰酸、二硫化碳、硝基甲烷及单细胞蛋白质等十几种;由氨、甲醇、乙炔和其他一次产品又可衍生出大量二次及三次产品。其中,以合成氨及甲醇最为重要,全世界 84％的氨和 90％的甲醇都是以天然气为原料生产的。生产化肥消耗的天然气约占天然气化工利用的 94％。

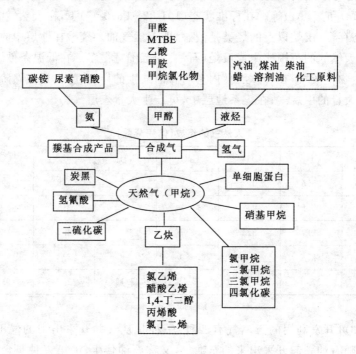

图 6-1　天然气化工主要产品示意图

6.3.1　天然气制合成氨

氨是制作化肥的主要原料,还是生产染料、炸药、医药、有机合成、塑料、合成纤维、石油化工等的重要原料(详见图 6-2)。

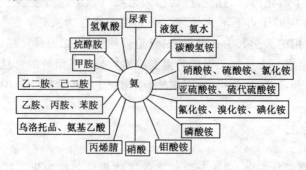

图 6-2　氨的下游产品示意图

不同原料的合成氨装置投资及能耗比不同,与其他原料(如煤、重油等)相比,以天然气做合成氨原料装置投资最省,能耗最低。当建于气价比较便宜的地区时,产品成本低廉而具有很大的经济优势。天然气合成氨既是一门十分成熟的技术又是一门不断发展的技术,为达到提高效益的目的,装置规模向大型化、单系列,致力于回收利用不同能级能量,以降低能耗的方向发展。合成氨生产是高耗能过程,故其技术进步以降低装置的能耗为中心。目前世界上以天然气为原料的先进的合成氨工艺主要有美国凯洛格(Kellogg)公司的节能工艺、美国布朗(Braun)公司的深冷净化工艺、英国 ICI 公司的节能工艺、德国伍德(Uhde)公司的节能工艺、丹麦托普索(Topsoe)公司的低能耗工艺、德国林德(Linde)公司的节能工艺等。这些工艺的吨氨能耗均可达到低于 30 GJ 的先进水平。从 20 世纪 70 年代起,我国相继从美国、日本、法国、丹麦、德国等国家引进了大型合成氨装置 17 套(Kellogg 公司 8 套);"九五"期间又有海南等地的天然气大化肥投产,大都在天然气、油田气丰富的地方。

天然气制合成氨工艺流程见图 6-3。整个合成氨装置有 8 个工序:天然气脱硫→天然气转化为合成气(主要是 CO 和 H_2)→合成气中 CO 的变换(采用高温及低温两段变换将 CO 转化为 H_2)→脱除合成气中的 CO_2(采用化学溶剂或物理溶剂脱除 CO_2,回收的 CO_2 一般送往尿素生产装置)→脱除合成气中的碳氧化物及水分→合成气压缩(大型装置使用离心式压缩机,较小的装置多使用活塞式压缩机)→氨合成(需在高温高压下催化合成,因单程转化率低,未反应的合成气在分离产品氨后需循环反应)→氨的分离及驰放气处理(在回收氨并将气体循环的同时,需排除一定量气体以免惰性气体在系统内积累,此驰放气含有氢气及稀有气体,可加以回收)。

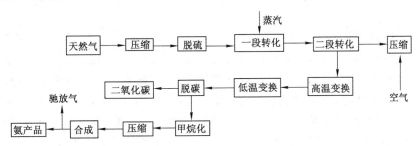

图 6-3 天然气制合成氨工艺流程图

以天然气为原料合成氨工艺中涉及的主要化学反应有:经过脱硫的天然气转化制合成气(主要成分是 CO 和 H_2)、合成气中 CO 的变换、CO_2 的脱除、甲烷化反应以及核心反应氨的合成。天然气蒸汽转化制合成气的主要反应如下:

$$CH_4 + H_2O = CO + 3H_2 \qquad \Delta H = +205.99 \text{ kJ/mol}$$
$$CH_4 + 2H_2O = CO_2 + 4H_2 \qquad \Delta H = +165.04 \text{ kJ/mol}$$

其中,还伴随有天然气部分氧化的反应:

$$CH_4 + 1/2O_2 = CO + 2H_2 \qquad \Delta H = -35.39 \text{ kJ/mol}$$
$$2CH_4 + O_2 = 2CO + 4H_2 \qquad \Delta H = -318.6 \text{ kJ/mol}$$

天然气蒸汽转化制合成气要在高温、有催化剂的条件下进行。在这一过程中,往往伴有生成炭黑的副反应发生。炭黑会覆盖在催化剂表面,堵塞微孔,使催化剂活性降低,甲烷转化率下降,同时局部反应区产生过热而缩短反应炉管使用寿命,甚至会使催化剂粉碎而增大床层阻力。

$$CH_4(g) \Longrightarrow C(s) + 2H_2(g)$$
$$2CO(g) \Longrightarrow C(s) + CO_2(g)$$
$$CO(g) + H_2(g) \Longrightarrow C(s) + 2H_2O(g)$$

天然气转化制合成气是整个合成氨装置的关键工序,烃类的蒸汽转化是一复合吸热的可逆反应,故甲烷的转化率受热力学平衡的限制。合成氨生产一般要求转化产物中残余的甲烷体积分数不超过0.5%。影响甲烷蒸汽转化反应平衡组成的因素有:

① 水碳比。水碳比是指天然气蒸汽转化制合成气原料气中水蒸气与含烃原料中碳分子总数之比。水碳比大小表示天然气蒸汽转化工艺中所用的蒸汽量的多少。水碳比与原料气组成有关,是诸操作变量中最易改变的。甲烷蒸汽转化工序的水碳比高,不仅有利于平衡甲烷含量降低,也有利于反应速度的提高,更重要的是有利于防止析碳,但水碳比的提高,能耗也随之提高。一般选择水碳比的判据是在不析碳的条件下,尽量降低水碳比。一般而言,水碳比大于2可有效地阻止析碳反应的发生,工业上一般采用3.5~4.0的水碳比。

② 温度。烃类蒸汽转化是吸热的可逆反应,温度增加,甲烷平衡含量下降(反应炉管不能承受太高温度时,解决办法:提高水碳比)。甲烷蒸汽转化工序的任务是提高甲烷的转化率,降低甲烷含量,要求该工序的产物中甲烷量为0.3%。提高反应温度可增加甲烷平衡参数,但同时增加了析碳副反应,而抑制副反应的手段是提高水碳比。一般而言,在工业上这一工序中,从设备使用寿命及投资费用方面考虑,一段炉温度选择760~800 ℃,而二段炉温度在压力和水碳比确定后,按照平衡甲烷的浓度来确定,工业上大部分二段炉出口温度为1 000 ℃左右。

③ 压力:烃类蒸汽转化为体积增大的可逆反应,增加压力,甲烷平衡含量也随之增大。从热力学方面衡量,甲烷蒸汽转化反应尽可能在高温、高水碳比及低压的条件下进行。甲烷转化是一个体积增大的反应,压力越高对反应越不利,但随着转化压力水平的提高,总的气体压缩功将逐渐下降,给全系统带来好处,将降低氨合成工艺的压缩功。对合成氨工艺而言,压力是一个全局性的参数,提高压力对甲烷平衡转化率不利,而从整个装置考虑,是最优的,可降低装置能耗,减少装置尺寸。目前工业生产上大都在转化压力3.0~4.5 MPa下操作。压力的提高可用提高温度来弥补转化率的影响。但是,温度提高,析碳副反应也随之加剧,合成氨工业上要提高转化压力而又不提高转化温度,一般都采用提高水碳比的办法来降低残余甲烷的含量。而且,水碳比增加,对析碳反应也有抑制作用。但是,在相当高温下反应的速度仍然很慢,需要催化剂来加快反应。在甲烷催化转化过程中催化剂是决定操作条件、合成气组成、设备结构及尺寸的关键因素之一。高活性、强度好、抗析碳、良好的几何尺寸、足够的使用寿命是烃类转化催化剂应具备的条件,镍是最有效的催化剂。

天然气转化制合成气工序结束后,进入CO变换工序。从二段转化炉出来的转化气含有CO约13%,该工序的目标是将合成气中的CO变成CO_2和H_2,降低CO的含量。H_2是合成氨需要的重要成分,但CO、CO_2对氨的合成有害,需要将其除去。将CO变换成CO_2和H_2的主要反应如下:

$$CO + H_2O \Longrightarrow CO_2 + H_2 \qquad \Delta H = -41.19 \text{ kJ/mol}$$

该工序主要反应是放热反应,所以温度上升,反应平衡常数下降,不利于CO的变换。温度越低,水碳比越大,平衡转化率越高,反应后变换气中残余的CO量越少。依据热力学平衡原理,反应宜在较低温度下进行,但实际上受转化出口气高温的限制,往往分两步进行,即高温及低温两段变换。大型氨厂高(中)低变串联流程示意图如图 6-4 所示。从二段转化炉出来的含有 CO 约 13% 的转化气,经废热锅炉降温至 370 ℃进入高温变换炉(中变炉),CO 降至 3% 左右,温度升高(420～440 ℃)的转化气经加热高温变换废热锅炉换热后,降温至 220 ℃进入低温变换炉,转化气中残余的 CO 降至 0.3%～0.5%。

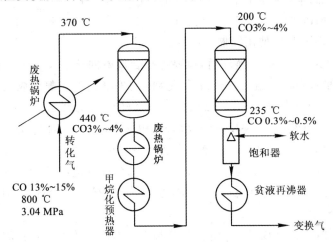

图 6-4 大型氨厂高(中)低变串联流程图

制取合成氨需要的是纯净的氮气和氢气,CO_2 为变换反应的产物,对于后续反应不利,必须除去。此外,除去 CO_2 有利于反应平衡向生成 H_2 的方向移动,从而提高 CO 的变换率,降低变换气中 CO 的含量。在实际生产中,若选用中变串低变工艺,可在两个变换炉之间串入脱碳装置,最终 CO 含量可降低到 0.1%。工业上脱除 CO_2 的方法有物理吸收法、化学吸收法和物理-化学法。物理吸收法是利用在一定的温度、压力下,CO_2 在吸收剂中有相当的溶解度来实现的,常用的吸收剂有水、甲醇、碳酸丙烯酯、磷酸三丁酯等。化学吸收法是利用化学试剂(例如氨水、碳酸钾、有机胺等)与 CO_2 在一定条件下发生反应来脱除 CO_2 的。氨水法是最原始的一种方法,在我国小氮肥厂,用浓氨水吸收 CO_2 生产碳酸氢铵,因工艺简单,脱碳成本低,还有不少小化肥厂使用此法。用碳酸钾在加热条件下脱除 CO_2 的方法称为热钾碱法,其反应如下:

$$CO_2 + K_2CO_3 + H_2O \Longrightarrow 2KHCO_3$$

该反应在常温下反应速率较慢,加热到 105～130 ℃,即可提高碳酸钾溶液的浓度,又可以得到较快的反应速率。但在该温度下碳酸钾溶液对碳钢设备有极强的腐蚀性,因此实际操作中需要加入活化剂与防腐剂。经变换和脱碳后,原料气中除一定比例的氢气和氮气外,还有少量的 CO(<0.5%) 和 CO_2(<0.1%)。为防止它们使合成氨催化剂中毒,必须做进一步的净化,生产中也称“原料气的精制”,最终使原料气中的 CO 含量小于 10×10^{-6},CO_2 含量小于 25×10^{-6}。精制方法通常有铜氨液洗涤法、甲烷化(甲醇化后甲烷化)法和液氨洗涤法等。

甲烷化反应是前面天然气转化制合成气的逆过程,也是脱除微量碳氧化物的过程,该过程发生的反应如下:

$$CO+3H_2 \rightleftharpoons CH_4+H_2O \quad \Delta H=-206 \text{ kJ/mol}$$
$$CO+4H_2 \rightleftharpoons CH_4+2H_2O \quad \Delta H=-165 \text{ kJ/mol}$$

上述反应为强放热反应,低温有利于反应平衡,但温度过低,反应速度较慢。实际生产中,温度一般控制在 280～420 ℃。甲烷化是体积减小的反应,提高压力有利于反应平衡,并使反应速度加快,提高单位体积设备和催化剂的生产能力。在实际生产中,与前后段压力有关,一般采用 2～3 MPa 的压力。对于原料气的要求一般为 CO 和 CO_2 的体积百分含量小于 0.7%。这一工序中,仍然使用镍催化剂。

获得 H_2/N_2 约为 3∶1 的原料气后,就要进行合成氨的核心反应——氨的合成。要获得工业效益,这一步必须在高温、高压和有催化剂的条件下进行。氨合成反应如下:

$$3H_2(g)+N_2(g) \rightleftharpoons 2NH_3(g) \quad \Delta H=-46.22 \text{ kJ/mol}$$

从上述反应式可以看出,这一反应为放热、体积缩小的反应,因此,从热力学角度来讲,降低温度、提高压力有利于提高氨的收率。在实际操作中,一般选择中压法,即反应压强为 30 MPa。在该压强下,反应温度为 450～550 ℃。氨合成反应必须使用催化剂,没有催化剂,即使在很高压力下,反应速度也很小,生成的氨浓度很低。氨合成常用的催化剂主要是铁催化剂。

氨合成工序不但有氨合成反应,还有氨分离及未反应气体循环、驰放气系统等(见图6-5),流程复杂,影响因素多。氨合成工序大致如下:首先将精炼后的合成氢、氮混合气导入合成塔内,在一定工艺条件下,使混合气合成氨。然后,通过氨冷冻分离系统将气体氨大部分冷凝成液氨,从气体中分离出来;最后,剩下的氢氮混合气用循环压缩机升压后重新导回合成塔合成。其中,驰放气系统部分驰放气体,以减少合成气中的惰性气体含量。氨冷凝过程中,会有氢气、氮气及惰性气体溶解到液氨中,在贮槽减压后又解析出来,形成"驰放气"。分离氨之后的气体,主要是未反应的氢气和氮气,要送循环系统再进入合成塔反应。经过循环压缩机后,和新鲜原料气汇合,循环压缩机的进出口压差为 2～3 MPa。由于不断的循环,惰性气体将不断累积。为了维持系统浓度稳定,需要将少量气体被引出作进一步处理,或作燃料,或将氢气单独分离出来再循环利用。氨合成为放热反应,反应热可通过预热原料气、

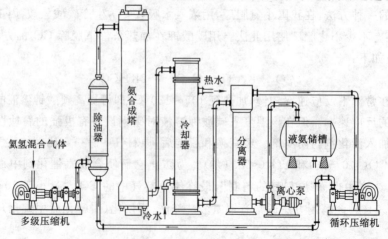

图 6-5 氨合成工序流程图

预热锅炉给水、副产蒸汽等方式回收利用。

综上所述,整个制取合成氨的工序流程可以分为六个工段(见图6-6)。其中工段一为原料气的制取阶段,工段二至五为原料气的净化过程,工段六是核心反应氨合成阶段。原料气中的 H_2 是在一段转化炉内由天然气与水蒸气反应制得。原料气中的氮气可以在二段转化时引入空气中的 O_2 与一段转化得到的 H_2 燃烧,使空气中的 O_2 与 H_2 生成水,剩下纯净的氮气。

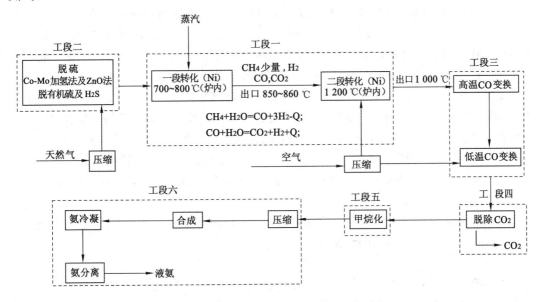

图 6-6 以天然气为原料的合成氨流程图

6.3.2 合成氨制尿素

合成氨生产为氨与二氧化碳直接合成尿素技术提供了氨和二氧化碳,因原料获得方便,产品浓度高,现在广泛采用此法生产尿素。

尿素是高效优质的氮肥,含氮量高达 46% 以上。纯尿素是白色无臭的针状或棱柱状结晶体,工业产品因略带杂质而略显红色。尿素分子式为 $CO(NH_2)_2$,相对分子质量 60.06,熔点为 $132.7\ ℃$,具有吸湿性,易潮解,易溶于水和液氨。尿素在水中会水解生成 NH_3 和 CO_2,常温下很慢,故可以作为肥料使用,释放出的 NH_3 和 CO_2 都可为植物吸收。尿素的农业需求量很大,我国约 $2\ 000$ 万 t/年。除用作肥料外,尿素主要还作为高聚物的合成材料,用于生产塑料、喷漆、黏合剂的原料;作为油墨颜料、炸药、纺织等的添加剂;还用于生产镇静剂、洁齿剂等。

目前,工业上合成尿素的方法都是在液相中由 NH_3 和 CO_2 反应合成的,属于有气相存在的液相反应,如下图所示。反应被认为分两步进行:

气相　　　　NH_3　　CO_2　　　　　　　　　　　　　　　　　　　H_2O
　　　　　　⇅　　　⇅　　　　　　　　　　　　　　　　　　　　　⇅
液相　　　$2NH_3 + CO_2 \rightleftharpoons NH_2COONH_4 \rightleftharpoons CO(NH_2)_2 + H_2O$
　　　　　　(1)　　(2)　　　　　(4)　　　　　　　(5)　　　(3)

$$2NH_3(l)+CO_2(l)\Longrightarrow NH_2COONH_4(l)+86.96 \text{ kJ/mol}$$
$$NH_2COONH_4(l)\Longrightarrow NH_2CONH_2(l)+H_2O(l)-28.48 \text{ kJ/mol}$$

上述两个反应中,第一个反应为快速放热反应,反应程度很大,生成溶解态的氨基甲酸铵(Ammonium Carbamate,简写 AC,甲铵);第二个脱水生成尿素(Urea,简写 Ur)的反应为慢速吸热反应,且为显著可逆反应。尿素生成反应为液相可逆反应,应该具备一定的压力(液化 NH_3 和 CO_2)和温度(保证反应速度)。在尿素生产中,未反应原料必须循环利用,因此循环的 NH_3 和 CO_2 水溶液也必然携带一定量的水。合成尿素的原料中有 NH_3、CO_2 和 H_2O,物料配比中采用 NH_3 过量;合成反应开始,溶液中的 CO_2 以 AC 形式存在,溶液中存在 NH_3、AC 和 H_2O;合成反应过程,溶液中存在 NH_3、AC、H_2O 和 Urea。尽管反应物料中存在 AC,但组分计量均用 NH_3、CO_2、H_2O 和 Urea 的分率来表示。物料配比以及反应平衡转化率的表示都以 CO_2 为基准组分。氨碳比(a),反映原料中 NH_3 与 CO_2 的摩尔比;水碳比(b),反映原料中 H_2O 与 CO_2 的摩尔比;平衡转化率(x),反映生成尿素的摩尔数与总 CO_2 进料摩尔数之百分比。工业合成尿素的反应条件一般为:温度 $t=180\sim200 ℃$;压力 $p=12\sim14$ MPa;不同工艺选择的合成过程物料比不同,如:水溶液全循环法氨碳比 $a=4.0\sim4.5$,水碳比 $b=0.65\sim0.7$,汽提法工艺氨碳比 $a=2.9\sim3.1$,水碳比 $b=0.3\sim0.4$;转化率 $x=50\%\sim75\%$。

常见的尿素生产工艺有水溶液全循环法、荷兰 Stamicabon CO_2 汽提法、意大利 Snamprogetti NH_3 汽提法、日本 ACES 法等。

(1)水溶液全循环法

水溶液全循环法是将未反应的氨和二氧化碳用水吸收生产甲铵或碳酸铵而水溶液返回合成系统的生产方法。水溶液全循环法的典型工艺流程如图 6-7 所示。

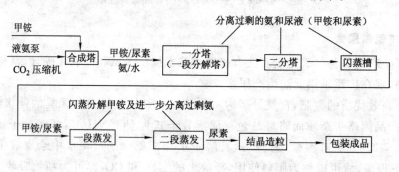

图 6-7　尿素生产工艺流程图

合成塔中引入两段吸收塔来的甲铵,目的是为了让 $NH_3(l)$ 及 $CO_2(g)$ 溶于甲铵(l)中,从而在液相中进行反应,反应推动力上升。一分塔、二分塔及真空闪蒸槽主要是为了分离未反应物(过剩的 NH_3)及尿液(尿素、甲铵)。两段蒸发系统主要是使甲铵闪蒸分解及进一步分离过剩 NH_3。两段吸收塔吸收来自一分塔、二分塔及闪蒸、两段真空蒸发系统来的甲铵、含氨气体(NH_3、CO_2、惰性气体),经吸收塔后部分返回合成塔。尿液经闪蒸槽和两段真空蒸发浓缩后,进结晶器降温结晶(尿素浓度越高,结晶温度越低,析出结晶就越多),浆液经离心机分离后含 H_2O 低于 2.5%(质量分数,以下同),再干燥,最终产品含水低于 1%;或进造粒塔生产粒状尿素。尿素合成塔是氨和二氧化碳反应生成尿素的场所,是整个尿素装置的核心设备。尿素合成塔的结构是圆柱形的塔体,内设若干块组织物料返混的塔板,可以看成是由若干个串联的混合的小室组成。我国尿素生产主要采用水溶液全循环法,采用 $\phi 1\,400$ mm 的尿素合成塔,$\phi 9\,000 \sim 16\,000$ mm 的自然通风造粒塔。CO_2 转化率是尿素生产中的重要工艺指标,直接影响生产中蒸汽消耗量和产量。CO_2 转化率越高,蒸汽消耗量越少,分解回收系统设备就越小,产量越高。由于这一工艺指标的重要性,国内外专家都在研究如何提高 CO_2 转化率的技术和措施。目前国外有卡萨里开发的塔板,国内也有几家公司开发的新型塔板有一定效果,但目前使用最好的塔板,CO_2 转化率仅能提高 2% 左右。我国氮肥工业协会和相关化工集团对尿素水溶液全循环工艺进行了改良,将尿素合成塔双塔合并,控制适当生产强度,采用新型高效内件,提高 CO_2 转化率至 66% ~ 68%,达到国内先进水平。

（2）CO_2 汽提法

CO_2 汽提法工艺流程如图 6-8 所示。用 CO_2 汽提,省去了中压分解回收系统,简化了流程。但该法由于汽提塔操作波动,容易造成低压分解以及吸收负荷过大,限制生产能力的提高,所以最近在 CO_2 汽提法装置中也增加中压分解。CO_2 汽提法中,高压冷凝温度高,热能利用好;返回合成塔水量少,有利于转化;高压液体可自流至合成塔,节省动力。CO_2 汽提法中,合成塔操作压力较低,节省动力。该法的不足之处在于氨碳比较低影响转化率,高架设备维修不便。

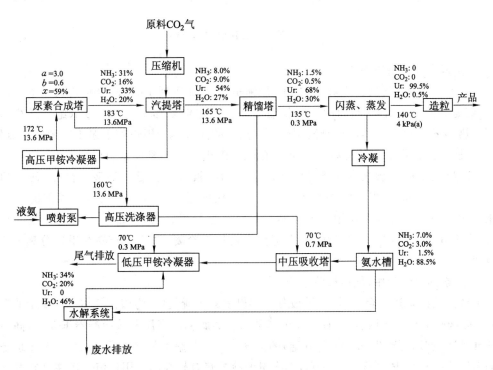

图 6-8　CO_2 汽提法流程示意图

（3）NH_3 汽提法

NH_3 汽提法工艺流程如图 6-9 所示。该工艺主要工序有尿素的合成和高压回收,尿素的提纯和中、低压回收,尿素的浓缩与造粒,水解和解吸等。

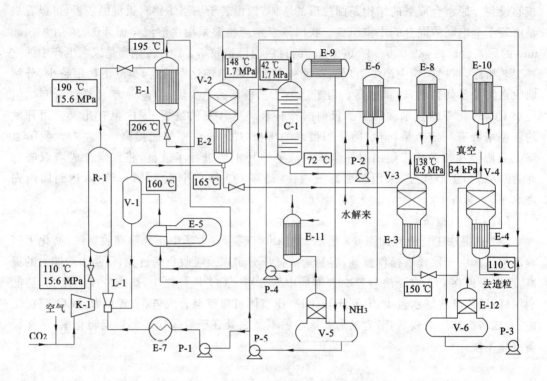

图 6-9　NH₃ 汽提法流程示意图

① 尿素合成和高压回收

CO₂ 加入少量空气后进入离心式 CO₂ 压缩机 K-1，加压到 16 MPa（绝）送入尿素合成塔 R-1。液氨分两路送出：一路到中压吸收塔 C-1；另一路液氨加压到 22 MPa（绝），送往高压液氨预热器 E-7，用低压蒸汽冷凝液预热。预热后的液氨作为甲铵喷射泵 L-1 的驱动流体，利用其过量压头，将甲铵分离器 V-1 压力稍低的甲铵液，升压到尿素合成塔压力。

合成塔的反应产物在汽提管呈膜状向下流动时被加热。氨自溶液中汽化，使气相中的 CO₂ 体积分数降低，促使液相 CO₂ 的汽化和甲铵的进一步分解。汽提塔顶部的馏出气和来自中压吸收塔并经高压甲铵预热器 E-6 预热过的甲铵液，全部进入高压甲铵冷凝器 E-5。在 E-5 中，除少量惰性气体外，全部混合物均被冷凝，气液混合物在甲铵分离器 V-1 中分离。

② 尿素的提纯和中、低压回收

甲铵由喷射泵送往合成塔；从甲铵分离器出来的不凝气体，为惰性气体以及少量的氨和 CO₂。把这些不凝气减压后，送往中压分解器 E-2 的底部。高压甲铵冷凝器 E-5 内，高压高温的气体冷凝时，可产生 0.45 MPa（绝）的蒸气。中压分解器的冷凝（E-4）过程：V-2 顶部排出的 NH₃ 和 CO₂ 气体温度为 150 ℃，其大量的冷凝热有较高的利用价值。送往真空浓缩器 E-4 壳程，被贮槽 V-6 来的碳铵液吸收冷凝，冷凝热加热浓缩器 E-4 中的尿液，剩余未凝气（主要是 NH₃）在中压冷凝器 E-10 中最终冷凝。中压冷凝器的处理（C-1）：从中压冷凝器（E-10）来的气液混合物，进入中压吸收塔 C-1 的下部。从溶液中分离出来的气相，进入上部精馏段。在回流氨的作用下，气体中的残余 CO₂ 被吸收，NH₃ 被精馏提纯。回流氨是用液氨升压泵从液氨贮槽 V-5 抽出送到中压吸收塔的。塔底的甲铵液经高压甲铵泵加压,再经高压甲铵预热器 E-6 预热后,返回到合成部分的高压甲铵冷凝器 E-5。离开中压分解器 E-2 底部的尿素溶液被减压到 0.45 MPa(绝),并进入降膜式低压分解器 E-3。底部出液中 NH_3 浓度为 1.0%~2.0%,CO_2 浓度为 0.3%~1.1%。所需热量由 0.45 MPa(绝)的饱和蒸汽供给。底部排出液的温度为 138 ℃。

③ 低压分解气体的回收

离开分离器 V-3 顶部的气体与经解析塔回流泵送来的解析冷凝液汇合,首先被送往高压甲铵预热器 E-6 部分地吸收和冷凝,然后进入低压甲铵冷凝器 E-8。冷凝液送入碳铵液贮槽 V-6。惰性气体在低压氨吸收器 E-12 中被洗涤后排放。由低压分解器(E-3)底部来的尿素溶液,减压到 0.035 MPa 进入降膜式真空浓缩器 E-4,在此进一步浓缩尿液。减压释放出的闪蒸气体,在 V-4 中被分离液滴后送往真空系统冷凝;溶液进入真空浓缩器 E-4,残留的甲铵在此被分解。底部尿液浓度由 70% 上升到 85%,所需热量由来自中压分解分离器顶部的气体与中压碳铵液泵送来的碳铵液在此汇合进行吸收冷凝的冷凝热供给。底部尿液通过尿素溶液泵送往一段、二段蒸发系统。

④ 水解和解吸

来自真空系统的含有 NH_3(5%~10%)和 CO_2(3%~5%)的水溶液,还含有一定的尿素(1%)。不仅要回收其中的 NH_3 和 CO_2,其中的尿素也不能直接排放,需要水解成 NH_3 和 CO_2 而回收,这就是水解系统的作用。用工艺冷凝液泵经解析塔废水换热器 E-18 预热后送往解析塔 C-2,此塔的操作压力为 0.45 MPa(绝)。工艺冷凝液在上塔初步汽提后,用水解器给料泵,经水解器预热器 E-19,被水解器出来的溶液预热后,送到水解器 R-2。在水解器用 2.3 MPa(绝)的蒸气,使尿素全部水解成氨和 CO_2。由水解器出来的气体减压后进入解析塔上部,与解析塔出气汇合,进入解析塔顶冷凝器 E-17 冷凝。

⑤ 尿素的结晶与造粒

尿素溶液必须蒸发浓缩至 80%~85%,再送入结晶器冷却到 50~65 ℃结晶析出尿素。对结晶而言,尿液浓度越高越好,温度越低越好。但为避免因黏度过高影响流动,避免晶粒过细影响过滤,结晶温度通常控制在 60~65 ℃,且缓慢搅拌,使成大晶粒。另一方法是将蒸发和结晶过程同时在真空结晶器中进行。结晶产生水蒸气抽到真空冷凝器中冷凝。结晶后的尿素经分离干燥就可得成品结晶尿素。

⑥ 粒状尿素的生产

粒状尿素不易吸湿和结块,便于包装运输和贮藏,施用方便。所以目前尿素生产一般都用造粒塔造粒。造粒塔生产能力大、操作简单、生产费用低,只是一次投资大。入塔尿液要求是浓度高于 99.5%、温度约 140 ℃的熔融尿素,经旋转喷头均匀喷入塔内,自上而下与下部向上的冷气流换热冷却固化成粒。喷头喷出的线状流体,在冷空气和表明张力的作用下,逐渐收缩,最后在下部形成球状颗粒,直径约 1~2 mm,温度约 60~70 ℃,经皮带输送至包装车间。

影响造粒的主要因素有:流量、熔融液浓度和温度、空气温度和流量等。

为了有效利用原料,必须将产物尿素与甲铵的混合物中的甲铵分离出来循环利用。甲铵分解化学反应:

$$NH_4COONH_2(l) \Longrightarrow 2NH_3(g) + CO_2(g)$$

反应是吸热的,减压和加热有利于甲铵的分解。

在尿素生产过程中主要有两类副反应:尿素缩合反应和水解反应。尿素缩合成缩二脲的反应:

$$2CO(NH_2)_2 \Longrightarrow NH_2CONHCONH_2 + NH_3$$

用结晶法加工尿液时,可利用缩二脲在尿素溶液中具有一定溶解度来控制适宜的结晶温度和尿液浓度,尽可能使缩二脲保留在溶液中,获得含缩二脲很低的结晶尿素。含缩二脲的母液送合成塔使其中的缩二脲部分分解,缩二脲不致在体系中积累。另外,提高氨含量可抑制缩二脲的生成。

尿素水解反应:

$$CO(NH_2)_2 + H_2O \Longrightarrow NH_4COONH_2$$

$$NH_4COONH_2 + H_2O \Longrightarrow (NH_4)CO_3$$

$$(NH_4)_2CO_3 \Longrightarrow 2NH_3 + CO_2 + H_2O$$

总反应式:

$$CO(NH_2)_2 + H_2O \Longrightarrow 2NH_3 + CO_2$$

当温度在 60 ℃ 以下时,尿素水解缓慢;温度到 100 ℃ 时尿素水解速度明显加快;温度在 145 ℃ 以上时,水解速度剧增。尿素浓度低时,水解率大。氨也有抑制尿素水解的作用,氨含量高的尿素溶液的水解率低。

6.3.3 天然气制甲醇

甲醇是无色透明易燃易挥发的剧毒液体,是一种重要的基本有机化工原料和溶剂,是仅次于烯烃和芳烃的第三大重要有机原料。作为碳一化学的基础原料,甲醇的一次加工产品的范围很宽,且一次衍生产品也具有较长的深加工产品链。甲醇主要用于生产甲醛、甲基叔丁基醚(MTBE)及乙酸,这三大产品共占甲醇总消费量的 70%。

天然气生产甲醇工艺流程简洁、投资低、能量消耗低、生产成本低,在天然气丰富的地区和国外,合成甲醇装置 90% 以上是以天然气为原料。我国的甲醇生产,天然气原料所占比例较低,约为 10%。天然气制甲醇的原则流程图见图 6-10。

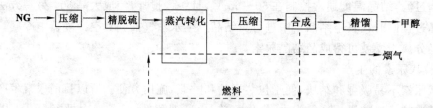

图 6-10　传统一段蒸汽转化天然气生产甲醇工艺流程框图

6.3.3.1 天然气脱硫净化

由于水蒸气转化和甲醇合成催化剂很容易受含硫化合物的毒害,因此原料天然气进入转化制合成气工序之前需要进行脱硫净化,要求净化后的天然气含硫量小于 $0.1 \sim 0.3 \, \mu g \cdot mL^{-1}$。常用的气体脱硫方法可以分为干法脱硫和湿法脱硫两大类。干法脱硫适用于精脱硫工艺,脱硫精度高,可以保护下游工段的催化剂;湿法脱硫适用于含硫量高的气体,可以降低脱硫成本。常用的干法脱硫方法见表 6-3。

表 6-3 常用的干法脱硫方法

方法	脱硫剂	脱硫情况	脱硫效果
氧化铁法	$\alpha Fe_2O_3 \cdot xH_2O$	常压或加压,副产或不副产	可脱硫至 10^{-6}
活性炭法	活性炭	常压或加压,可脱除 H_2S 与部分有机硫	可脱硫至 0.05×10^{-6}
钴钼加氢法	钴钼催化剂	转化有机硫为无机硫,温度 350~430 ℃	用于有机硫转化
氧化锌法	氧化锌	能脱除 H_2S 与有机硫,操作温度 200~400 ℃	可精脱硫至 0.05×10^{-6}
分子筛法	碱金属硅铝酸盐	可再生,能脱 H_2S 与有机硫,操作温度 38~43 ℃	可脱硫至 $(2\sim3) \times 10^{-6}$

6.3.3.2 天然气制合成气

天然气转化制合成气需在结构复杂、造价很高的转化炉中进行,在高温和催化剂的存在下进行甲烷水蒸气转化反应,该工序包括一段蒸汽转化和二段蒸汽转化两部分。

（1）一段蒸汽转化工艺原理

天然气蒸汽转化:

$$CH_4 + H_2O \Longrightarrow CO + 3H_2 \quad \Delta H = +205.99 \ kJ \cdot mol^{-1}$$

$$CH_4 + 2H_2O \Longrightarrow CO_2 + 4H_2 \quad \Delta H = +165.04 \ kJ \cdot mol^{-1}$$

CO 变换:

$$CO + H_2O \Longrightarrow CO_2 + H_2 \quad \Delta H = -41.19 \ kJ \cdot mol^{-1}$$

在一定条件下,还伴有析炭的副反应发生。

一段蒸汽转化工艺流程图见图 6-11。

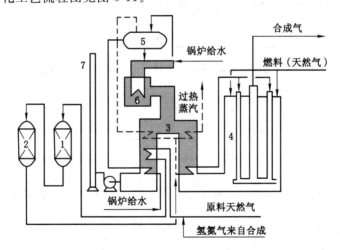

图 6-11 典型的天然气蒸汽转化工艺流程

1——钴钼加氢反应器;2——氧化锌脱硫槽;3——对流预热段;4——转化炉;
5——汽包;6——辅助锅炉;7——烟囱

天然气蒸汽转化工序一般由天然气转化、转化气余热回收、燃料气及烟气余热回收和工艺冷凝液回收四个系统组成。转化温度、转化压力和水碳比不仅对转化工序的能耗、转化气的质量有影响,而且对全系统的能耗和设备投资有重要的影响,故各个工序的工艺操作参数的优化,对全系统优化、降低转化气中甲烷含量、氢碳比例关系适当、降低全系统能耗和设备投资有着重大意义。天然气蒸汽转化过程中的主要操作参数是反应温度(700~900 ℃)、压力(1.6~3.0 MPa)、水碳比(3.5)、空速(要从反应、传热和转化系统的投资等几个方面综合考虑)、CO_2补充量(CO_2补充量应保证甲醇合成工艺新鲜气中氢碳比 f 值由 2.9 调整为 2.1 左右)等。由于天然气蒸汽转化制合成气中，H_2过剩而 CO、CO_2量均不足，甲醇合成对合成气组分要求氢碳比 f 的理想比例应为 2.05~2.10，但用天然气为原料的蒸汽转化工序中氢碳比 f 值为 2.9~3.0，工业上解决这个问题的方法是在蒸汽转化工艺流程中补充 CO_2 以满足甲醇合成工序的需求。CO_2 可以从烟道气中回收。甲醇合成气的制造方法和工艺流程因原料的不同而存在很大差异。以天然气为原料，其原则流程包括：① 蒸汽转化不补加 CO_2 制甲醇原料气流程，f 值为 2.9 左右；② 蒸汽转化前补加 CO_2 制甲醇原料气流程(流程图见图 6-12)，可将新鲜气的 f 值调整为 2.05~2.10；③ 蒸汽转化后补加 CO_2 制甲醇原料气流程(流程图见图 6-13)，可将新鲜气的 f 值调整为 2.05~2.10。

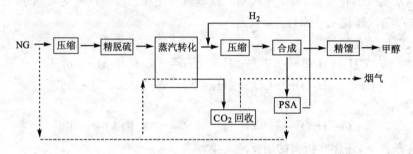

图 6-12　炉前补碳一段蒸汽转化天然气生产甲醇工艺流程框图

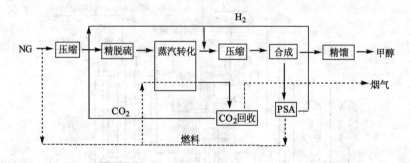

图 6-13　炉后补碳一段蒸汽转化天然气生产甲醇工艺流程框图

(2) 二段蒸汽转化工艺原理

天然气部分氧化：

$$CH_4 + 1/2O_2 =\!=\!= CO + 2H_2 \qquad \Delta H = -35.39 \text{ kJ} \cdot \text{mol}^{-1}$$
$$CH_4 + O_2 =\!=\!= CO + 2H_2 \qquad \Delta H = -318.6 \text{ kJ} \cdot \text{mol}^{-1}$$
$$CH_4 + 2O_2 =\!=\!= CO_2 + 2H_2O \qquad \Delta H = -890.3 \text{ kJ} \cdot \text{mol}^{-1}$$

二段联合转化工艺由蒸汽转化和催化部分氧化两个部分组成，天然气在一段炉中发生蒸汽转化反应，在二段炉中与纯氧发生部分氧化反应，反应温度为 950~1 000 ℃，转化气残余甲烷浓度较低。二段联合转化工艺的优点：① 利于单系列装置的大型化；② 可以提高转化压力，节约转化气压缩功耗；③ 提高气体的质量，降低系统的能耗，降低压缩、合成和精馏设备尺寸。

（3）两段联合甲烷蒸汽转化制合成气

天然气蒸汽转化：

$$CH_4+H_2O \Longrightarrow CO+3H_2 \qquad \Delta H=+205.99 \text{ kJ} \cdot \text{mol}^{-1}$$

$$CH_4+2H_2O \Longrightarrow CO_2+4H_2 \qquad \Delta H=+165.04 \text{ kJ} \cdot \text{mol}^{-1}$$

天然气部分氧化：

$$CH_4+1/2O_2 \Longrightarrow CO+2H_2 \qquad \Delta H=-35.39 \text{ kJ} \cdot \text{mol}^{-1}$$

$$CH_4+O_2 \Longrightarrow CO_2+2H_2 \qquad \Delta H=-318.6 \text{ kJ} \cdot \text{mol}^{-1}$$

在一定条件下,甲烷蒸汽转化制合成气过程还伴有生产炭黑的副反应发生。

6.3.3.3 甲醇合成及精馏

甲醇合成是在一定温度、压力和催化剂作用下,CO、CO_2 与 H_2 反应生成甲醇。甲醇合成反应是可逆平衡反应,其主反应为:

$$CO+2H_2 \Longrightarrow CH_2OH$$

$$CO_2+3H_2 \Longrightarrow CH_3OH+H_2O$$

副反应为:

$$2CO+4H_2 \Longrightarrow CH_3OCH_2+H_2O$$

$$CO+3H_2 \Longrightarrow CH_4+H_2O$$

有少量的高级醇和微量的醛、酮、酸等副产物生成。甲醇合成是一个强放热反应,必须在反应过程中不断地将热量移走,反应才能正常进行,否则易使催化剂升温过高,且会使副反应增加。甲醇合成工艺过程是由甲醇合成、合成余热移出系统、甲醇分离及气体循环系统组成,是一个带循环回路的反应分离系统。甲醇合成法分为高压法(19.6~29.4 MPa)、中压法(9.8~12.0 MPa)和低压法(5.0~8.0MPa)三种,目前工业上常用中压法和低压法两种工艺,以低压法为主,这两种方法生产的甲醇占甲醇总产量的90%以上,尤以 ICI 和 Lurgi 低压甲醇合成工艺应用最为广泛。

（1）I.C.I工艺(I.C.I低压甲醇合成工艺流程见图 6-14)

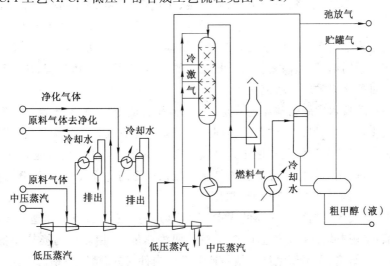

图 6-14　I.C.I低压甲醇合成工艺流程

I.C.I甲醇合成工艺作为第一个工业化的低压法工艺,在甲醇工业的发展历程中具有里程碑式的意义,相对于高压法是一个巨大的技术进步。该工艺的特点有:(1)采用了低温、活性高的铜基催化剂,合成反应可在 5 MPa 及相当低的温度(230 ℃～270 ℃)下进行。(2)合成压力低,降低了能耗,改善了系统技术经济指标。(3)采用多段间歇冷激式合成塔,结构简单,催化剂装卸方便,通过直接通入冷激气调节床层温度。

(2) Lurgi 工艺(Lurgi 低压甲醇合成工艺流程见图 6-15)

Lurgi 工艺为低压(5.2 MPa,250 ℃)甲醇合成工艺,其特点是采用经典设计的连续壳式换热型反应器,催化剂装填在管内,反应热由壳层的沸腾水蒸发移出,同时副产中压蒸汽。

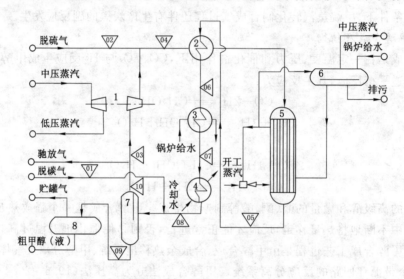

图 6-15　Lurgi 低压甲醇合成工艺流程
1——透平循环压缩机;2——热交换器;3——锅炉水预热器;4——水冷却器;
5——甲醇合成塔;6——汽包;7——甲醇分离器;8——粗甲醇贮槽

粗甲醇含有二甲醚、乙醛、甲酸甲酯、二乙醚、正戊烷、丙醛、丙烯醛、乙酸甲酯、丙酮、异丁醛、异丙烯醚、乙烷、乙醇、甲乙酮等近 30 种杂质。高压法与低压法杂质含量不同。要制得甲醇产品就必须采用精馏法将杂质分离掉。精馏一般可分单塔、双塔及三塔流程。产品为燃料级甲醇可采用单塔流程;要获得质量较高的甲醇,常采用双塔流程;从节能出发,则采用三塔流程。目前普遍采用三塔流程。

天然气制甲醇技术发展的整体趋势是:① 中低压合成,单系列生产装置大型化;②各工序生产技术进步,整体流程优化。各个不同的流程阶段也有其各自的优化发展趋势。

合成气制备:甲烷蒸汽转化与催化部分氧化两段联合转化法的优化是合成气制备技术进步的发展重点,优化的目标是降低合成气制备能耗和提高合成气质量,即降低合成气中甲烷含量和使 f 值达到 2.05～2.10 的理想比例。

甲醇合成:集成各类典型反应器的优点,设计合理的甲醇合成反应器是发展趋势。

甲醇精馏:采用三塔流程;改进工艺,进一步回收热量;采用新型的换热设备,提高换热效率;改进精馏塔结构,采用新型高效填料或新型塔内件,提高精馏效率。

整体流程优化:设置 PSA 驰放气回收装置,回收的氢气送压缩回用,回收的 CO_2 和 CO

送转化炉前补充原料,富氮尾气做燃料,降低天然气消耗。

新型甲醇合成催化剂的开发:高活性、高选择性和更长使用寿命的新型甲醇合成催化剂的开发。

6.3.4 天然气制液体燃料、二甲醚及低碳烯烃

(1) 天然气制液体燃料(GTL)

近年来,随着环保要求的日趋严格,清洁燃料和高档润滑油的需求不断增加。天然气制合成油(GTL)的所有产品均可满足目前和今后即将推出的全部环保要求,因此,为充分利用偏远地区天然气和油田伴生气资源,促进环境保护和清洁燃料的生产与使用,国外加快了GTL 技术开发的步伐。

GTL 工艺一般由合成气生产、费托(F-T)合成、合成油加工三大部分组成,合成气生产和费托合成是核心部分,其中费托合成是 GTL 的最核心技术。国外主要围绕费托合成部分不断改进 GTL 技术,以进一步降低投资和操作费用。其中主要的新技术包括:① Exxon公司开发成功了天然气制液态烃的 AGC-21 工艺,采用流化床催化部分氧化制合成气,浆态床中进行 F-T 合成液态烃;② Syntroleum 公司的中试 GTL 工艺采用自热重整制合成气,新型水平固定床进行 F-T 合成;③ Rentech 公司开发了适合以煤-劣质石油-轻油直到天然气为原料的费托合成技术,其 GTL 工艺采用非催化部分氧化或自热重整制合成气,F-T 合成液态烃采用浆态床反应器。此外,BP 公司、Conoco 公司等也宣布了自己的 GTL 技术。以上这些公司的技术都已经或正在进行不同规模的中试,有的已计划建立大型 GTL 生产厂。发展 GTL 的最大障碍是投资费用较高。

(2) 天然气制二甲醚

二甲醚(DME)被看作是 21 世纪的超清洁燃料,天然气经由合成气生产二甲醚主要生产工艺有甲醇脱水(二步法)和合成气直接合成(一步法)两种。

甲醇脱水法先由合成气制得甲醇,然后甲醇在固体催化剂作用下脱水制得 DME,其反应式为

$$2CH_3OH \longrightarrow CH_3OCH_3 + H_2O$$

由于催化剂与反应条件的不同,甲醇脱水法又分为液相法和气相法两种。

液相甲醇脱水法是生产 DME 最早采用的方法,该方法将甲醇与浓硫酸的混合物加热至一定温度生成 DME。该过程存在装置规模小、设备腐蚀、环境污染、操作环境恶劣等问题,因此该工艺在国内外已逐渐被淘汰。

气相甲醇脱水法是从传统的浓硫酸脱水法的基础上发展起来的,其基本原理是将甲醇蒸气通过固体酸性催化剂,发生非均相反应脱水生产 DME。其工艺流程是:甲醇经换热变为甲醇蒸气,进入反应器;气相甲醇在 150 ℃、常压下,在固定床催化反应器中进行甲醇脱水反应,反应产物进入精馏塔进行分离提纯;在 0.1~0.6 MPa 下精馏,DME 由塔顶采出;塔底甲醇和水进入汽提塔,在常压下得到分离,回收的甲醇循环使用。

气相甲醇脱水法以精甲醇为原料,脱水反应副产物少,DME 纯度达 99.9%,工艺比较成熟,可以依托老企业建设新装置,也可单独建厂生产。但该方法要经过甲醇合成、甲醇精馏、甲醇脱水和 DME 精馏等工艺,流程较长,设备投资大,产品成本较高。

合成气直接合成 DME 工艺(一步法)是在合成甲醇技术的基础上发展起来的,它是由合成气经浆态床反应器一步合成 DME。反应可分为以下几步:

$$CO + 2H_2 \longrightarrow CH_3OH$$
$$2CH_3OH \longrightarrow CH_3OCH_3 + H_2O$$
$$CO + H_2O \Longleftrightarrow CO_2 + H_2$$

总反应式为：

$$3CO + 3H_2 \longrightarrow CH_3OCH_3 + CO_2$$

该方法以合成气（$CO + H_2$）为原料，在甲醇合成及甲醇脱水的复合催化剂（双功能催化剂）作用下直接合成 DME。由于催化剂采用具有甲醇合成和甲醇脱水组分的双功能催化剂，因此甲醇合成催化剂和甲醇脱水催化剂的比例对 DME 生成速率和选择性有很大影响。该方法所用合成气可由煤、各种重油、渣油及天然气不完全氧化制得，生产过程较为简单，可获得较高的单程转化率，而且易形成大规模的生产以降低成本，但后处理较为复杂，产品主要用作醇醚燃料。

（3）天然气制低碳烯烃

随着国际油价的未来看涨和大规模制甲醇技术的日趋成熟，以天然气/煤为原料经合成气路线先制取甲醇，由甲醇再制取烯烃（MTO）的技术开发十分活跃。Exxon、Mobil、UOP、Norsk、Hydro、Lurgi 和 BASF 等公司等都对 MTO 技术进行了多年的研究开发。其中具有代表性的技术有 UOP/Hydro 开发的 MTO 工艺和 Lurgi 公司开发的甲醇制丙烯（MTP）工艺。MTO 工艺以甲醇为原料，主要生产乙烯和内烯，采用流化床反应器和非沸石分子筛 MTO100 催化剂，催化剂连续再生，甲醇转化率高达 99% 以上。

MTP 工艺主要生产丙烯，采用固定床反应器，甲醇的转化率在 99% 以上，丙烯选择性超过 70%，副产的乙烯、丁烯和 C_5/C_6 烯烃又循环回去转化成丙烯，其余产品有汽油、燃料气和水等。据悉，一些公司已拟采用 Lurgi 公司 MTP 技术建设工业化装置。

目前，天然气制低碳烯烃技术已开始工业化，尽管还不具备强有力的竞争优势，但随着科技的进步和未来油价的持续高位震荡，利用天然气制低碳烯烃技术将会呈现出巨大的经济效益和社会效益。

综上所述，天然气化学转化的方法很多，但是达到工业化水平并在经济上有竞争力的化学反应过程较少。这很容易从化学原理解释，石油是多链碳烷烃，在加工时是将高碳烷烃裂解成低碳烷烃和烯烃；而天然气是以甲烷为主的，其化学加工是将一个碳的甲烷转化成两个或三个碳及以上的烷烃和烯烃。用一个比喻来讲，石油加工是拆房子；而天然气加工是建房子。所以从能量来讲对生产同一种产品，石油化工的成本要比天然气化工低一些。因此，21世纪给天然气化工的发展带来了很好的机遇，同时亦带来了对科学技术难题的挑战。

6.4　非常规天然气

非常规天然气资源是指尚未充分认识、还没有可借鉴的成熟技术和经验进行开发的一类天然气资源，主要包括煤层气、页岩气、致密气和天然气水合物（可燃冰）等，是化石能源中较洁净的能源。全球非常规天然气资源十分丰富，据权威估算，约为常规天然气资源量的 4.56 倍，其中天然气水合物（可燃冰）所占比例最大。目前，全球非常规天然气资源量已上升到 3 242 万亿 m^3，非常规天然气已成为一支不容忽视的新能源力量。我国非常规天然气资源丰富，据估计是常规天然气的 5 倍以上。如果说煤炭是高碳，石油是中碳，那么非常规天然气资源就是最现实的低碳能源。其特性如下:一是分子结构简单,80%～99%是甲烷气体;二是热值高,甲烷气体的热值是 5 000 kJ;三是减少了高的碳排放,可实现低污染甚至无污染。

6.4.1 煤层气

煤层气是一种与煤炭共伴生的非常规天然气,其主要气体组分为甲烷(甲烷含量高于85%),是以吸附在煤基质颗粒表面为主、部分游离于煤孔隙中或溶解于煤层水中的烃类气体。相关资料表明,煤炭从泥炭发展到无烟煤的过程中,每吨煤可产生 50～300 m³ 的煤层气。煤层气可用于提供居民生活用燃料,也可作为工业锅炉燃料和化工产品(炭黑、甲醛等)的原料。此外,高质量煤层气更适用于工业原料、汽车燃料和燃气轮机发电等用途。

6.4.2 页岩气

页岩气是指主体位于暗色泥页岩或高碳泥页岩及其夹层中,以吸附或游离状态为主要赋存方式的非常规天然气聚集。页岩气在成分上与天然气并无明显差别,都是以甲烷为主。而与天然气的主要区别是赋存状态不同,页岩气吸附或游离在页岩孔隙中,页岩和页岩气共同存在于页岩矿藏中。而常规天然气形成气田或者与石油伴生,是具有封闭圈的气体聚集,不吸附在任何矿藏内。如果想象天然气的状态为一个封闭空间内的所有甲烷等气体的结合,那么页岩气的状态就是封闭空间内装满了泡沫材料后的甲烷等气体的结合。

6.4.3 天然气水合物(可燃冰)

天然气水合物(natural gas hydrate,NGH),是低温、高压下由水和天然气组成的类冰的、非化学计量的、笼形结晶水合物。在低温高压环境下,甲烷被包进水分子中,形成一种冰冷的白色透明结晶,外貌极像冰雪或固体酒精,点火即可燃烧,又叫可燃冰、气冰或固体瓦斯,如图 6-16 所示。

图 6-16　燃烧的可燃冰

天然气水合物的结晶格架主要由水分子构成,在不同的低温高压条件下,水分子结晶形成不同类型的多面笼形结构。水合物的笼形包合物结构(图 6-17)是 1963 年由苏联科学院院士尼基丁首次提出,并被沿用至今。在水合物的笼形结构中间普遍存在空腔或孔穴,水分子(主体分子)形成一种空间点阵结构,气体分子(客体分子)则充填于点阵间的空穴中,气体和水之间没有化学计量关系。水合物的分子式可用 M·nH$_2$O 来表示,M 代表水合物中的气体分子，n 为水分子数。气体成分如 CH_4、C_2H_6、C_3H_8、C_4H_{10} 等同系物以及 CO_2、N_2、H_2S 等可形成单种或多种天然气水合物。天然气水合物中，形成点阵的水分子之间靠较强的氢键结合，而气体分子和水分子之间的作用力为范德华力。水合物的主要气体组分为甲烷，对甲烷分子含量超过 99% 的天然气水合物通常称为甲烷水合物（Methane Hydrate）。在标准状态下，$1~m^3$ 的水合物分解最大可产生 $164~m^3$ 的甲烷气体。

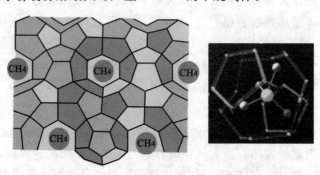

图 6-17　天然气水合物的结晶构造

　　到目前为止，已经发现的天然气水合物结构类型有三种，即 I 型、II 型和 H 型。外来分子尺寸是决定其是否能够形成水合物、形成何种结构气体水合物以及气体水合物组分和稳定性的最重要因素。I 型天然气水合物为立方晶体结构，仅能容纳甲烷（C_1）、乙烷（C_2）这两种小分子的烃以及 N_2、CO_2、H_2S 等非烃分子，这种水合物中甲烷普遍存在的形式是构成 $CH_4 \cdot 5.75H_2O$ 的几何结构，即在 8 个 CH_4 分子和 46 个 H_2O 分子组成的甲烷水合物立方晶体结构中，甲烷分子填充在其中的 8 个空格中。II 型天然气水合物为菱形晶体结构，除包容甲烷、乙烷等小分子外，较大的"笼子"（水合物晶体中水分子间的空穴）还可容纳丙烷（C_3）及异丁烷（$i\text{-}C_4$）等烃类，理想分子式是 $24~M \cdot 136~H_2O$（或 $M \cdot 5~H_2O$）；H 型天然气水合物为六方晶体结构，除能容纳 II 型结构水合物所能容纳的烃类分子外，较大的"笼子"甚至可以容纳直径超过异丁烷（$i\text{-}C_4$）的分子，如异戊烷（$i\text{-}C_5$）和其他直径在 $0.75 \sim 0.86~nm$ 之间的分子，理想分子式是 $6~M \cdot 34~H_2O$（或 $M \cdot 5~H_2O$）。I 型天然气水合物在自然界分布最广，而 II 型和 H 型水合物更为稳定。结构 H 型气水合物早期仅存在实验室，1993 年才在墨西哥湾大陆斜坡发现其天然产物。在格林大峡谷地区也发现了 I、II、H 型三种气水合物共存的现象。

　　在自然界发现的天然气水合物多呈白色、淡黄色、琥珀色、暗褐色等轴状、层状、小针状结晶体或分散状。天然气水合物的密度一般为 $0.8 \sim 1.0~g/cm^3$，除热膨胀和热传导性质外，气体水合物的光谱性质、力学性质及传递性质同冰相似。它可存在于零下温度环境，又可存在于零上温度环境。

　　天然气水合物的形成与分布主要受烃类气体来源和一定的温压条件控制。形成天然气水合物的基本条件包括：① 低温，一般温度低于 10 ℃；② 高压，一般压力大于 10 MPa；③ 天然气来源和含水介质；④ 有利的储集空间。其形成模式主要有：低温冰冻模式、沉积模式和各种渗滤模式等。天然气水合物形成的基本条件中，低温条件比高压条件更具控制作用。

　　全球有利于天然气水合物生成和分布的地域在陆地上的部分占陆地总面积的 20.7%（其中大部分是永冻区），在海洋中的部分占海洋总面积的 90%（其中主要是水深大于 200 m

的大陆斜坡地带和深海盆地)。因此,天然气水合物在地壳浅层(<2 000 m)储集量非常巨大。由于天然气水合物巨大的资源量,而且其最终的利用形式是优质洁净的天然气,所以天然气水合物既能解决人类所面临的能源严重短缺的危机,又能满足人类对能源各方面的需求,是 21 世纪较理想的一种能源。天然气水合物燃烧值和能量密度高,清洁无污染。作为一种新的烃类能源,将在 21 世纪或人类未来能源中发挥极大的潜力,具有广阔的开发前景。

思考与练习

1. 天然气的主要成分是什么? 与石油相比,它有什么优点?

2. 现已开发和可开发利用的天然气有哪几种?

3. 与液化石油气相比,天然气用作城镇燃气时具有哪些优点?

4. 天然气转化为化学产品的途径有哪些? 举例说明天然气可以转化为哪些化学产品?

5. 写出天然气制合成氨反应中,天然气蒸汽转化制合成气的主要反应,并说明影响甲烷蒸汽转化反应平衡组成的因素有哪些?

6. 写出天然气制合成氨反应中,核心反应氨合成反应,并说明在实际操作中,该反应的工艺条件是什么?

7. 简要说明以天然气为原料合成氨的工艺流程。

8. 写出由合成氨制备尿素的化学反应式,并说明工业上合成尿素的反应条件。

9. 常见的尿素生产工艺有哪几种?

10. 在尿素的生成过程中,存在哪些副反应? 在工艺上如何操作,如何减少其对主反应的影响?

11. 简要说明以天然气为原料制甲醇的工艺流程。

12. 写出天然气制甲醇工艺中发生的主要化学反应。

13. 目前工业上应用比较多的天然气制甲醇的工艺有哪些?

14. 写出天然气制二甲醚的主要化学反应。

15. 非常规天然气主要有哪几类? 具体指的是什么?

16. 天然气水合物的晶体结构是怎样的?

17. 形成天然气水合物的基本条件有哪几个?

18. 2017 年 5 月,我国首次实现海域可燃冰试采成功,此次开采,我国科学家采用的是什么技术? 这次试采成功有何意义?

第7章 生物质能源

生物质能是人类最早利用的能源,也是人类为解决能源与环境双重危机而重点发展的能源类型。随着化石能源资源的日益减少,新能源的寻求与开发成为人类生存和可持续发展的重大需要。在众多新能源中,生物质以其可再生、产量巨大、可储存、碳循环等优点而引人注目,有关专家估计,生物质能极有可能成为未来可持续能源系统的主要组成部分。生物质能是人类应用的最古老的能源,也是人类一直以来赖以生存的重要能源,是仅次于煤、石油和天然气而居于世界能源消费总量第四位的能源,在整个能源系统中占有重要地位。

7.1 生物质能源的基本概念

生物质是指通过光合作用而产生的各种有机体,即一切有生命的可以生长的有机物质通称为生物质,它包括植物、动物和微生物。从广义上讲,生物质包括所有的植物、微生物以及以植物、微生物为食物的动物及其生产的废弃物。生物质的狭义概念主要是指农林业生产过程中除粮食、果实以外的秸秆、树木等木质纤维素(简称木质素)、农产品加工业下脚料、农林废弃物及畜牧业生产过程中的禽畜粪便和废弃物等物质。所以从广义上讲,生物质能是太阳能以化学能形式贮存在生物质中的能量形式。它直接或间接地来源于绿色植物的光合作用,可转化为常规的固态、液态及气态燃料,取之不尽、用之不竭,是一种可再生能源,同时也是唯一一种可再生的碳源。地球每年经光合作用产生的物质有 1 730 亿 t,其中蕴含的能量相当于全世界能源消耗总量的 10~20 倍,但目前的利用率不到 3%。

从能源特征和利用方式看,生物质能属于化学能。众所周知,煤、石油和天然气等化石能源也是由地球上庞大的生物质材料经过几千万年的演变转化而成的。从化学角度看,生物质与化石燃料均为以 C、H 为基本组成的有机化合物,它们属于同类能源——化学能。生物质来自太阳能。植物在生长发育过程中,体内叶绿素吸收光能,在光照条件下,将 CO_2 和水合成为碳水化合物,从而将太阳能转化为以生物质形式储存的化学能,这就是植物的光合作用,其化学反应方程式如下:

$$6CO_2 + 12H_2O \xrightarrow{\text{光照}} C_6H_{12}O_6 + 6O_2 + 6H_2O$$

由植物光合作用形成的简单的生物质在生命活动中又转化为各种类型的复杂生物质,这些生物质的基本化学组成还是碳水化合物,其含有的能量仍属于化学能。

在能源的转换过程中,生物质是一种理想的燃料。生物质能的优点是燃烧容易,污染少,灰分较低,具有很强的再生能力;缺点是热值及热效率低,体积大而不易运输。随着科技的发展,传统的利用方式逐渐被高效、清洁的现代生物质能所替代。现代生物质能是指由生物质转化成的现代能源载体,如气体燃料、液体燃料或电能,从而可大规模用来代替常规能源,巴西、瑞典、美国的生物能计划便是这类生物能的例子。现代生物质包括工业性的木质废弃物、甘蔗渣(工业性的)、城市废物、生物燃料(包括沼气和能源型作物)等。

7.2　常见的生物质材料及其特征

自然界生物质种类繁多,分布广泛,包括了所有水生和陆生生物及其代谢物,但是作为生物质能源应满足一定的基本条件,即资源的可获得性和可利用性。按原料的化学性质分,生物质材料主要有糖类、淀粉和木质纤维素物质。按原料来源分,生物质材料则主要包括以下几类:① 农业生产废弃物,主要为农作物秸秆;② 薪柴、枝杈柴和柴草;③ 农林加工废弃物、木屑、谷壳和果壳;④ 人畜粪便和生活有机垃圾等;⑤ 工业有机废弃物、有机废水和废渣等;⑥ 能源植物,包括所有可作为能源用途的农作物、林木和水生物资源等。其中,各类农林、工业和生活有机废弃物是目前生物质能利用的主要原料,主要提供纤维素类原料。能源植物是近 20 年才提出的概念,可以提供各类生物质原料,包括糖类、淀粉和纤维素类原料,是未来建立生物质能工业的主要资源基础。目前,发达国家对发展能源植物已有成功的实践经验,但距离成为真正的生物质能源还相当遥远,是今后生物质能源发展的主要方向。

作为一种能源物资,生物质有如下特征:

(1) 时空无限制性

生物质的产生不受地域的限制;在符合光照条件的前提下,也不受时间的限制。生物质的时空无限制性是化石能源所无可比拟的,也正是这种无限制性诱导人类将目光瞄准了生物质能。地球生命活动为人类提供了巨大的生物质资源是生物质这一特性的反映。初步估计,地球上植物光合作用固定的碳约每年 2×10^{11} t,含有的能量约为 3×10^{18} kJ,相当于人类每年消耗能量的 10 倍。

(2) 可再生性

图 7-1 表示了生物质产生与消耗的可再生性。在太阳能转化为生物质能的过程中,CO_2 与 H_2O 是光合作用的反应物;在生物质能消耗利用时,CO_2 与 H_2O 又是过程的最终产物。化石燃料使用过程将排放 CO_2,导致地球温室效应。生物质的可再生性表明,利用生物质能可实现温室气体的零排放。但生物质实际利用过程中也需要投入能量,这种能量目前

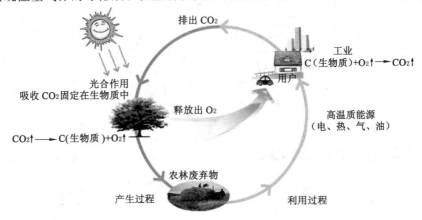

图 7-1　生物质产生与消耗的可再生性

还来自化石燃料的使用,因此生物质能的利用暂时还只能起到减少 CO_2 排放的作用。

（3）洁净性

与化石能源相比,生物质能也将大大减少 SO_2 和 NO_x 等污染物的排放。以秸秆为例,1万 t 秸秆与能量相当的煤炭比较,其使用过程中,SO_2 排放减少 40 t,烟尘减少 100 万 t。生物质能作为一大类可持续发展的能源,洁净性是极为重要的能源特性。

（4）与常规化学能源的相似性和区别

生物质能与化石能源均属于以碳氢为基本组成的化学能源,这种化学组成上的相似性也带来了利用方式的相似性,因此,生物质能转化利用技术可在常规能源已经成熟的技术上发展、改进。但是,生物质的组成多为木质素、纤维素之类的难降解有机物,因此利用、转化技术也更为复杂多样,特别是利用生物催化、转化的技术更为重要。

（5）低能源品位

生物质的化学结构更多地属于碳水化合物类,即化合物中的氧元素含量较高,可燃性元素 C、H 所占比例远低于化石能源,能源密度偏低。此外,以生物体形式体现的生物质含水量高达 90%。因此生物质在利用前需要经过预处理及提高能源品位过程,从而增加了生物质能利用的实际成本。

（6）分散性

除规模化种植的作物及大型工厂、农场的废弃生物质原料外,生物质的分布极为分散。生物质的分散处理与利用既不利于生物质转化成本的降低,也难以成为能源资源系统的主流能源。生物质的集中处理则必然加大运输成本比例。这是目前生物质能在能源系统中所占比例不高的重要原因。

7.3   生物质能源的化学转换

生物质能源转换技术包括化学转换、生物转换和直接燃烧 3 种转换技术(图 7-2)。化学转换主要可分为生物质气化与生物质液化技术,其转化目标分别是燃料气和燃料油;生物转换目前主要采用微生物发酵技术。生物质的开发利用除考虑技术上的可行性外,还必须注意其经济可行性,总体来看化学转换与生物转换的渗透、结合是其发展的方向。生物质能源转换的方式有生物质气化、生物质固化、生物质液化(图 7-3)。

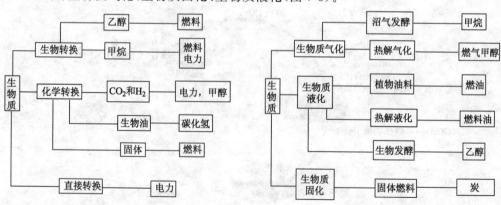

图 7-2   生物质能源转换技术   图 7-3   生物质能源转换方式

7.3.1　生物质气化技术

生物质气化技术是在高温下将生物质部分氧化、隔绝空气热分解，或者是在超临界水等介质中热分解转化为可燃气体（主要是 CO、H_2 和 CH_4）的技术，即通过化学方法将固体的生物质转化为气体燃料。该技术是生物质热转化技术中最具实用性的一种。生物质气化产生的可燃气体可用于驱动内燃机、汽车发动机和农用排灌设备。目前工业化应用比较广的是生物质气化发电站，而在实验室研究方面，生物质催化气化、生物质制氢、生物质超临界气化和焦油气化都取得一定进展。

生物质气化技术主要有热解气化技术和厌氧发酵生产沼气技术等。其中热解气化技术主要用于生物质发电，沼气生产技术主要用于农村家庭用燃气。

7.3.1.1　生物质热解气化技术

热解就是利用热能打断大分子量有机物的化学键，使之转变为含碳原子数目较少的低分子量物质的过程。生物质热解气化是生物质在完全缺氧或只提供有限氧和不加催化剂的条件下，把生物质转化为非压缩的可燃气体的生物质热降解过程。气化过程与常见的燃烧过程原理相似，区别在于燃烧过程中供给充足的氧气，使原料充分燃烧，目的是直接获取热量，燃烧好的产物是二氧化碳和水蒸气等不可再燃烧的烟气；气化过程只供给热化学反应所需的那部分氧气，尽可能将能量保留在反应后得到的可燃气体中，气化后的产物是含氢气、一氧化碳和低分子烃类的可燃气体。

生物质热解气化装备系统主要包括气化炉、燃气净化系统和终端利用系统三部分，其中气化炉是生物质热解气化的主要工作设备。常用的气化炉按运行方式不同可以分为固定床气化炉、流化床气化炉和旋转气化炉 3 种类型。图 7-4 为固定床气化炉的结构类型，其中的(1)、(2)分别为上吸式和下吸式气化炉。

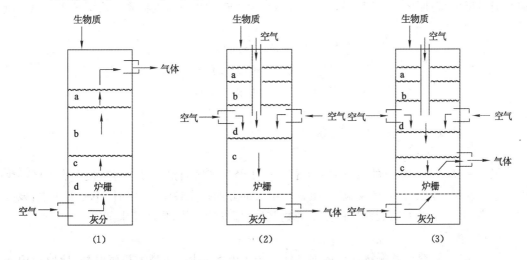

图 7-4　上吸式(1)、下吸式(2)、双层式(3)气化炉

a——干燥层；b——热解层；c——氧化层

上吸式气化炉结构简单，操作可行性强，碳转化率可高达 99.5％，几乎无可燃性固体剩余物。上吸式气化炉的特点是气体与固体呈逆向流动，在其运行过程中，湿的植物生物质原料从气化炉的顶部加入，被上升的热气流干燥而将水蒸气排出，干燥的原料下降时被热气流

加热并分解,释放挥发组分,剩余的炭继续下降,与上升的 $CO_2(g)$ 及 $H_2O(g)$ 反应,$CO_2(g)$ 及 $H_2O(g)$ 等被还原为 $CO(g)$ 及 $H_2(g)$ 等,余下的炭被从底部进入的空气氧化,放出燃烧热为整个气化过程提供(热)能量。上吸式气化炉运行时,因为湿物料从顶部下降时,物料中的部分水分被上升的热气流带走,因此会使产品气中氢气的含量减少。

下吸式气化炉在提高产品气的氢气含量方面具有其优越性,同时能将植物生物质在气化过程中产生的焦油裂解,以减少气体中的焦油含量,但结构复杂,可操作性差;其特点是气体与固体顺向流动。植物生物质原料由气化炉的上部储料仓向下移动,在此过程中完成从植物生物质的干燥和热分解(气化)。

不同气化炉的反应过程也有差异,以上吸式气化炉为例,气化反应可分为氧化层、还原层、裂解层和干燥层。各层的反应简介如下:

(1) 氧化反应

生物质在氧化层中的主要反应为氧化反应,气化剂由炉栅的下部导入,经灰渣层吸热后进入氧化层,在这里同高温的碳发生燃烧反应,生成大量的二氧化碳,同时放出热量,温度可达 $1\,000\sim1\,300\,℃$。由于是限氧燃烧,因此,不完全燃烧反应同时发生。生物质在该层发生氧化反应的化学式如下:

$$C+O_2 \longrightarrow CO_2$$
$$2C+O_2 \longrightarrow 2CO$$

在氧化层进行的燃烧均为放热反应,这部分反应热为还原层的还原反应、物料的裂解及干燥提供了热源。

(2) 还原反应

在氧化层中生成的二氧化碳和碳与水蒸气发生还原反应,生成 CO 和 H_2。由于还原反应是吸热反应,还原区的温度也相应降低,温度为 $700\sim900\,℃$,生物质在该层发生还原反应的化学式如下:

$$CO_2+C \longrightarrow 2CO$$
$$H_2O+C \longrightarrow CO+2H_2$$
$$2H_2O+C \longrightarrow CO_2+2H_2$$
$$H_2O+CO \longrightarrow CO_2+H_2$$

还原层的主要产物为 CO、CO_2 和 H_2。

(3) 裂解反应区

氧化区及还原区生成的热气体在上行过程中经裂解区,将生物质加热,使在裂解区的生物质进行裂解反应。在裂解反应中,生物质中大部分的挥发性组分从固体中分离出去,该区的温度为 $400\sim600\,℃$。裂解区的主要产物是炭、挥发性气体、焦油及水蒸气。

(4) 干燥区

经氧化层、还原层及裂解反应区的气体产物上升至该区,加热生物质原料,使原料中的水分蒸发,吸收热量,并降低产气温度,气化炉出口温度一般为 $100\sim300\,℃$。

氧化区及还原区总称气化区,气化反应主要在这里进行。裂解区和干燥区总称为燃料准备区。

在发电规模较大的情况下,气化炉一般采用流化床气化炉(图 7-5)。它有一个热砂床,燃烧与气化都在热砂床上发生。木片、刨花等生物质原料放入燃料进料仓,经过处理系统除去金属杂质及太大的燃料,然后将一定颗粒状固体燃料送入气化炉,在吹入的气化剂作用下使物料颗粒、砂子、气化介质充分接触,受热均匀。燃料转化为气体,在炉内呈沸腾状态,并与蒸气一起进入旋风分离器,以获得燃料气。燃料气通过净化系统去燃料锅炉或汽轮机发电。循环流化床床内气固接触均匀、反应面积大、反应温度均匀、单位截面积气化强度大、反应温度较固定床低,同时具有细颗粒物料、高流化速度以及碳的不断循环等优点,实现了快速加热、快速分解及碳的长时间停留,气化反应速率快,产气率和气体热值都很高,因而相对于其他气化炉来说,无论是在燃气的氢气含量方面还是操作性方面,都是一种比较理想的气化形式。

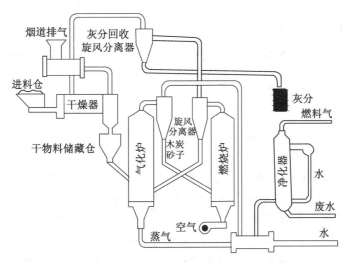

图 7-5　双循环流化床示意图

7.3.1.2　沼气

沼气是有机物(包括人畜粪便、秸秆、污泥、工业有机废水等)在厌氧环境中,在一定的温度、湿度、酸碱度条件并隔绝空气(还原条件)下,通过微生物(甲烷细菌和发酵菌,统称沼气细菌)发酵作用产生的一种可燃气体。由于这种气体最初是在沼泽、湖泊、池塘中发现的,所以称为沼气。沼气是多种气体的混合物,其主要成分是甲烷,约占所产生的各种气体的 $60\%\sim80\%$。除甲烷外,沼气中还含有二氧化碳和少量的氮气、氢气和硫化氢等气体。甲烷是一种理想的气体燃料,它无色无味,与适量空气混合后即可燃烧。甲烷的发热量为 34 000 $J\cdot m^{-3}$,沼气中因含有较多的不可燃气体,发热量降低,约为 20 800$\sim$23 600 $J\cdot m^{-3}$。1 m^3 沼气完全燃烧能产生相当于 0.7 kg 无烟煤提供的热量。沼气可以直接燃烧供热,可以代替管道天然气作燃气;也可以用来发电,生产燃料电池,还可以用作化工生产原料。

沼气细菌分解有机物产生沼气的过程称为沼气发酵。沼气发酵的生物化学过程,大致可分为 3 个阶段,见图 7-6。

第一阶段:液化阶段。发酵性细菌群利用它所分泌的胞外酶,把禽畜粪便、作物秸秆、豆制品加工后的废水等人分子有机物分解成能溶于水的单糖、氨基酸、甘油和脂肪酸等小分子化合物。

第二阶段:产酸阶段。这个阶段是发酵性细菌将小分子化合物分解为乙酸、丙酸、丁酸、氢和二氧化碳等,再由产氢产乙酸菌把其转化为产甲烷菌可利用的乙酸、氢和二氧化碳。

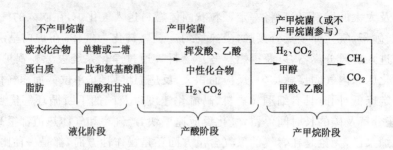

图 7-6　沼气产生过程示意图

第三阶段:产甲烷阶段。产氨细菌大量繁殖和活动,氨态氮浓度增高,挥发酸浓度下降,产甲烷菌大量繁殖。产甲烷菌利用以上产酸阶段所分解转化的甲酸、乙酸、氢和二氧化碳小分子化合物等合成甲烷。在这个阶段中合成甲烷主要有 3 种途径。

(1) 由醇和二氧化碳形成甲烷。

$$2CH_3CH_2OH + CO_2 \longrightarrow 2CH_3COOH + CH_4$$
$$4CH_3OH \longrightarrow 3CH_4 + CO_2 + 2H_2O$$

(2) 由挥发酸形成甲烷。

$$2CH_3CH_2CH_2COOH + 2H_2O + CO_2 \longrightarrow 4CH_3COOH + CH_4$$
$$CH_3COOH \longrightarrow CH_4 + CO_2$$

(3) 二氧化碳被氢还原形成甲烷。

$$CO_2 + 4H_2 \longrightarrow CH_4 + 2H_2O$$

沼气发酵的 3 个阶段是相互连接、交替进行的,它们之间保持动态平衡。在沼气发酵初期,以第一、二阶段的作用为主,也有第三阶段的作用。在沼气发酵后期,则是 3 个阶段的作用同时进行,一定时间后,保持一定的动态平衡持续正常地产气。正常情况下,有机物质的分解消化速度和产气速度相对稳定。如果平衡被破坏,就会影响产气。若液化阶段和产酸阶段的发酵速度过慢,产气率就会很低,发酵周期就变得很长,原料分解不完全,料渣就多。但如果前两个阶段的速度过快,超过产甲烷速度,则会有大量的有机酸累积,出现酸阻抑,也会影响产气,严重时会出现"酸中毒",从而不能产生沼气。

沼气发酵工艺的基本条件包括以下几个方面:

(1) 严格的厌氧环境。沼气微生物的核心菌群——产甲烷菌是一种厌氧性细菌,对氧特别敏感,它们在生长、发育、繁殖、代谢等生命活动中都不需要空气,空气中的氧气会使其生命活动受到抑制,甚至死亡。产甲烷菌只能在严格厌氧的环境中才能生长。沼气池要严格密闭,不漏水,不漏气。

(2) 充足的发酵原料。在沼气发酵过程中,发酵原料既是产生沼气的基质,又是沼气发酵微生物赖以生存的养料来源。沼气发酵原料十分广泛和丰富,除了矿物油和木质素外,自然界中的有机物质一般都可以作为沼气发酵的原料,例如农作物秸秆,人、畜和家禽粪便,生活污水,工业和生活有机废物等。根据沼气发酵原料的化学性质和来源,可以分为富氮原料、富碳原料和干物质 3 类。富氮原料,通常指富含氮元素的人、畜和家禽粪便,这类原料含有大量低分子化合物——人和动物未吸收消化的中间产物,在进行沼气发酵时,容易厌氧分解,产气很快,发酵期较短。富碳原料,通常指富含碳元素的秸秆和秕壳等农作物的残余物,这类原料富含纤维素、半纤维、果胶以及难降解的木质素和植物蜡质。干物质,含量比富氮的粪便原料高,且质地疏松,比重小,进沼气池后容易飘浮形成发酵死区——浮壳层,发酵前一般需经预处理。

（3）发酵原料中适宜的碳氮比。氮素是构成沼气微生物躯体细胞质的重要原料,碳素则构成微生物细胞质,而且提供生命活动的能量。发酵原料的碳氮比不同,其发酵产气情况差异也很大。从营养学和代谢作用角度看,沼气发酵细菌消耗碳的速度比消耗氮的速度要快 25～30 倍。因此,在其他条件都具备的情况下,碳氮比例配成 25～30：1 可以使沼气发酵在合适的速度下进行。如果比例失调,就会使产气和微生物的生命活动受到影响。因此,制取沼气不仅要有充足的原料,还应注意各种发酵原料碳氮比合理搭配。

（4）足够的、适量的沼气接种物。为加快沼气发酵启动的速度和提高沼气池产气量,要向沼气池加入含有丰富沼气微生物的物质,称为接种物(也叫活性污泥)。城市下水污泥,湖泊、池塘底部的污泥,粪坑底部沉渣,屠宰场、食品加工厂的污泥,以及污水处理厂厌氧消化池里的活性污泥等都含有大量的沼气微生物,是良好的接种物。加入接种物的数量要足够,接种物太少,不利于产气;接种物过多,又会占去沼气池的有效容积,影响总产气量。加入接种物的数量一般应占发酵料液的 10%～30% 。

（5）适宜的发酵温度。沼气池内的发酵温度是影响沼气产生和产气率高低的关键因素,在一定范围内,温度高,沼气微生物的生命活动活跃,发酵顺利进行,沼气产生得快,产气率也高;温度低,沼气微生物活动力差,原料的产气速率差,甚至长时间不产气。根据发酵温度的高低可分为常温发酵、中温发酵、高温发酵三种。高温发酵最适宜的温度是 50～60 ℃,每 1 m³ 池容,日产气 2 m³ 以上;中温发酵最适宜的温度是 30～35 ℃,每 1 m³ 池容,日产气 0.4～0.9 m³ ;常温发酵的温度是 10～30 ℃,每 1 m³ 池容,一般日产气量为 0.1～0.25 m³。温度虽然对沼气细菌的活动影响很大,但是多数沼气细菌是属于中温型的,一般最适合温度是在 25～40 ℃之间,在此温度范围内,温度越高,发酵越好。如果低于 10 ℃以下就不能正常产气,必须采取保温和增温措施,保证沼气微生物的正常活动,以利于正常产气。

（6）适宜的 pH 值。沼气微生物的生长、繁殖,要求发酵原料的酸碱度保持中性,或者微偏碱性,过酸、过碱都会影响产气。测定表明,酸碱度在 pH＝6～8 之间,均可产气,以 pH＝6.5～7.5 产气量最高,pH 低于 6 或高于 9 时均不产气。

（7）适宜的料液浓度。发酵料液浓度是指原料的总固体(或干物质)重量占发酵料液重量的比例(%)。能够进行沼气发酵的发酵料液浓度范围比较宽,为 1%～30% 。在夏季,发酵料液浓度可以低些,在 7% 左右;冬季浓度应高一些,为 10% 左右。浓度太低时,会降低沼气池单位容积中的沼气产量,不利于沼气池的充分利用;浓度太高时,不利于沼气细菌的活动,发酵料液不易分解,使沼气发酵受到阻碍,产气慢而少。

（8）适度的搅拌。在静态发酵沼气池内,原料加水混合与接种物按其比重和自然沉降规律,从上到下将明显地逐步分成浮渣层、清液层、活性层和沉渣层。分层导致原料和微生物分布不均,大量的微生物集聚在底层活动,而原料容易漂浮到料液表层,不易被微生物吸收和分解,不利于沼气的释放。这就需要搅拌,变静态发酵为动态发酵。适当的搅拌方式和强度,可以使发酵原料分布均匀,增强微生物与原料的接触,使之获取营养物质的机会增加,活性增强,生长繁殖旺盛,从而提高产气量。搅拌又可以打碎结壳,提高原料的利用率及能量转换效率,并有利于气泡的释放。采用搅拌后,平均产气量可提高 30% 以上。

7.3.2 生物质液化技术

生物质液化是以生物质为原料制取液体燃料的生产过程。其转换方法包括热化学法和生物化学法,热化学法主要包括生物质热裂解液化和直接液化法;生物化学法主要是指采用水解、发酵等手段将生物质转化为燃料乙醇和生物柴油等。

生物质能的能源总量非常高,但一直以来其在世界能源消费总量中所占比例(14%)都位居于石油、煤炭和天然气之后,主要原因是生物质能本身是一种低品位的能源。将生物质转化为高品位的现代能源产品——易存储、易运输、能量密度高的燃料油,即将生物质液化,可实现生物质的广泛应用。

7.3.2.1 生物质热裂解液化

生物质热裂解液化是指在完全缺氧或有限供氧的条件下,在中温(500~650 ℃)、高加热速率(高于 1 000 ℃·s^{-1})和蒸汽停留时间极短(少于 2 s)的条件下,将生物质直接热解,产物再迅速淬冷(通常在 0.5 s 内急冷到 350 ℃以下),使中间液态产物分子在进一步断裂生成气体之前冷凝,从而得到液态的生物油。生物质热裂解液化产品产率可高达 70%~80%。气体产率随温度和加热速率的升高及停留时间的延长而增加;较低的温度和加热速率导致物料炭化,生物质炭产率增加。生物质热裂解液化技术最大的优点在于生物油易于存储和运输,不存在产品就地消费的问题。

生物油为黑色,其热值达 22 MJ·kg^{-1},是标准轻油热值的一半。生物质转化为液体后,密度由低于 0.4 g·cm^{-3}增加到 1.2 g·cm^{-3},使运输和使用更为方便。生物油的元素组成中碳、氢和氧占 99.7%以上,是含氧很高的混合物,其化合物种类有数百种之多,几乎包括所有种类的含氧有机物。生物油具有较强的酸性,黏度较大,性质不稳定,但在不与空气接触的条件下可稳定地存放数周。生物油含有机酸、醛、醚、酯、缩醛、半缩醛、酮醇、烯烃、芳烃、多元酚类等,其中部分为通过常规石油化工路线不易合成的物质,具有广阔的高质化利用前景。不同生物质的生物油在主要成分的相对含量上无明显差异,如苯酚、蒽、萘和一些酸的含量相对较大。生物油基本不含硫及灰等对环境有污染的物质。裂解油的一个缺点是不能长时间稳定。在存储和热处理后,其黏度和相对分子质量升高,主要原因是芳香族单元和甲醛发生缩合反应,木质素降解产物中的不饱和单元聚合,羰基和乙醇之间形成乙缩醛。裂解和储存条件都会影响油的稳定性。在裂解过程中,有效的固体分离、热气体净化会提高油的品质。由于裂解反应的复杂性、裂解条件的可变性和裂解油应用的不确定性,目前裂解油还没有类似于普通燃料的标准和方法。

生物油可直接作为民用燃料和内燃机燃料,热效率是直接燃烧的 4 倍以上,可以达到 50%~60%。但是,生物油的热值仍然比较低,只相当于汽油/柴油热值的 40%左右;由于生物油含氧量高,因而稳定性比化石燃料差,且腐蚀性较强,限制了其作为燃料的使用,也不能和烃类燃料混合使用。要利用生物油替代化石燃料,必须对其进行精制和优化,对于生物油精制的方法包括加氢重整(催化加氢、热加氢)、催化裂解等。加氢重整是指生物油在较高压力和较高氢分压条件下,在催化剂的作用下将氧转化为水,同时将大分子化合物裂解为小分子。反应中催化剂可采用硫化的 Co-Mo 或 Ni-Mo/Al$_2$O$_3$。为了避免油的焦化造成的强烈热聚合反应(减少结焦的形成),通常需要在适当的温度(200 ℃左右)下以供氢溶剂做预加氢处理,提高其热稳定性。生物油中氧含量高,脱氧需要较长的反应时间,所得产品处于汽油和柴油的蒸馏范围。加氢处理分为完全加氢和不完全加氢,完全加氢用于取得高等级的碳氢化合物,不完全加氢用来增加生物油的稳定性。加氢重整方法设备和处理成本高,而且操作中易发生反应器堵塞,催化剂严重失活等问题。一般用催化裂解法替代加氢重整法。催化裂解是把大多数小分子含氧化合物转化为甲烷基苯类化合物,生物油经处理后脱氧(脱羧)、脱水变成轻烃($C_1 \sim C_{10}$)组分,其馏程包含在汽油馏程中。多余的氧以 H_2O、CO_2 或 CO 的形式除去。由于脱氧的过程中同时也消耗氢(生成 H_2O),精制油得率比催化加氢低,但反应可在常压下进行,也不需要还原性气体。催化裂解被认为是加氢法经济的替代方法。

7.3.2.2　生物质直接液化

生物质直接液化是指在一定温度和压力条件下,借助液化溶剂及催化剂的作用将生物质由固态直接转化为液态混合物的热化学过程。通过直接液化技术可以将生物质中的纤维素、半纤维素及木质素等固态天然高分子物质降解成分子质量分布较宽、具有反应活性的液态混合物,其实质即是将固态的大分子有机聚合物转化为液态的小分子有机物质。生物质直接液化反应物的停留时间通常需要几十分钟,主要产物是分子质量不等的碳氢化合物,称为液化油(或生物油)。该技术的特点是反应条件温和、设备简单,产品可部分生物降解等。

生物质直接液化过程主要由 3 个阶段构成:首先,破坏生物质的宏观结构,使其分解为大分子化合物;然后,将大分子链状有机物解聚,使之能被反应介质溶解;最后,在高温高压作用下经水解或溶剂溶解以获得液态小分子有机物。直接液化与热解液化相似,也可把生物质中的碳氢化合物转化为液体燃料,其不同点是,同热解液化相比,直接液化可以生产出物理稳定性和化学稳定性都更好的碳氢化合物液体产品,符合市场要求。生物质热解液化与直接液化对比如表 7-1 所示。各种生物质由于其化学组成不同,在相同的反应条件下的液化程度也不同,但液化产物的类别基本相同,主要为生物质粗油和残留物(包括固态和气态)。

表 7-1　　　　　　　　　　　生物质热解液化与直接液化

热化学过程	催化剂	压力/MPa	温度/K	是否需要干燥	主要产物
热解液化	不需要	0.1~0.5	650~800	需要	生物油
直接液化	需要	5~20	525~600	不需要	液化油

为了提高液化产率,可以在反应体系中加入金属碳酸盐等催化剂,或充入氢气和(或)一氧化碳。直接液化溶剂物质包括酚类、醇类、环碳酸盐类以及超临界流体等,这些不同种类溶剂液化的工艺、产物组成和特性及其途径等均不尽相同。

影响生物质直接液化的因素包括原料种类、催化剂、溶剂、反应温度、反应时间、反应压力和液化气氛等。下面简单说明一下各因素对生物质直接液化的不同影响。

(1)生物质原料的影响

生物质直接液化过程示意图见图 7-7。半纤维素的主要降解产物是乙酸、甲酸、糠醛等,纤维素的主要降解产物是左旋葡萄糖,木质素的主要降解产物则是芳香族化合物。不同的生物质原料三组分含量不同,液化产物也不同,因此生物质的种类将影响液化油的组成和产率。另外原料的粒径和形状等对液化反应也有影响。

(2)溶剂的影响

溶剂在生物质直接液化过程中的作用是分散生物质原料,抑制生物质组分分解所得中

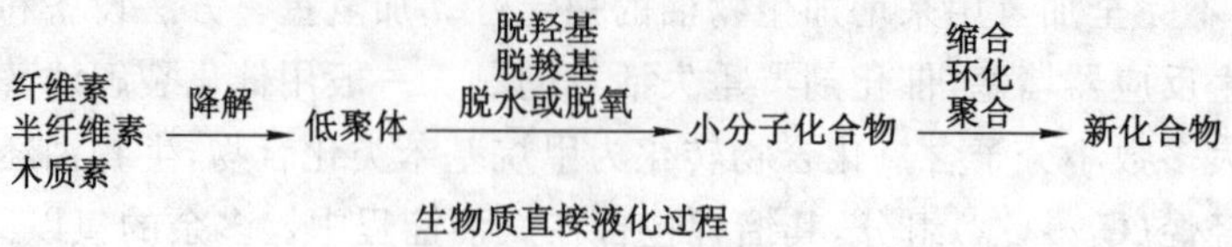

纤维素
半纤维素
木质素
降解
低聚体
脱羟基
脱羧基
脱水或脱氧
小分子化合物
缩合
环化
聚合
新化合物
生物质直接液化过程

图 7-7 生物质直接液化过程

间产物的再缩聚；如果采用供氢溶剂，直接液化油的 H/C 比高于快速热裂解生物油的 H/C 比。生物质直接液化常用的溶剂有水、苯酚、高沸点的杂环烃、芳香烃混合物、中性含氧有机溶剂（如酯、醚、酮、醇等）。以水为溶剂的液化研究过程称为热液改质（hydrothermal upgrading，HTU）过程。水与有机溶剂相比，成本较低，故采用水为溶剂进行的生物质直接液化的 HTU 过程，具有工业化应用前景。

(3) 催化剂的影响

催化剂在生物质直接液化过程中有助于抑制缩聚和重聚等副反应，减少大分子固态残留物的生成量，提高生物质粗油的产率。常用的催化剂主要有碱、碱金属的碳酸盐和碳酸氢盐、碱金属的甲酸盐和酸催化剂等，还有 Co-Mo、Ni-Mo 系加氢催化剂等。催化剂能改善产物的品质，而且能使液化反应向低温区移动，使反应条件趋于温和。目前对于以酚类物质、醇类物质、环碳酸盐类物质和超临界流体为溶剂的直接液化研究较为普遍。

(4) 反应温度和反应时间的影响

适当提高反应温度有利于液化过程，但温度过高时，液化油的得率降低。较高的升温速率有利于液体产物的生成。纤维素在 200 ℃左右开始分解，在 240～270 ℃时反应加快，280 ℃以后纤维素反应基本完全。低于 240 ℃只检测到水可溶物。随着温度的升高，液化油产率升高，并在 280 ℃达到最大，而焦炭和气体产率继续增加。这表明在 280 ℃后随着温度的进一步升高，液化油发生二次反应生成焦炭和气体。通常最佳反应时间为 10～45 min，此时液体产物的产率较高，固体和气态产物较少。反应时间太短会导致反应不完全；反应时间太长会引起中间体的缩合和再聚合，使液体产物中重油产量下降。

(5) 液化气氛的影响

液化反应可以在惰性气体或还原性气体中进行。还原性气体有利于生物质降解，提高液体产物的产率，改善液体产物的性质。在还原性气体氢气气氛下液化时，提高氢气压力可以明显减少液化过程中焦炭的生产量，但在还原性气氛下液化生产成本较高。

生物质直接液化的主要设备是反应釜（图7-8）。搅拌反应釜结构主要由釜体、釜盖、减速器及密封装置等组成。釜体由筒体、上封头及下封头所组成。筒体基本上是圆柱形。封头常用椭圆形、锥形和平板，以椭圆形应用最为广泛。釜底可以是碟形、圆形或锥形。常用碟形底，一般不用锥形底，目的是为了降低功率消耗。反应釜可以进行间歇、半间歇及连续操作。釜体内要尽量避免死角，避免造成液体停滞形成

减速器
温度计套
夹套
进料口
D
D1
H1
H
搅拌轴
叶轮
排放阀

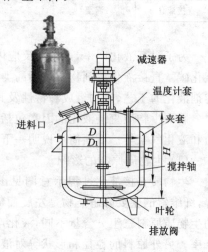

图 7-8 生物质直接液化反应釜

浓度差,不均匀的污垢和沉淀可能加速腐蚀。在反应釜的中心垂直位置上安装机械搅拌器用于加速物料混匀和反应。反应釜上的密封装置包括静密封和动密封装置。静密封指的是管法兰、设备法兰等处的密封,动密封指的是转轴出口处的机械密封或填料密封等。根据工艺要求配置各种接管口、入口、手孔、视镜及支座等部件。焊缝应尽可能采用对接焊缝,以避免搭接或角焊局部过热而引起腐蚀。釜体换热形式最常见的是夹套式。但 D/H(直径/高度)较大时换热困难,可以采用弥补措施,比如除夹套换热外,釜内设置螺旋管换热,也可以在釜外加泵使液体在釜外循环换热。当反应过程中存在低沸点溶剂时(如聚合反应),釜外要加设冷凝器通过回流溶剂控制一定的反应温度。

液化油是高黏度、高沸点的酸性物质,也需要重整转化为可利用的碳氢化合物。液化油重整可采用加氢催化、催化裂解和加氢裂解进行精炼。与液化油对比,加氢催化的产品品质明显得到了提高,其中氧含量大幅度下降。

生物油和液化油都是以生物质为原料,具有原料来源广泛、可再生、便于运输、能量密度较高等特点,是一种潜在的液体燃料和化工原料。生物油作为燃料可用于窑炉、锅炉等产热设备,生物油发电和柴油机,具有很大应用前景,对减少柴油消耗、减缓高品质燃料油供应紧张局面有重要意义。

7.3.2.3　生物质燃料乙醇

燃料乙醇指以生物质为原料,通过生物发酵等途径获得的可作为燃料用的乙醇,一般是体积浓度达到 99.5% 以上的无水乙醇。乙醇能够代替汽油、柴油等,既可以用作动力燃料,也可以完全作为民用和工业用燃料,其燃烧值为 26.9 MJ·kg^{-1},而且不含硫及灰分,是一种清洁、环保、安全、可再生的新型燃料。乙醇也可以作为汽油添加剂,可减少汽油消耗量,增加燃烧的含氧量,使汽油燃烧更充分。乙醇可以通过糖、淀粉和纤维素物质发酵获得,属于生物能源,被视为替代和节约汽油的最佳燃料,有望取代日益减少的化石燃料(如石油和煤炭)。

燃料乙醇生产技术主要有第一代和第二代两种。第一代燃料乙醇技术是以糖质和淀粉质作物为原料生产乙醇。其工艺流程一般分为五个阶段,即液化、糖化、发酵、蒸馏、脱水。第二代燃料乙醇技术是以木质纤维素质为原料生产乙醇。与第一代技术相比,第二代燃料乙醇技术首先要进行预处理,即脱去木质素,增加原料的疏松性以增加各种酶与纤维素的接触,提高酶效率。待原料分解为可发酵糖类后,再进入发酵、蒸馏和脱水。因为用粮食做原料成本太高,人们开始研究使用非粮食类生物质,今后研发的重点主要集中在以木质纤维素为原料的第二代燃料乙醇技术。

木质纤维原料转化乙醇可分为两步:第一步是木质纤维中的纤维素和半纤维素水解成可发酵的碳水化合物;第二步是碳水化合物发酵成乙醇,整体化学反应式如下。

$$(C_6H_{10}O_5)_n + nH_2O \longrightarrow nC_6H_{12}O_6$$
$$C_6H_{12}O_6 \longrightarrow 2C_2H_5OH + 2CO_2 \uparrow$$

（1）预处理

木质纤维素水解通常采用纤维素酶催化或酸催化;发酵则通过酵母菌或细菌实现。木质纤维素类生物质结构复杂,纤维素、半纤维素和木质素互相缠绕,难以水解为可发酵糖。为了使木质纤维素更易于水解,需要采取一些预处理措施。目前,木质纤维原料的预处理方法包括物理法、化学法和生物法。通过预处理可以达到以下几个目的:① 除去木质素的阻碍,增加纤维可接触度;② 分出半纤维和半纤维水解而产生的混合糖;③ 减少纤维结晶度,促进纤维素的水解。

物理预处理法包括机械粉碎法、高温水解法、微波处理法、蒸汽爆破法、液态热水预处理法等。机械粉碎法是纤维素原料预处理的常用方法之一,它能使纤维素原料在破裂、碾磨等外力作用下使原料颗粒变小,结晶度降低。经粉碎的纤维素粉末有膨润性,体积小,有利于提高基质粉碎程度加深,表面积也增大,裸露在表面的结合点增加,从而使植物原料充分反应,提高了水解糖得率。高温水解法是将原料在300 ℃以上的高温条件下处理,纤维素在此温度下快速分解成为气体和残留固体。高温水解后的纤维素经稀酸水解处理可使80%～85%的纤维素转化成糖,其中葡萄糖占50%以上。微波处理是指利用300 MHz～300 GHz范围的电磁波处理原料,经微波处理后的粉末纤维素类物质没有膨润性,能提高纤维素的可及性和反应活性,可以提高基质浓度,得到较高浓度的糖化液。微波处理法耗费时间短,操作简单,但处理费用较高,因此工业化推广受限。蒸汽爆破预处理是指将高温蒸汽与生物质混合一段时间后,蒸汽迅速从反应器中喷出,高压蒸汽渗入纤维内部,以气流的方式从封闭的孔隙中释放出来,使纤维素发生一定的机械断裂;同时,高温高压加剧了纤维素内部氢键的破坏和有序结构的变化,游离出新的羟基,增加了纤维素的吸附能力,也促进了半纤维素的水解和木质素的转化。液态热水预处理又称水压热解、非催化溶剂分解或者水溶解。200～230 ℃的高压水和生物质混合15 min后,40%～60%的生物质被溶解,其中包括4%～22%的纤维素、35%～60%的木质素以及所有的半纤维素。由于液态热水法不使用酸,所以不需要使用化学药品进行缓冲与中和处理,降低了成本,对环境无污染。在热水蒸煮时,物料颗粒会发生破裂,不需要对物料进行降低颗粒大小的粉碎处理,能耗较少,半纤维素的水解率与回收率高,并且水解产物中中性残余物数量少。

化学预处理法主要是以化学品作为预处理剂,破坏纤维素的结晶结构,打破木质素与纤维素的连接,同时使半纤维素溶解。常用的化学预处理法有稀酸预处理、碱处理、氨处理、臭氧分解、有机溶剂法、湿氧化法等。稀酸预处理法成本低,主要用的是稀硫酸,该法有大规模工业应用潜力,处理效果也能完全达到预处理目的。但是该方法由于用到酸中和,会带来无机污染物,另外,酸处理后的副产物糠醛等对下一步发酵液会有不利影响。碱预处理的主要作用是除去生物质中的木质素,以提高剩余多聚糖的反应性。碱处理的机制是通过碱的作用来削弱纤维素和半纤维素之间的氢键及皂化半纤维素和木质素之间的酯键。碱处理后的纤维素更具多孔性。该法预处理的效果取决于原料中木质素的特征。对于木质素低于18%的草类原料,碱法预处理效果显著。该方法可以在常温常压下进行,但是反应时间长达几小时甚至几天。氨处理法是将植物原料在质量分数10%左右的氨溶液中浸泡24～48 h以脱除原料中大部分木质素的方法。该方法处理条件温和,所需设备简单,而且可以除去纤维素原料中所含的对发酵不利的乙酰基,但是半纤维素在氨浓度较高时会有部分损失。臭氧可降解木质素和半纤维素,所以可用于处理植物原料。在臭氧预处理过程中,除去60%的木质素后,可使纤维素基质的酶解速率提高5倍。臭氧分解法能有效去除木质素,不产生有毒物质,可在常温常压下进行,但由于降解过程中需要大量的臭氧,所以处理成本较高。有机溶剂法是以有机溶剂或有机溶剂的水溶液与无机酸催化剂的混合物预处理植物原料,脱除木质素和半纤维素,分离出活性纤维。所用的有机溶剂有乙醇、甲醇、丙酮、乙二醇、四氢化糠醇等,这些有机溶剂脱除木质素的效果基本相同。该方法处理的纤维底物酶可及度高,不需要后处理,可实现纤维素高水解率。回收的半纤维素和木质素纯度高、活性好,有利于副产品开发。湿氧化法是在加温加压条件下，水和氧气共同参加反应，木质素被氧化物酶催化降解，经过该方法处理后的物料可增强对酶水解的敏感度。

生物质预处理法常用可降解木素的微生物，如白腐菌、褐腐菌和软腐菌等真菌，其中最有效的白腐菌是担子菌类。生物法预处理可以专一地分解木素，提高木素消化率，显示了独特的优势，但目前仍停留在实验阶段。

（2）水解

木质纤维素水解通常采用纤维素酶催化或酸催化进行水解。浓酸水解的原理是结晶纤维素在较低温度下可完全溶解在硫酸中，转化成含几个葡萄糖单元的低聚糖。将此溶液加水稀释并加热，一段时间后就可把低聚糖水解为葡萄糖。稀酸水解的原理是溶液中的氢离子可和纤维素上的氧原子结合，使其变得不稳定，容易和水反应，纤维素长链即在该处断裂，同时又释放出氢离子，从而实现纤维素长链的连续解聚，直到分解为最小的单元葡萄糖。传统的酸水解采用连续渗滤式水解反应器，该反应器类似固定床，容易控制。固体生物质原料充填在反应器中，酸液连续通过，液固分离自然完成，提高了所得糖的浓度，减少了糖的分解。总的来说，酸水解工艺较简单，原料处理时间短。但糖的产率较低，且会生成对发酵有害的副产品。

酶水解是生化反应，加入水解反应器的是微生物产生的纤维素酶。酶水解在常温下进行，过程能耗低。酶有很高的选择性，可生成单一产物，故糖产率很高（＞95％）。由于酶水解中基本不加化学试剂，且仅生成很少的副产物，提纯过程相对简单，也避免了污染，但是酶成本高。

纤维素酶水解过程分三步：纤维素酶在纤维素表面的吸附、纤维素的水解和酶的解吸。水解过程中纤维素酶的活性降低，这种钝化作用一部分是由于纤维素酶对纤维素的不可逆吸附造成的。在纤维素酶水解过程中添加表面活性剂，如 Tween 80、聚乙二醇等，能够改变纤维素的表面特性，减少纤维素酶对纤维素的不可逆吸附。纤维素底物浓度是影响酶法水解得率和初始速度的主要因素之一。纤维素酶对纤维素底物的敏感度由底物的结构特征决定，包括纤维素结晶度、聚合度、表面积及木质素含量。其中，木质素通过阻碍纤维素酶到达纤维素及不可逆地结合水解酶来干扰水解，因此脱除木质素能显著提高水解速度。纤维素酶活性主要受纤维二糖抑制，葡萄糖对其也有轻微的抑制作用。目前已研究了几种减少抑制作用的方法，包括提高酶的浓度、水解中增加 β-葡萄糖苷酶、通过超滤或者同时糖化发酵法脱除糖。

（3）发酵

燃料乙醇的发酵工艺有分步水解和发酵（SHF）、同时糖化和发酵（SSF）、直接微生物转化（DMC）。分步水解和发酵（SHF）即纤维素酶法水解与乙醇发酵分步进行，这种方法最大的优点就是各步都可以在各自的最适宜温度下进行，45～50 ℃酶解，30～35 ℃乙醇发酵。而其最大也是致命的缺点是酶解过程中释放出来的糖会反馈抑制纤维素酶的活性，因此纤维素的浓度无法提高，相应地要求提高酶用量才能得到一定的乙醇产量。两步法工艺流程示意图见图7-9。预处理得到的含木糖的溶液和葡萄糖溶液在不同的反应器内进行发酵，所得的水解液再一起混合进行发酵。同时糖化和发酵（SSF）即纤维素酶解与葡萄糖的乙醇发酵在同一个反应器中进行，酶解过程中产生的葡萄糖被微生物迅速利用，解除了葡萄糖对纤维素酶的反馈抑制作用，提高了酶解效率。一方面工厂大罐发酵生产纤维素酶，另一方面将原材料进行预处理后加入纤维素酶和酶母菌株进行同时糖化发酵，不水解的木质素和纤维素残渣分离开来燃烧提供能量，乙醇则通过传统蒸馏工艺回收。同步糖化发酵法工艺流程示意图见图 7-10。同步法与两步法最大的区别在于同步法的纤维素的水解和糖液的发酵在同一个反应器内进行,简化了流程。这样,葡萄糖不断被发酵成酒精,促进了反应的动力学过程,从而减轻了水解产物葡萄糖对酶的反馈抑制作用,缩短了反应时间,提高了发酵产率。但是同步法也存在一些诸如水解和发酵的温度不协调、木糖等其他物质的抑制作用等缺点。

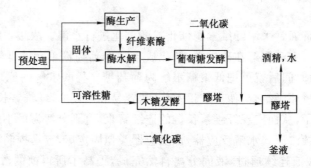

图 7-9　两步法工艺流程图

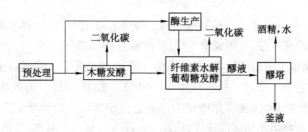

图 7-10　同步糖化发酵法工艺流程图

直接微生物转化(DMC)也称为统合生物工艺(CBP),即农作物秸秆中的纤维素成分通过某些微生物的直接发酵转换为酒精,不需要经过酸解或酶解前处理过程。该工艺方法设备简单,成本低廉;但乙醇产率不高,且产生有机酸等副产物。用混合菌直接发酵,可部分解决这些问题。

7.3.2.4　生物柴油

生物柴油是以油料作物如大豆、油菜、棉、棕榈等,野生油料植物和工程微藻等水生植物油脂以及动物油脂、餐饮垃圾油等为原料油通过转酯化反应制成的可代替石化柴油的再生性柴油燃料,其主要化学组成是长链脂肪酸酯(甲酯或乙酯)。生物柴油是最重要的液体可再生能源产品之一,具有润滑性能好、储运安全、抗爆性好、燃烧充分等优良性能,还具有能量密度高、可再生、易生物降解、含硫量低等特点,可以作为优质的化石柴油代用品。

生物柴油用途广泛,既可以直接用作车用优质柴油,即 100% 生物柴油(B100),也可以与石油柴油调配使用,品种有 2%、5%、10% 和 20%,即 B2、B5、B10、B20 柴油。除此之外,生物柴油还可以用作车用燃料润滑添加剂,能改善低硫柴油的润滑性;还可以作非车用柴油的替代品,如船用、炉用、农用等;作为机械加工润滑剂、脱模剂使用;作为油脂溶剂油使用,如用作脱漆剂、印刷油墨清洗剂、黏合剂脱除剂等;用于代替脂肪酸生产精细油脂化学品等。

生物柴油是通过转酯化反应制备的,用化学式表示如下:

$$
\begin{array}{c}
\text{H}_2\text{C}-\text{O}-\overset{\overset{\displaystyle O}{\|}}{\text{C}}-\text{R} \\
\text{HC}-\text{O}-\overset{\overset{\displaystyle O}{\|}}{\text{C}}-\text{R}' \quad +3\text{CH}_3\text{OH} \overset{\text{酸或碱}}{\rightleftharpoons} \\
\text{H}_2\text{C}-\text{O}-\overset{\overset{\displaystyle O}{\|}}{\text{C}}-\text{R}''
\end{array}
\qquad
\begin{array}{c}
\text{H}_2\text{C}-\text{OH} \\
\text{HC}-\text{OH} \quad + \\
\text{H}_2\text{C}-\text{OH}
\end{array}
\qquad
\begin{array}{c}
\text{R}-\overset{\overset{\displaystyle O}{\|}}{\text{C}}-\text{O}-\text{CH}_3 \\
\text{R}'-\overset{\overset{\displaystyle O}{\|}}{\text{C}}-\text{O}-\text{CH}_3 \\
\text{R}''-\overset{\overset{\displaystyle O}{\|}}{\text{C}}-\text{O}-\text{CH}_3
\end{array}
$$

　　上述反应过程中既有酯与醇的作用(醇解),也有酯与酸的作用(酸解),还有酯与酯的作用(酯交换)。生物柴油的生产制备就是利用了其中的醇解反应,即油脂(甘油三酯)与甲醇在催化剂的作用下,直接生成脂肪酸单酯(生物柴油)和甘油。反应中可用酸催化,也可用碱催化,一般来说,酸性条件下反应温度要求较高,反应时间也较长。

　　根据生物柴油生产的技术路线,转酯化反应可分为酸/碱催化法、生物酶法及其他方法。

　　酸/碱催化法制备生物柴油有两步法和一步法两种生产工艺路线。两步法工艺是先将含游离脂肪酸的动植物油脂经加压水解生成脂肪酸,然后在硫酸催化剂的作用下和甲醇发生酯化反应生产相应的脂肪酸甲酯,再经洗涤干燥即得生物柴油。两步法醇解工艺流程见图 7-11,先将油脂、甲醇和氢氧化钠催化剂泵入反应器 1,在一定压力下反应,使转化率达到90％以上,分离甘油;为了使反应完全,在低温下将混合物泵入反应器 2,进行二次反应;在沉降器 2 中除去甘油,两处甘油混合,浓度达到 90％;脂肪酸甲酯中的甲醇在真空闪蒸器中除去。两步法工艺流程必须先将废油脂转化为脂肪酸,综合得率低,生产过程中产生废水较多,对环境有较大影响。一步法生产工艺是在反应器内,油脂与甲醇在催化剂的作用下,直接生成脂肪酸单酯(生物柴油)和甘油,一步法生产生物柴油工艺流程见图 7-12。一步法工艺流程能够实现工艺连续化和无水纯化。通过连续反应器,可以快速进行转酯化,实现工业连续化生产,在相同的时间内,大大提高生物柴油产能。采用无水纯化工艺对粗生物柴油进行精制,减少了水洗耗水,节约了资源,同时节省了污水处理设施投资和污水转移费用。

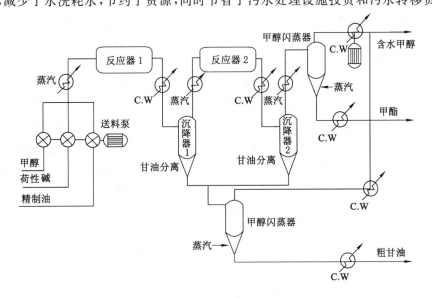

图 7-11　Haldor-Topsoe 连续式(两步法)醇解工艺流程

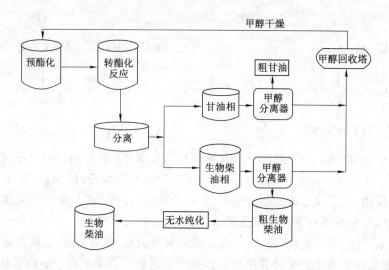

图 7-12　一步法生物柴油工艺路线图

　　在转酯化反应制备生物柴油的过程中,影响反应时间和转化率的主要因素包括:醇油比、催化剂的种类和用量、反应温度、反应物纯度和搅拌速度。理论上进行转酯化反应时,每摩尔脂肪酸甘油酯需要 3 mol 醇,可得到 3 mol 的脂肪酸单酯和 1 mol 的甘油。为了使反应正向移动,可以增加反应物醇的量或移走产物中生成的甘油,以促进反应正向进行。移走产物中的甘油的方法较为理想,可以促进反应正向进行,但在实际应用中调整醇油比比较容易实施。研究结果表明,随着醇油比的增加,脂肪酸单酯收率提高。由于甘油和甲醇均能溶于甲醇中,醇油比过大会影响甘油和脂肪酸甲酯的分离,增大甲醇消耗。因此充分完成转酯化反应是保证有恰当的醇油比,甲醇的用量在油醇脂中有足够的浓度,又不影响甘油的增溶作用所带来的负面麻烦。研究表明,相同用量的碱性催化剂和酸性催化剂相比,前者催化转酯化反应的速率大约是后者的 4 000 倍。另外由于碱的腐蚀性比酸小,现行工业生产中一般采用碱性催化剂。碱性催化剂的用量为油重的 0.5%~1%,油的转化率可达 94%~99%,再增加催化剂用量也不能提高转化率,反而会使产品产生乳化现象而难于分离,增加催化剂回收成本。催化剂的选用还与原料有关,如果原料中水和游离酸含量较高,使用酸或酶催化剂的催化效果会更好。使用催化剂可以降低反应的活化能,加快反应速度,缩短反应时间,提高转化率。从反应的角度来说,温度低则转酯化反应速率低,反应时间延长,提高反应温度,有利于反应加速进行。但温度过高,甲醇剧烈沸腾易引起返混,不利于甘油沉降。如果使用碱性催化剂,会使皂化速度加快,增加制备成本。在相同条件下,精炼油的转化率为 94%~97%,而未经精炼的油转化率仅为 67%~84%。对碱催化的转酯化反应工艺,原料必须无水而且酸值应小于 1.0。若酸值大于 1.0,则需要更多的碱中和游离脂肪酸,而水会引起皂化反应,不仅会消耗部分催化剂,降低催化效果,还会生成凝胶,增大混合物的黏度,使甘油的分离更加困难。在转酯化反应中,开始时反应液分为两层,反应速度非常慢,随着反应的进行,甲酯浓度增加,逐步形成互溶的体系,反应速度加快。通过搅拌可以促进反应物之间快速接触,加快反应速度。反应初期搅拌速度可以稍快,随着反应的进行可以逐渐减慢,可以节约能耗,并且有利于产物中甘油的沉降。

　　脂肪酶催化转酯化反应生产生物柴油即用动植物油脂和低碳醇通过脂肪酶进行转酯化

反应,制备相应的脂肪酸酯。与传统的化学法相比,酶催化法更温和、更有效。酶催化法制备生物柴油甲醇用量少,甲醇用量只是理论量,是化学催化法用量的 $1/6 \sim 1/4$;酶催化法可以简化工序,省去了蒸发回收过量甲醇和水洗、干燥工序;酶催化法不破坏油脂的有效成分,可以更好地回收甘油等副产品。总之,酶催化法制备生物柴油可以综合利用生物柴油,降低生产成本,克服均相碱催化存在的多项缺点,从反应混合物中回收副产品甘油过程简单,操作方便,无工业"三废";而且废油脂中的游离脂肪酸能完全转化成甲酯,对油脂的选择性小,动植物油脂可以不经过预先精制和中和;该方法还可以直接处理废油,对酸值很高的废油转化率可以达到 95% 以上。工业上多采用固定化酶反应器的连续酯交换工艺。用于催化制备生物柴油的脂肪酶是一类可以催化三酰甘油合成和分解的酶的总称,是非水介质中应用最为广泛的酶类。工业化的脂肪酶主要有动物脂肪酶和微生物脂肪酶。微生物脂肪酶种类较多,一般通过发酵法生产。固定化酶是将游离脂肪酶应用固定化技术,通过吸附、交联、包埋等方法固定脂肪酶,从而获得稳定性高、可重复使用和容易回收的催化剂。

脂肪酶催化酯交换反应常用的工艺有两种,间歇式反应工艺(又称分批式反应器,BSTR)和连续反应器。间歇式反应工艺是将固定化酶与底物溶液一起装入反应器中,在一定温度下搅拌反应至符合要求为止。同时采用离心或(和)过滤操作将固定化酶从产物中分离出来。该工艺设备简单,在油脂化工酯交换反应中应用广泛,反应时不产生温度梯度和浓度梯度。但反应及反复回收过程中固定化酶易损失,处理量小。固定化酶反应器的连续酯交换工艺流程如图 7-13 所示。在 3 个反应器中装入固定化脂肪酶催化剂,用计量泵将油脂、低碳醇(如甲醇)和低沸点溶剂的混合溶剂按一定比例分别从第一级固定床反应器(反应器 A)的顶部和底部泵入,进行酯交换反应。产物从反应器流出进入甘油分离器,静置分出下层的粗甘油后,再进入第二级反应器(反应器 B)。同样,酯交换反应后的产物进入甘油分离器,静置分出下层的粗甘油后,再进入第三级反应器(反应器 C)。在第三级反应器中经酯交换反应后,经甘油分离、闪蒸脱除其中的少量溶剂后,即得到生物柴油的粗产品。

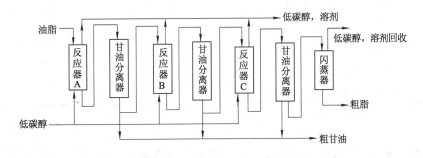

图 7-13　固定化脂肪酶连续酯交换工艺流程

连续反应器反应流程的特点是:反应中,为消除低碳醇对酶的毒性,并及时分离出反应物水,采用了多段连续反应,即三级反应串联,每个反应器之间配有一个水分离器,这样既能够消除低碳醇对酶的毒性,又提高了反应的转化率,同时回收了反应物甘油。转化率的高低取决于反应器的级数。固定化酶生产生物柴油工艺的特点是:工艺简单,反应条件温和,容易操作和控制;脂肪酶催化剂容易与产品分离,固定化酶可以重复使用,废弃的酶则可以生物降解,不会对环境造成危害;反应产生的甘油分离简便;反应过程中无酸、碱物质,不会造成皂化反应,生产稳定性好;反应中不需要过量的甲醇,分离、提取简单,耗能少。影响脂肪酶催化酯交换反应的因素包括:酶的选择、酶的活性、酶的固定化、原料的性质、反应体系的温度、体系含水量、反应时间、底物比和溶剂系统等。反应底物甲醇、乙醇等短链醇对蛋白质有变性作用。当醇底物过量时对脂肪酶的催化作用有很强的抑制作用。甲醇和油酸体系(有溶剂体系)的反应中,理论最佳底物摩尔比为 1∶1;甲醇的底物抑制量为 1 mol,但如果一次性加入,因甲醇浓度过大对脂肪酶产生强烈的抑制作用,反应转化率将大大降低。降低甲醇浓度可明显降低酶活性的抑制,分批加入小于 0.5 mol 的甲醇时酯化率明显提高,但并非批次越多越好。为减小底物对生物酶催化效果的影响,也可在反应体系中加入石油醚(馏程 60～90 ℃)、异辛烷、正庚烷、正己烷、环己烷等溶剂。加入溶剂使反应底物浓度降低,与酶接触的表面积增大,酯化率明显提高。溶剂的影响主要是由于溶剂疏水性的不同引起的。疏水性越强,脂肪酶的活性越高,酯化效果越好。但体系中甲醇的亲水性太强,在反应中起着控制因素的作用,因此溶剂体系极性大小对脂肪酶活性和酯化效果影响不大。从经济角度考虑,溶剂选择石油醚较为合适。不同脂肪酶对酯化反应的催化效果不一样。各种脂肪酶对酯化过程的催化效率见表 7-2。

表 7-2　　　　　　　　　　各种脂肪酶对酯化过程的催化效率

脂肪酶	酯交换转化率/%
Procine 胰酶(Sigma 公司)	22.45
固定化 Procine 胰酶	13.79
固定化 Lipolase 100T(Novo 公司)	42.17
来自 Rhizoups arrhizus 的游离酯酶	66.39
来自 Rhizoups arrhizus 的固定化酯酶	26.31
来自 Rhizoups usamil 的游离酯酶	61.18
来自 Rhizoups usamil 的固定化酯酶	20.60
游离 Candida Cylindracea(Sigma 公司)	19.72
固定化 Candida Cylindracea	17.20
来自 Candida sp.99-125 的游离酯酶	80.50
来自 Candida sp.99-125 的固定化酯酶	81.51

注:加入酯酶的量:游离状态(3%);固定化状态(5%)。

　　脂肪酶催化的转酯化反应对无水分的要求不像酸碱催化反应那么严格,但酯化反应是水解反应的逆反应,反应中产生等摩尔的水,水分过多时会影响酶的催化效果。可以采用向反应体系中加入吸水剂的方法来减小水分对转酯化反应的影响。酶对不同的底物是有特异性的,对于不同链长的饱和脂肪酸来说,C 原子数越多,酯化率越高;相同 C 原子数的不饱和脂肪酸的酯化率要低于饱和酸的酯化率。在基本反应体系中两种底物理论上的最佳摩尔比是 1∶1,但实际上等摩尔比不一定是最佳反应比例。实践中油酸与甲醇的最佳反应底物摩尔比是 1∶1.4,此时酯交换率可以达到 92%。催化剂酶的用量直接影响着酯化反应速率和酯化率,不同浓度的固定化酶催化酯交换反应时的效率不同。当酶的用量为 5%(质量百分比)(酶∶酸)时最佳,再增加酶的用量,反应转化率没有明显的提高。此时固定化酶活性单位为 5 000 u/g。固定化酶的使用寿命和半衰期是极其重要的评价指标。硅藻土和纺织品都可用作固定化载体,纺织品价廉且易于回收和反复使用,制备的固定化酶可连续使用多次。当酸与醇的摩尔比为 1∶1 条件下进行油酸和甲醇酯化反应,固定化酶的半衰期为 360 h,反应 240 h 时反应酯化率下降 12%。

总之,酶法合成生物柴油是一个十分有潜力的生物催化过程。吸附法固定脂肪酶催化酯化反应制备生物柴油,其中酯化工艺的最佳条件是:在石油醚体系中,5%(质量)固定化脂肪酶,温度为 40 ℃,油酸和甲醇摩尔比为 1∶1.4,低碳醇分两次等摩尔加入,在反应过程中加入硅胶吸水剂,反应时间为 24 h,酯化率可达 92%。实验结果表明,脂肪酸和低碳醇的碳原子数越多,酯化率越高。对于硬脂酸体系酸醇摩尔比为 1∶1 的条件下,酯化率可达 95% 以上。

酶解法制备生物柴油的优点是脂肪酶来源广泛,具有选择性和底物与功能团专一性,在非水相中能发生催化水解、酯合成和转酯化等多种反应,且反应条件温和,无需辅助因子。现存问题是脂肪酶价格昂贵,游离化的脂肪酶不利于回收和重复利用,增加了生产成本;甲醇等短链醇对脂肪酶具有毒性,过量的甲醇会对脂肪酶造成不可逆转的损害;脂肪酶催化动力学研究欠缺,缺少基本的动力学数据,不利于反应的扩大和自动化控制;间歇反应工艺时间较长,不利于工业化生产。

生产生物柴油的方法除上述的酸/碱催化和酶催化生产工艺外,还有超临界法制备、"工程微藻"生产柴油、微波加入酯交换、超声波酯交换反应等。

生物柴油起动力性能与普通柴油无区别,且在下述方面具有比普通柴油优良的性能:具有较好的润滑性能,使发动机的磨损降低,延长使用寿命;闪点高,在运输、储存、使用方面的安全性好;十六烷值高,燃烧性能好;硫、芳烃含量低,含氧量高,燃烧残碳低,排放好。生物柴油应用广泛,但在使用时应注意以下事项:生物柴油对橡塑部件具有溶胀型,与有些管路和垫圈不兼容;凝固点高(1.7~15.6 ℃),低温流动性不如普通柴油;氧化安定性差,可加添加剂改善;单位能量稍低,但燃烧完全可以弥补;不同原料生产的生物柴油性能有差异。

目前,各跨国石油和粮油集团纷纷进军生物柴油领域。

7.4　能源植物

能源植物,又称石油植物或生物燃料油植物,通常是指那些具有合成较高还原性烃的能力、可产生接近石油成分和可替代石油使用的产品的植物,以及富含油脂的植物。

按照目前已发现的植物种类来看,能源植物主要集中在草本、乔木、灌木类植物,主要包括夹竹桃科、大戟科、萝科、菊科、桃金娘科以及豆科。到目前为止,全世界已发现 40 多种能源植物,根据其所含的主要物质成分的不同,可将其分为三大类。第一种是富含高糖、高淀粉和纤维素等碳水化合物的能源植物,比如菊芋、木薯、马铃薯、甜菜、高粱、玉米、甘蔗等,利用这类植物最终可得到乙醇。第二种是富含类似石油成分的能源植物,比如油楠、续随子、绿玉树、巴西橡胶树、苦配巴树等,这类植物的主要成分是烃类,是植物能源的最佳来源,生产成本低、利用率高。如巴西橡胶树分泌的乳汁与石油成分极其相似,不需提炼就可以直接作为柴油使用,每一株树年产量高达 40 L。中国海南省特产植物油楠树的树干含有一种类似煤油的淡棕色可燃性油质液体,在树干上钻个洞,就会流出这种液体,也可以直接用作燃料油。第三种是富含油脂的能源植物,比如小桐子、黄连木、光皮树、油桐、乌桕、翅油果、石栗等,这类植物既是人类食物的重要组成部分,又是工业用途非常广泛的原料。对这类植物进行加工是制备生物柴油的有效途径。

目前大部分的能源植物处于野生或半野生状态,科研人员正在利用遗传改良、人工栽培或先进的生物技术手段,通过生物质能转换技术提高生物能源的效率,生产出各种清洁燃料,从而替代煤炭、石油、天然气等化石燃料,减少对矿物能源的依赖,保护国家能源资源,减轻能源消费给环境造成的污染。我国已拥有一批可以产业化生产的能源植物,如南方的薯类和甘蔗,北方的甜高粱和旱生灌木,以及在我国广大地区可以发展的木本油料等油脂植物。能源植物不仅在种类、形态、成分以及功能上具有丰富的多样性,在利用形式、方法上也具有广泛的多样化。

作为未来的一种新能源,能源植物具有许多优点:① 能源植物是新一代的绿色洁净能源,在当今全世界环境污染严重的情况下,应用它对保护环境十分有利。② 能源植物分布面积广,若能因地制宜地进行种植,便能就地取木成油,而不需勘探、钻井、采矿、长途运输,成本低廉,易于普及推广。③ 能源植物可以迅速生长,能通过规模化种植,保证产量,而且是一种可再生的种植能源,而非一次能源。④ 植物能源使用起来要比核电等能源安全得多,不会发生爆炸、泄露等安全事故。⑤ 开发能源植物,还将逐步加强世界各国在能源方面的独立性,减少对石油市场的依赖,可以在保障能源供应、稳定经济发展方面发挥积极作用。因此,能源植物具有广阔的开发利用前景。开发利用能源植物,是解决目前全球能源危机的重要途径之一。

思考与练习

1. 什么是生物质和生物质能?生物质能有何优势?为什么生物质能的应用不像化石能源那样广泛?

2. 生物质能的利用有哪些途径?开发利用生物质能需要考虑哪些因素?

3. 何谓生物质气化技术?该技术有何应用价值?

4. 什么叫热解?生物质热解气化指的是什么?生物质热解气化常用设备有哪些?

5. 何谓沼气?沼气有何用途?沼气发酵的生物化学过程是怎样的?

6. 何谓生物质液化技术?该技术有何应用价值?

7. 生物质液化转化方式有哪些?各有何特点?

8. 何谓生物质燃料乙醇?有何用途?生物质是经过哪些工艺流程转化为燃料乙醇的?

9. 何谓生物柴油?有何用途?生物柴油主要是通过什么反应制备的?

10. 何谓生物质固化技术?该技术有何应用价值?影响生物质固化成型技术的因素有哪些?

11. 什么是能源植物?举例说明。

12. 对于发展生物质能源,你有什么想法?

第8章 太 阳 能

8.1 太阳能简介

太阳能(solar energy),是指太阳的热辐射能,主要表现就是常说的太阳光线。太阳发射的宽频电磁波给地球带来的能量可以转化成热、电或者用于生产燃料。自地球上生命诞生以来,主要以太阳提供的热辐射能生存,而自古人类也懂得以阳光晒干物件,并作为制作食物的方法,如制盐和晒咸鱼等。在化石燃料日趋减少的情况下,太阳能已成为人类使用能源的重要组成部分,并不断得到发展。太阳能的利用有光热转换、光电转换和光化学转换三种方式。广义上的太阳能也包括地球上的风能、化学能、水能等。

太阳能是由太阳内部氢原子发生氢氦聚变释放出巨大核能而产生的。科学家们认为太阳上的核反应是:

$$4{}_1^1H \longrightarrow {}_2^4He + 2\beta^+ + \Delta E$$

式中,β^+ 为正电子的符号。氢在聚合成氦的过程中释放出巨大的能量。在核聚变反应过程中,每 1 g 氢变成氦时质量将亏损 0.007 29 g,释放出 6.48×10^{11} J 的能量,这样,太阳每秒将 657×10^6 t 氢借热核反应变成 657×10^6 t 氦,即每秒亏损四百万吨质量,产生的功率为 390×10^{21} kW。太阳虽然经历了几亿年的发展,但还处于其中年时期。根据目前太阳产生核能的速率估算,其氢的储量足够维持 600 亿年,因此太阳能可以说是用之不竭的。

地球轨道上的平均太阳辐射强度为 1 369 W/m²。地球赤道周长为 40 076 km,从而可计算出,地球获得的能量可达 173 000 TW。在海平面上的标准峰值强度为 1 kW·m⁻²,地球表面某一点 24 h 的年平均辐射强度为 0.20 kW·m⁻²,相当于 102 000 TW 的能量。

尽管太阳辐射到地球大气层的能量仅为其总辐射能量的 22 亿分之一,但已高达 173 000 TW,也就是说太阳每秒钟照射到地球上的能量就相当于 500 万 t 标准煤,每秒照射到地球的能量则为 49 940 000 000 J。地球上的风能、水能、海洋温差能、波浪能和生物质能都是来源于太阳;即使是地球上的化石燃料(如煤、石油、天然气等)从根本上说也是远古以来贮存下来的太阳能,所以广义的太阳能所包括的范围非常大,狭义的太阳能则限于太阳辐射能的光热、光电和光化学的直接转换。

8.2 太阳能的光电利用

太阳能发电有两种方式,一种是光-热-电转换方式,另一种是光-电直接转换方式。太阳能电池又称为"太阳能芯片"或"光电池",是一种利用太阳光直接发电的光电半导体薄片。它只要被满足一定照度条件的光照到,瞬间就可输出电压及在有回路的情况下产生电流,在物理学上称为太阳能光伏(Photovoltaic,缩写为PV),简称光伏。

太阳能电池是通过光电效应或者光化学效应直接把光能转化成电能的装置。以光电效应工作的薄膜式太阳能电池为主流,而以光化学效应工作的实施太阳能电池则还处于萌芽阶段。

8.2.1　太阳能电池简介

太阳能电池只是一个装置,其本身并不提供能量储备,只是将太阳能转换为电能,以供使用。太阳能电池使用的是太阳光波的能量,同时作为电能的来源,具有很多独特的优点,包括:

① 太阳能取之不尽,用之不竭,随处可得,可就近供电,不必长距离输送,因而避免了输电线路等电能损失。

② 太阳能发电系统可采用模块化安装,方便灵活,建设周期短。

③ 太阳能发电安全可靠,不会遭受能源危机或燃料市场不稳定的冲击。

④ 太阳能不用燃料,运行成本很小。

⑤ 太阳能发电没有运动部件,不易损坏,维护简单。

⑥ 太阳能发电不产生任何废弃物,没有污染、噪声等公害,对环境无不良影响,是理想的清洁能源。

采用太阳能光伏发电也存在一些缺点,主要体现在以下三个方面:

① 地面应用时有间歇性,发电量与气候条件有关,在晚上或阴雨天就不能发电或很少发电,与负荷用电需要常常不相符合,因此通常需要配置储能装置。

② 能量密度较低,在标准测试条件下,地面上接收到的太阳辐射强度 $1\ 000\ W \cdot m^{-2}$。大规模使用时,需要占用较大面积。

③ 目前价格仍较高,为常规发电的 $2\sim5$ 倍,初始投资高,影响了其大量推广应用。

进入新世纪以来,世界太阳光伏发电产业发展非常迅速,光伏发电应用已经进入规模化时期。从光伏发电应用形式来看,离网型光伏发电系统占世界光伏市场份额正在逐年减少,并网型光伏发电系统已经成为世界光伏系统最为重要的发展方向。

8.2.2　太阳能电池发电原理

太阳光照在半导体P-N结上,形成新的空穴-电子对,在P-N结电场的作用下,空穴由N区流向P区,电子由P区流向N区,接通电路后就形成电流。这就是光电效应太阳能电池的工作原理。具体来说就是太阳能电池是利用半导体材料的光电效应,将太阳能转换成电能的装置。光生伏特效应:假设光线照射在太阳能电池上并且光在界面层被接纳,具有足够能量的光子可以在P型硅和N型硅中将电子从共价键中激起,致使发作电子-空穴对。界面层临近的电子和空穴在复合之前,将经由空间电荷的电场而被相互分离。电子向带正电的N区和空穴向带负电的P区运动。经由界面层的电荷分别,将在P区和N区之间发作一个向外的可测试的电压。此时可在硅片的两边加上电极并接入电压表。对晶体硅太阳能电池来说,开路电压的典型数值为 $0.5\sim0.6\ V$。经由光照在界面层发作的电子-空穴对越多,电流越大。界面层接纳的光能越多,界面层即电池面积越大,在太阳能电池中组成的电流也越大。

能产生光伏效应的材料有许多种,如单晶硅、多晶硅、非晶硅、砷化镓、铜硒铟等。它们的发电原理基本相同。

8.2.3 太阳能电池效率和评价参数

太阳能电池的能量转换效率(energy conversion efficiency)是从太阳能电池的端子输出的电力能量与输入的太阳辐射光能量的比,用百分数来表示。也就是转换效率 η 可定义为:

$$\eta = 太阳能电池的输出功率/进入太阳能电池的太阳能 \times 100\%$$

然而以此来评价太阳能电池性能使用时有些不方便。例如同样的太阳能电池,如果输入光的光谱发生变化,或者即使接收到同样的输入光,太阳能电池的负荷发生变化,那么输出的电功率就会变化,从而得到不同的效率值。因此,国际电气规格标准化委员会(International Electrotechnical Commission,IEC)对于地面上使用的太阳能电池,定义太阳光线通过的空气质量(大气质量)条件为 AM1.5,输入光的功率为 $100\ mW \cdot cm^{-2}$,在负荷变化时最大电力输出与其的比值用百分率表示,称为标称效率(nominal efficiency)。以标称效率为基础,计算出太阳能电池的输出效率,可以求得实用的太阳能电池的性能评价指标,如最大输出电压 V_{max}、输出电流 I_{max}、开路电压 V_{oc} 以及短路光电流密度 J_{sc} 等。

8.2.4 几类太阳能电池

目前主要太阳能电池材料划分的种类见图 8-1。

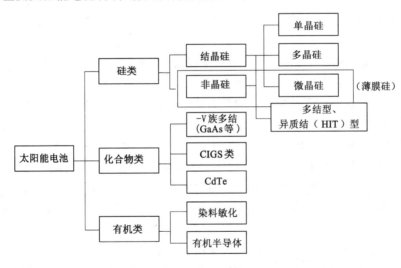

图 8-1　目前主要太阳能电池材料划分的种类

以下分别对晶体硅太阳能电池、非晶硅太阳能电池、化合物半导体太阳能电池及有机太阳能电池加以介绍。

(1)晶体硅太阳能电池

晶体硅太阳能电池是光伏发电(简称 PV 系统)市场上的主导产品。1997 年单晶硅太阳能电池的产量最多,84%的太阳能电池及组件是采用晶体硅制造的。晶体硅电池既可用于空间,也可用于地面。由于硅是地球上储量第二大的元素,人们对它作为半导体材料的研究很多,技术也很成熟,而且晶体硅性能稳定、无毒,因此多利用晶体硅来对太阳能电池进行研究开发、生产以改进电池性能,如背表面场、浅结、绒面、Ti/Pd 金属化电极和减反射膜等。由于采用许多新技术,晶体硅太阳能电池的效率有了很大的提高,其本身也获得了很大的发展,后来的高效电池就是在这些早期实验和理论基础上发展起来的。

（2）非晶体硅及微晶体硅薄膜太阳能电池

非晶硅对太阳光的吸收系数大，因而非晶硅太阳能电池可以做得很薄。最具代表性的材料是氢化非晶硅（α-Si:H），其物性上的最大特点是禁带宽度通常为 $1.7\sim1.8$ eV，比结晶硅要宽，使其在可见光范围内具有相当大的光吸收系数。也就是说，仅 1 μm 以下的厚度，就可以吸收可见光范围内的太阳光子。通常硅膜厚度仅为 $1\sim2$ μm，大约是单晶硅或多晶硅电池厚度的 $1/500$，所以制作非晶硅电池资源消耗少。在太阳能电池使用的 α-Si:H 中化合氢的含量，用原子百分数表示占 10%，这些氢原子会直接对悬空键缺陷进行补偿，或者缓和坚固的匹配位网络，以达到低缺陷密度。

非晶硅太阳能电池一般用高频率辉光放电方法使硅烷（SiH_4）气体分解沉积而成。辉光放电法是将石英容器抽成真空，充入用氢气或氩气稀释的硅烷，用射频电源加热，使硅烷电离形成等离子体，非晶硅膜沉积在被加热的衬底上。若硅烷中渗入适量的氢化磷或氢化硼，即可得到 N 型或 P 型的非晶硅膜。衬底材料一般用玻璃或不锈钢板。这种制备非晶硅薄膜的工艺主要取决于严格控制气压、流速和射频功率，衬底的温度也很重要。由于分解沉积温度低（200 ℃左右），因此能量消耗少，成本比较低。这种方法比较适合于大规模生产，且单片电池面积可以做得很大（例如 0.5 m$\times1.0$ m），整体美观。非晶硅电池的另一特点是它可以做在玻璃、不锈钢板、陶瓷板，甚至柔性塑料片等基础上，还可以制成建筑屋顶用的网状太阳能电池，应用前景广阔。

目前，非晶硅太阳能电池的研究主要着重于提高非晶硅薄膜本身的性能，特别集中于减少缺陷密度，控制各层厚度，改善各层之间的界面状态以及精确射击电池结构等方面，以获得高效率和高稳定性。目前非晶硅电池的最高效率已达到 14.6% 左右，大量生产的可达到 $8\%\sim10\%$，叠层电池的最高效率可达到 21%。

在薄膜的生长过程中，如果供给高密度原子状态的氢，则非晶薄膜就会形成 Si 的结晶微粒（尺寸为直径数纳米～数十纳米），这样的材料称为微晶硅（microcrystalline silicon, μc-Si）。在光学性质上，微晶硅可得到结晶与非晶中间的特性，由于在基底上结晶粒具有较高的制膜效率，因此可得到低电阻（高导电率）特性。微晶硅的低光吸收和高导电率特性，在 α-Si:H 太阳能电池中作为电极或者窗口一侧的结合层来利用。近期研究表明，微晶硅太阳能电池几乎没有光致衰退现象（SWE 问题），应用在电池中也几乎不受后氧化的影响，而且微晶硅的光谱吸收特性与非晶硅具有一定的互补性，应用于叠层电池可以获得更高效率的电池。

由微晶硅薄膜太阳能电池和非晶硅太阳能电池组合成非晶/微晶硅叠层电池，一方面可以将分光响应不同的电池片进行组合，吸收更宽幅度的光谱，以更有效利用光；另一方面也提高了电池的开路电压和稳定性，同时用 α-Si 系材料时所观察到的由于光致衰减效应引起的光电转换效率下降也得到某种程度的抑制。与非晶硅薄膜太阳能电池形成两层或多层接合的太阳能电池，转换效率可提升到 $10\%\sim20\%$。

（3）化合物半导体太阳能电池

化合物半导体太阳能电池是另一大类太阳能电池。研究、应用较多的有砷化镓（GaAs）、铜铟硒（$CuInSe_2$）、碲化镉（CdTe）、磷化铟（InP）等太阳能电池。因为化合物半导体材料大多是直接禁带材料，光吸收系数较高，因此仅需数微米厚的材料就可以制备成高效率的太阳能电池。而且,化合物半导体材料的禁带宽度一般较大,其太阳能电池的抗辐射性能明显高于硅太阳能电池。但由于多数化合物半导体有毒性,易对环境造成污染,目前它们只用于一些特殊的场合。

砷化镓(CdTe)太阳能电池的制备有晶体生长法、直接拉制法、气相生长法、液相外延法、分子束外延法、金属有机化学气相沉积法等,目前大多用液相外延法或金属有机化学气相沉积技术制备,因此成本高,产量受到限制,降低成本和提高生产效率已成为研究重点。砷化镓太阳能电池目前主要用于航天器上。

碲化镉是 Ⅱ～Ⅵ 族化合物半导体,是公认的高效廉价的薄膜电池材料。碲化镉多晶薄膜的制备方法主要有:丝网印刷烧结法、周期性电脉冲沉积法、高温喷涂法、真空蒸发、CVD 和原子层外延(ALE)等技术。虽然碲化镉薄膜太阳能电池已由实验室研究阶段开始走向规模工业化生产,但市场发展缓慢,市场份额一直徘徊在 1% 左右。下一步的研发重点是进一步降低成本、提高效率并改进与完善生产工艺。碲化镉类太阳能电池作为大规模生产与应用的光伏器件时,最值得关注的是环境污染问题。有毒元素 Cd 对环境的污染和对操作人员健康的危害是不容忽视的。目前各国均在大力研究解决制约 CdTe 薄膜太阳能电池发展的因素,相信通过上述问题的逐渐解决,CdTe 薄膜太阳能电池会成为未来社会新的能源成分之一。

铜铟硒(copper indium diselenide,CIS)薄膜太阳能电池是以多晶 $CuInSe_2$ 半导体薄膜为吸收层的太阳能电池,金属镓元素部分取代铟,称为铜铟镓硒(copper indium gallium diselenide,CIGS)薄膜太阳能电池,属于 Ⅲ-Ⅵ 族四元半导体,具有黄铜矿的晶体结构。CIS/CIGS 薄膜太阳能电池自 20 世纪 70 年代出现以来,得到非常迅速的发展,目前已经成为国际光伏界的研究热点。我国的 $CuInSe_2$ 薄膜太阳能电池研究始于 20 世纪 80 年代中期,该技术已在实验室研究中获得可喜的进展,制备的 CIGS 太阳能电池效率已经超过了 14%。但 CIS/CIGS 薄膜太阳能电池也存在价格高和制作困难等问题,但具有比硅系节省原料、寿命长、发光效率高等优势。CIGS 材料不论是膜的具体结构还是成膜的化学反应过程都比较复杂,制备工艺控制的参数较多,有些参数之间还互相影响,这直接影响了 CIGS 电池的重复性。但是也正是由于这种复杂性,才使得 CIGS 电池的工艺具有更大的灵活性。现在柔性衬底的薄膜技术也有了进一步的发展,柔性薄膜太阳能电池的高功率质量比和超强的抗辐射能力使其成为现时非常诱人的空间发电的选择。进一步提高电池的转化效率、制作过程的可重复性和研究大面积电池的制作过程则是 CIGS 薄膜太阳能电池实现商业化的有效途径。

(4) 有机系太阳能电池

有机系太阳能电池主要分为有机半导体太阳能电池和染料敏化太阳能电池。人们在 20 世纪 70 年代起开始探索将一些具有共轭结构的有机化合物应用到太阳能电池,从而发展了有机系太阳能电池(organic photovoltaic solar cells)。

有机系太阳能电池具有以下几个优点:① 有机化合物的种类繁多,有机分子的化学结构容易修饰,电池材料易于选择;② 化合物的制备提纯加工简便,设备成本低,通过纳米化学技术,有机材料吸收层会自动合成,不像无机薄膜电池那样需要昂贵的镀膜设备,价格也比较便宜;③ 原材料用量少,有机太阳能电池只需要 100 nm 厚的吸收层就可以充分吸收太阳光谱,而晶体硅电池需要 $200\sim300\ \mu m$ 的半导体吸收层,无机柔性电池和无机薄膜电池

也需要 $1 \sim 2 \ \mu m$ 的半导体吸收层;④ 电性能可调,可以按照需要合成有机物质,以调节吸收光谱和载流子的输运特性;⑤ 用于制作电池的材料结构类型可以多样化,适于制作大面积柔性光伏器件。

综上所述,有机系太阳能电池制作工艺简单、成本低廉,可以卷曲,适宜制成大面积的柔性薄膜器件,拥有未来成本上的优势以及资源的广泛分布性。

8.3　太阳能的光化学利用

利用光化学反应可以将太阳能转换为化学能,主要有三种方法:光合作用、光化学作用(如光分解水制氢)和光电转换(光转换成电后电解水制氢)。

8.3.1　光合作用

地球上数以万计的绿色植物在进行着光合作用,人类赖以生存的能源和材料都直接和间接地来自光合作用。图 8-2 为绿色植物光合作用示意图。粮食就是由太阳能和生物的光合作用生成的,石油、煤、天然气等化石燃料就是自然界留给人类的光合作用产物。

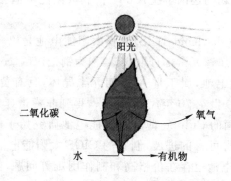

图 8-2　光合作用示意

8.3.2　光化学作用

光化学效应是指物质的分子吸收了外来光子的能量后激发的化学反应。普通光与生物组织作用时,在一定条件下就可产生光化学效应。例如,视紫红质受光照后发生的漂白过程,人体皮肤中的麦角胆固醇在阳光作用下变成维生素 D2,以及在叶绿体存在的条件下,阳光照射可使水和二氧化碳合成碳水化合物和氧气。激光作为一种能量高度集中、单色性极好的光源,它还可以引起一些普通光不能引起的光化学效应。

光化学的初级过程是分子吸收光子使电子激发,分子由基态提升到激发态。分子中的电子状态、振动与转动状态都是量子化的,即相邻状态间的能量变化是不连续的。因此分子激发时的初始状态与终止状态不同时,所要求的光子能量也是不同的,而且要求二者的能量值尽可能匹配。

由于分子在一般条件下处于能量较低的稳定状态,称作基态。受到光照射后,如果分子能够吸收电磁辐射,就可以提升到能量较高的状态,称作激发态。如果分子可以吸收不同波长的电磁辐射,就可以达到不同的激发态。按其能量的高低,从基态往上依次称作第一激发态、第二激发态等;而把高于第一激发态的所有激发态统称为高激发态。

　　激发态分子的寿命一般较短,而且激发态越高,其寿命越短,以致于来不及发生化学反应,所以光化学主要与低激发态有关。激发时分子所吸收的电磁辐射能有两条主要的耗散途径:一是和光化学反应的热效应合并;二是通过光物理过程转变成其他形式的能量。

　　光化学反应与一般热化学反应相比有许多不同之处,主要表现在:加热使分子活化时,体系中分子能量的分布服从玻耳兹曼分布;而分子受到光激活时,原则上可以做到选择性激发,体系中分子能量的分布属于非平衡分布。所以光化学反应的途径与产物往往和基态热化学反应不同,只要光的波长适当,能为物质所吸收,即使在很低的温度下,光化学反应仍然可以进行。

　　光化学反应的种类很多,它们的发生机制各不相同,但它们的一个最基本的规律是,特定的光化学反应要特定波长的光子来引发。一般说来,可以引发生物分子产生光化学反应的是波长 700 nm 以下的可见光和紫外光。在眼科激光治疗中涉及的光化学效应有光切除和光辐射治疗。

　　利用太阳光分解水制氢是从根本上解决能源危机和环境污染的理想途径之一。某研究小组设计了如图 8-3 所示的循环系统实现光分解水制氢。反应过程中所需的电能由太阳能光电池提供,反应体系中 I_2 和 Fe^{3+} 等可循环使用。

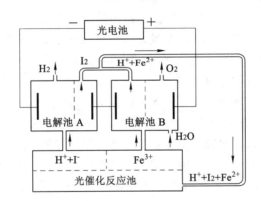

图 8-3　循环系统实现光分解水制氢

　　电解池 A 中,H^+ 和 I^- 反应生成 H_2 和 I_2,则反应的离子方程式是:

$$2H^+ + 2I^- \xrightarrow{\text{通电}} H_2 \uparrow + I_2$$

　　电解池 B 中,Fe^{3+} 和 H_2O 反应生成 O_2、H^+ 和 Fe^{2+},则反应的离子方程式是:

$$4Fe^{3+} + 2H_2O \xrightarrow{\text{通电}} O_2 \uparrow + 4H^+ + 4Fe^{2+}$$

　　光催化反应池中,H^+、I_2、Fe^{2+} 反应生成 H^+、I^- 和 Fe^{3+},则光催化反应池中的离子方程式是:

$$2Fe^{2+} + I_2 \xrightarrow{\text{光照}} 2Fe^{3+} + 2I^-$$

　　宽光谱响应半导体材料的开发与应用是实现太阳能高效光化学转化的前提和基础。近年来,中国科学院大连化学物理研究所李灿院士团队致力于新型宽光谱响应半导体材料的开发,通过对系列层状或隧道状宽禁带半导体材料进行掺氮处理,实现了有效的宽光谱吸收和利用,并从实验上证实了该类新型半导体为光催化分解水材料的可行性。然而,该类半导体材料仍存在着光生载流子分离效率低的问题。基于此,该团队一直重视发展构筑异质结、异相结甚至晶面间电荷分离等策略来从源头上提升材料的光生电荷分离效率。近日,他们进一步设计和发展一种新的氮化合成策略,成功构筑基于掺氮化合物与氮氧化物的 $Mg-Ta_2O_{6-x}N_y/TaON$ 异质结结构,可大幅提升光生电荷的分离效率和光催化 Z 机制完全分解水制氢性能,取得了文献报道的粉末光催化 Z 机制分解水体系中最高表观量子效率。该研究不仅提供了异质结构筑的新方法,而且打通了从新型材料研发到完全分解水制氢的链条,为今后进一步发展高效可见光完全分解水制氢过程奠定了基础。

8.3.3　光电转换(光转换成电后电解水制氢)

太阳能电池最直接的应用就是将转换出的电能直接对水进行电解,在两极产生氢气和氧气,这一过程中实现太阳能、电能与化学能的转换。典型的光电化学分解太阳池由光阳极和阴极构成。光阳极通常为光半导体材料,受光激发可以产生电子空穴对,光阳极和对极(阴极)组成光电化学池,在电解质存在下光阳极吸光后在半导体带上产生的电子通过外电路流向阴极,水中的氢离子从阴极上接受电子而产生氢气。半导体光阳极是影响制氢效率最关键的因素。应该使半导体光吸收限尽可能地移向可见光部分,减少光生载流子之间的复合,以及提高载流子的寿命。要使分解水的反应发生,最少需要 1.23 V(25 ℃)的电压,目前最常用的电极材料为 TiO_2,其禁带宽度为 3 eV,把它用作太阳能光电化学制氢系统的阳极,能产生 $0.7 \sim 0.9$ V 的电压,因此要使水裂解就必须施加以一定偏压。

太阳能制氢中施加偏压的方法有:利用太阳电池施加外部偏压和利用太阳电池在内部施加偏压,故太阳能光电化学分解水制氢分为一步法和两步法。一步法是不将电能引出太阳电池,而是在太阳电池的两个电极板上制备催化电极,通过太阳电池产生的电压降直接将水分解成氢气和氧气。该方法的优点为免去了外电路,降低了能量损耗,但是光电极的光化学腐蚀问题却比较突出,所以研究的重点就是电池之间的能隙匹配、电池表面防腐层的选择和制备器件结构的设计,对催化电极的要求是有较低的过电势、有好的脱附作用、对可见光透明、低成本、防腐。两步法是将太阳能光电转换和电化学转换在两个独立的过程中进行,通过将几个太阳电池串联起来,来满足电解水需要的电压条件。该方法的优点为在系统中可以分别选用转化效率高的太阳电池和较好的电化学电极材料以提高光电化学转换效率,有效避免因使用半导体电极而带来的光化学腐蚀问题。但两步法也存在缺点,即要将电流引出电池,需要损耗很大的电能,因为电解水只需要低电压,如若得到大功率的电能就需要很大的电流,使得导线耗材和功率损耗都会很大,而且在电流密度很大时,同样也要加大电极的过电势。

为了提高光分解水制氢的效率,研究者设计了一个综合制氢的新方法。例如 $FeSO_4$、H_2SO_4、I_2 溶液,通过吸收一定波长的太阳能来发生光催化氧化还原反应,生成 $Fe_2(SO_4)_3$ 和 HI,HI 热分解产生 H_2 和 I_2,$Fe_2(SO_4)_3$ 热分解产生 $FeSO_4$ 和 O_2。$FeSO_4$ 和 I_2 可以循环使用。

这个综合制氢的流程的反应式:

$$2FeSO_4 + I_2 + H_2SO_4 \xrightarrow{h\nu} Fe_2(SO_4)_3 + 2HI$$

$$2HI \longrightarrow H_2 + I_2$$

$$Fe_2(SO_4)_3 + H_2O \longrightarrow 2FeSO_4 + H_2SO_4 + 1/2O_2$$

总反应

$$H_2O \longrightarrow H_2 \uparrow + 1/2O_2 \uparrow$$

第一步是光化学反应,第二步是热化学反应,第三步是电化学反应。水向阳极液补充,结果3步不同的化学反应过程,最终分解为氢气和氧气。该方法是非常有发展前途的制氢方法。

思考与练习

1. 什么是太阳能?
2. 太阳能有何优势?为什么太阳能到目前还不能被广泛应用?
3. 太阳能的光热利用包括哪些方面?
4. 太阳能发电有几种方式?各有何特点?
5. 太阳能的光化学利用有哪几种方法?各有什么用途?
6. 光化学反应与一般热化学反应相比有哪些不同之处?
7. 对于太阳能的利用,你有何想法?

第9章 核 化 学

　　随着人类对原子结构的深入了解和认识,人们从原子的外部,深入到原子的内部;从懂得原子之间相互作用发生质变,进而懂得了原子核发生质变的问题。这样,就逐步建立起研究原子核质变的化学——核化学。它是用各种能量的轻重粒子引发核反应,实现原子核的转变,分离鉴定核反应的产物,并由此探讨其反应机制。核化学、放射化学和核物理,在内容上既有区别却又紧密地联系和交织在一起。

9.1　原子结构

9.1.1　原子

　　原子是指化学反应中不可再分的基本微粒,但在物理状态中可以分割。原子是由位于原子中心的原子核和核外电子组成的。这些电子绕着原子核的中心运动,就像太阳系的行星绕着太阳运行一样。原子在化学反应中是最小的微粒,无法再变化,直径大约为千万分之一毫米。原子核由质子和中子构成,而质子和中子由三个夸克构成。电子的质量为 $9.109\ 1\times10^{-31}\ \text{kg}$,而质子和中子的质量分别是电子的 1 836 倍和 1 839 倍。图 9-1 是原子结构与其性质的框架图。

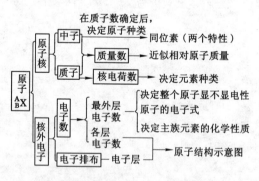

图 9-1　原子结构与其性质的框架图

9.1.2　原子核组成及其性质

9.1.2.1　原子核的组成

　　原子核(atomic nucleus)位于原子的中央,占有原子的大部分质量,由中子和质子组成(氢原子核只有一个质子),如图 9-2 所示。质子由两个上夸克和一个下夸克组成,带一个单位正电荷。中子由一个上夸克和两个下夸克组成,两种夸克的电荷相互抵销,所以中子不显电性。根据质子和中子数量的不同,原子的类型也不同:质子数决定了该原子属于哪一种元素,而中子数则确定了该原子是此元素的哪一个同位素。拥有相同质子数的原子是同一种元素,原子序数=质子数=核电荷数=核外电子数。而对于某种特定的元素,中子数是可以变化的。中子数决定了一个原子的稳定程度,一些元素的同位素能够自发进行放射性衰变。

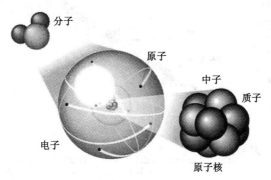

图 9-2　分子、原子及原子核的关系图

原子核一般为球形或接近球形,其大小通常用核半径 R 表示。"核半径"不同于宏观球体的半径,它并不是指原子核的几何半径。质子是一种带 1.602 189 2×10⁻¹⁹ 库仑正电荷的亚原子粒子,即一个单位的正电荷,质量大约是电子质量的 1 836.5 倍。中子不带电,其质量与质子相近。质子和中子统称为核子。自由中子不稳定,会自发地衰变为质子。在原子核中的质子与质子、质子与中子、中子与中子间存在的相互作用力,称为核力。核力有一个明显的作用范围,这里的"核半径"是指核力的作用区域的半径。目前,测量"核半径"的方法有 α 粒子的散射、质子的散射、电子的散射、中子的散射、μ 介子原子的特征 X 射线研究等。

核物质是由无限多等量中子和质子组成的、密度均匀的物质。核物质有两个主要特点:
① 每个核子的平均结合能与核子的数目无关;② 核物质的密度与核子的数目无关。

具有相同的质子数 Z、相同的中子数 N、处于相同的能态且寿命可测的一类原子称为核素。

质子数相同、中子数不同的两个或多个核素称作同位素。

中子数相同、质子数不同的核素称作同中子异荷素。

质量数不同、质子数不同的核素称作同质异位素。

处于不同的能量状态且其寿命可以用仪器测量的同一种原子核称作同质异能素。

如果将一个原子核中的所有质子换成中子,中子换成质子,就得到另一个原子核。这两个原子核彼此互为镜像核,如氚和³He 互为镜像核。

核素图是在从事核物理学研究时,中子数作横坐标,原子核中的质子数作纵坐标,制作的一张图表,如图 9-3 所示。

9.1.2.2　原子核的性质

若忽略原子核和核外电子的结合能,原子核的质量等于原子的质量减去核外电子的质量。

核子结合成原子核时,有质量亏损,根据爱因斯坦的质能联系方程 $\Delta E = \Delta m c^2$,必然放出相应的能量,这个能量叫作原子核的结合能。显然,如果要把原子核分开成核子,必须给

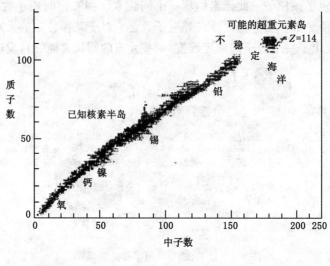

图 9-3　核素图

以同样的能量。

　　核子组成不同的原子核时,放出的结合能的大小也不相同。结合能除以核子数就得到核子的平均结合能,其意义是:核子结合成原子核时,平均每个核子所释放的结合能。它也等于把原子核拆散成核子时,外界必须提供给每个核子的平均能量。可见,平均结合能的大小表征着原子核稳定的程度。比结合能越大,原子核中核子结合得越牢固,原子核越稳定。平均结合能曲线如图 9-4 所示。

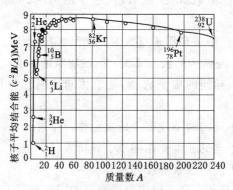

图 9-4　平均结合能曲线

　　从平均结合能曲线图可知利用原子核能的可能途径。对于轻核聚变成为稍重核的聚变来说,由于聚合过程中的质量亏损,就能放出大量的原子核能。平均结合能曲线的左端有几处突起的地方,它们分别是 ^{4}He, ^{12}C, ^{16}O,这些元素的原子核结合得较紧密。

　　当把更轻的原子核聚合成上述几种原子核时就放出大量的能量。重核发生裂变时,也能放出能量。当中子轰击铀核时,铀核分裂为两个中等质量的原子核。由于中等质量的原子核的核子平均结合能比重核的大,核子结合成中等原子核时的质量亏损大于结合成重核时的质量亏损,从而放出能量。从能量的角度来看,这些核子结合成两个中等质量的原子核时放出的能量要大于这些核子结合成重核时放出的能量。显然,这个能量差就是重核分裂成两个中等原子核时要释放出来的能量。

可见,原子核在发生聚变和裂变反应时释放出的巨大能量,都是由于在核反应中发生了质量亏损。对此可能会产生一个疑问:在核反应前后,是不是质量不守恒了呢?不能这样看。因为核反应中放出的能量是以反应后的各种产物的动能的形式给出的,这些产物的运动速度很大。在相对论力学中,运动速度很大的物体的质量将有所增加,这增加的部分就是运动质量。我们在计算质量亏损时,都是用的静止质量,如果把反应后各产物的运动质量也计算进去,那么反应前后的质量将是相等的。也就是说:在相对论力学中,核反应前后物体的质量仍是守恒的。

此外,对于平均结合能曲线的形状还可以用核力的作用来说明。对于最轻的那些原子核,由于核子数很少,全部核子都处在核的表面,即每个核子没有被其他核子完全包围起来,只是向着核中心的那一面受核力的作用,因此核子的平均结合能比较小。随着核子数的增加,就有越来越多的核子被周围的核子包围起来,各方面都受到核力的作用,因此核子的平均结合能也随着增加。但是,由于核力发生作用的距离非常短,只对相邻核子起作用,因此核子数增加到一定程度,核子的平均结合能就不再增加。另一方面,随着核内质子数的增加,正电荷之间的斥力作用也随着增大,它将抵消一部分核力的作用,因而使结合能减小,这就是结合能曲线经过最高点以后向下弯的原因。质量数过大的荷,由于结合能减小,就变得越来越不稳固,以致能自发地放出某种粒子而衰变成质量数较小的核,这就是天然放射现象。在自然界中不容易看到质量数比铀还大的超铀元素,就是这个缘故。(在 20 世纪 60 年代末,物理学家预言:在原子序数等于 114,质量数等于 298 附近,可能有特别稳定的原子核,这一区域叫"超重岛"。不过到目前为止,不论在自然界或人工方法,都还没有发现这种超重元素。)

原子核模型是在实验事实的基础上建立的描述核结构的模型。由于至今对于核力还不能作严格而全面的描述,为了说明核结构特性,只能在实验事实的基础上建立有关核结构的唯象的模型,再将由此得出的结果与更多的实验事实作比较,使之完善充实。目前原子核模型有 3 种,分别是液滴模型、核壳层模型和综合模型。

9.1.3 电子

电子是最早发现的亚原子粒子,电子的质量只有 9.11×10^{-31} kg,为氢原子的 1/1 836,是 1907~1913 年密立根用在电场和重力场中运动的带电油滴进行实验得出的。电子带有一个单位的负电荷,即 4.8×10^{-19} 静电单位或 1.6×10^{-19} 库仑,其体积因为过于微小,现有的技术目前还无法测量。

电子具有波粒二象性,不能像描述普通物体运动那样肯定它在某一瞬间处于空间的某一点,而只能指出它在原子核外某处出现的可能性(即几率)的大小。电子在原子核各处出现的几率是不同的,有些地方出现的几率大,有些地方出现的几率很小,如果将电子在核外各处出现的几率用小黑点描绘出来(出现的几率越大,小黑点越密),那么便得到一种略具直观性的图像。在这些图像中,原子核仿佛被带负电荷的电子云所笼罩,故称电子云(图 9-5)。

把核外电子出现几率相等的地方连接起来,作为电子云的界面,使界面内电子云出现的总几率很大(例如 90% 或 95%),在界面外的几率很小,由这个界面所包括的空间范围,叫作原子轨道,这里的原子轨道与宏观的轨道具有不同的含义。电子的运动规律是由满足薛定

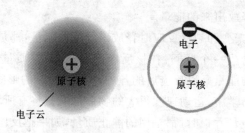

图 9-5   电子云

谔方程的波函数描述的。因为波函数与原子核外电子出现在原子周围某位置的概率有关,所以波函数又被形象地称为"原子轨道"。原子轨道是薛定谔方程的合理解,薛定谔方程为一个二阶偏微方程,形式如下:

$$\frac{\partial^2 \psi}{\partial x^2} + \frac{\partial^2 \psi}{\partial y} + \frac{\partial^2 \psi}{\partial z} + \left(\frac{8\pi^2 m}{h^2}\right)(E-V)\psi = 0$$

式中,m 为电子的质量,E 为电子的总能量,V 为电子的势能。

该方程的解 ψ 是 x、y、z 的函数,写成 $\psi(x,y,z)$。为了更形象地描述波函数的意义,通常用球坐标来描述波函数,即 $\psi(r,\theta,\varphi) = R(r) \cdot Y(\theta,\varphi)$,这里 $R(r)$ 函数是与径向分布有关的函数,称为径向分布函数;$Y(\theta,\varphi)$ 是与角度分布有关的,称为角度分布波函数。

9.2   放射性

9.2.1   放射性衰变的基本规律

原子核自发地发射粒子或电磁辐射、俘获核外电子,或自发裂变的现象称为放射性,这种核转变称为放射性衰变(radioactive decay)或核衰变(nuclear decay)。衰变前的放射性同位素称为母体,衰变过程中产生的新同位素称为放射成因同位素,或叫作子体。衰变时放出的能量称为衰变能量。具有这种性质的核素称为放射性核素,也叫不稳定核素。原子序数在 83(铋)或以上的元素都具有放射性,但某些原子序数小于 83 的元素(如锝)也具有放射性。放射性有天然放射性和人工放射性之分。天然放射性是指天然存在的放射性核素所具有的放射性。它们大多属于由重元素组成的三个放射系(即钍系、铀系和锕系)。人工放射性是指用核反应的办法所获得的放射性。

放射性衰变遵从指数衰变规律。放射性核是一个量子体系,核衰变是一个量子跃迁过程,遵从量子力学的统计规律。也就是说,对于任何一个放射性核,发生衰变的时刻完全是偶然的,不能预料,而大量放射性核的集合作为一个整体,衰变规律是十分确定的。

放射性原子核的衰变是一个统计过程,所以放射性原子的数目在衰变时是按指数规律随时间的增加而减少的,称为指数衰减规律,即 $N = N_0 e^{-\lambda t}$。其中 λ 的意义是单位时间该种原子核的衰变概率,称为衰变常数。单位时间内衰变掉的放射性核的数目称为放射性活度,简称为活度。

在放射性衰变过程中,放射性母体同位素的原子数衰减到原有数目的一半所需要的时间称为半衰期。半衰期是鉴别不同放射性核素的重要指标。半衰期的一个重要应用是地质学中用以确定地质年代,考古学中用以确定古生物或文物的年代。考古学中常用的放射性

核素是 ^{14}C，$T_{1/2}=5\ 730$ 年。

在递次衰变中，根据母、子体的放射性随时间的变化规律，若母体的半衰期比任何一代子体都长，从纯母体出发，经过足够长（5～10 倍于最长子体半衰期）时间以后，母体的原子数（或放射性活度）与子体的原子数（或放射性活度）之比不随时间变化，称在该母、子体之间达到了放射性平衡，又称久期平衡。

9.2.2　放射性衰变类型

放射性衰变类型是指不稳定原子核因放射性自发转变为另一种核时发射粒子而变化的类型。目前发现的衰变类型有：

（1）α 衰变

原子核自发地放射出 α 粒子而转变成另一种核的过程叫作 α 衰变。一次 α 衰变后该原子核的原子序数减少 2，质量数减少 4。

（2）β 衰变，其中包括 β^- 衰变、β^+ 衰变和电子俘获（EC）

① β^- 衰变

β^- 衰变是放射出 β^- 粒子（高速电子）的衰变。一般地，中子相对丰富的放射性核素常发生 β^- 衰变。这可看作是母核中的一个中子转变成一个质子的过程。一次 β^- 衰变后，该原子核的原子序数增加 1，质量数不变。

② β^+ 衰变

β^+ 衰变是放射出 β^+ 粒子（正电子）的衰变。一般地，中子相对缺乏的放射性核素常发生 β^+ 衰变。这可看作是母核中的一个质子转变成一个中子的过程。一次 β^+ 衰变后，该原子核的原子序数减少 1，质量数不变。

③ 轨道电子俘获（EC）

原子核俘获一个 K 层或 L 层电子而衰变成核电荷数减少 1、质量数不变的另一种原子核。由于 K 层最靠近核，所以 K 俘获最易发生。在 K 俘获发生时，必有外层电子去填补内层上的空位，并放射出具有子体特征的标识 X 射线。这一能量也可能传递给更外层电子，使它成为自由电子发射出去，这个电子称作"俄歇电子"。一次 EC 衰变后，该原子核的原子序数减少 1，质量数不变。

（3）γ 衰变和发射内转换电子

① γ 衰变：处于激发态的核，通过放射出 γ 射线而跃迁到基态或较低能态的现象。衰变后，原子核的原子序数、质量数不变，能量降低。γ 射线的穿透力很强。γ 射线在医学核物理技术等应用领域占有重要地位。

② 内转换

内转换：有时处于激发态的核可以不辐射 γ 射线回到基态或较低能态，而是将能量直接传给一个核外电子（主要是 K 层电子），使该电子电离出去。这种现象称为内转换，所放出的电子称作内转换电子。衰变后，原子核的原子序数、质量数不变，能量降低。

（4）自发裂变

重核分裂成两个或几个中等质量的碎片，同时发射出中子和能量的过程称为原子核裂变。自发裂变为处于基态或同质异能态的原子核在没有外加粒子或能量的情况下发生的裂变。

（5）质子衰变

质子衰变是原子核发射质子(H 或 p)的放射性衰变。一次 p 衰变后,该原子核的原子序数减少 1,质量数减少 1。

(6) 中子衰变

中子衰变是原子核发射中子(n)的放射性衰变。一次 n 衰变后,该原子核的原子序数不变,质量数减少 1。

(7) 重离子放射性(簇放射性)

簇放射性又称重离子放射性,是不稳定的重原子核自发发射一个质量大于 α 粒子的核子簇团(重离子)而转变为另一种核的过程。

9.3 射线与物质的相互作用

常见射线包括 α、β(包括正负电子)、γ、中子与 X 射线,其中 α、β 射线为带电粒子流,γ 与 X 射线系光子,中子射线为不带电的粒子流。不同种射线与物质相互作用产生的物理效应不同。具体如下:

(1) 带电粒子与物质相互作用会产生电离、激发、韧致辐射和湮没辐射。

电离:指带电粒子使物质原子核外电子脱离原子轨道变成离子的过程。

激发:如果核外电子所获动能不足以使之成为自由电子,只是从内层跃迁到外层,从低能级跃迁到高能层。

韧致辐射:带电粒子受到原子核电场作用而发生方向和速度变化,多余能量以 X 射线形式释放出来。韧致辐射的发生几率,与带电粒子质量的平方成反比,与带电粒子的能量成正比,与介质的原子序数的平方成正比。因此 α 粒子的韧致辐射可忽略不计,高能 β 射线的韧致辐射效应显著(与入射粒子的能量呈正比)。屏蔽 β 射线可使用原子序数较小的物质,如塑料、有机玻璃、铝。它还可用于纯 β 射线核素治疗剂量检测。

湮没辐射:正电子通过物质时,其动能完全消失后,可与物质中的自由电子相结合而转化为一对发射方向相反、能量各为 0.511 MeV 的 γ 光子。

(2) X、γ 射线与物质相互作用产生光电效应、康普顿效应、电子对生成效应。

光电效应:γ 光子与介质原子核外电子(内层电子为主)碰撞,将能量传递给电子,使之脱离原子而光子消失的过程,称为光电效应,这样的电子称光电子。光电效应发生几率与入射光子能量及介质原子序数相关。

康普顿-吴有训效应:能量较高的 γ 光子与原子核外电子碰撞,将部分能量传递给电子,使之脱离原子轨道成为高速运行的电子,γ 光子能量降低,运行方向改变,称康普敦效应。该效应发生几率与光子能量和介质密度有关,γ 光子能量为 500~1 000 keV 时,效应明显;介质密度越高,效应越明显。

电子对生成效应:当 γ 光子能量大于 1.022 MeV 的能量在物质原子核电场作用下转化为一个正电子和一个负电子,称为电子对生成,余下能量变成电子对动能。该效应发生几率与原子序数平方成反比。常用 X、γ 射线能量较低,与物质作用几乎不产生电子对。

(3) 中子引起机体主要通过次级带电粒子以电离或激发方式将能量传递给生物分子。

快中子主要通过弹性散射产生高电离密度的反冲核(质子);

慢中子被物质内的原子核俘获发生核反应释放 γ 射线等次级射线,其子核可能是感生放射性核素。

9.4 辐射及探测

9.4.1 电离辐射

电离辐射是指波长短、频率高、能量高的射线。电离辐射可以从原子或分子里面电离出至少一个电子。电离辐射是一切能引起物质电离的辐射总称,其种类很多。高速带电粒子有 α 粒子、β 粒子、质子,不带电粒子有中子以及 X 射线、γ 射线。

电磁辐射又称电子烟雾,是由空间共同移送的电能量和磁能量所组成的,而该能量由电荷移动所产生。举例说,正在发射讯号的射频天线所发出的移动电荷,便会产生电磁能量。电磁"频谱"包括形形色色的电磁辐射,从极低频的电磁辐射至极高频的电磁辐射。两者之间还有无线电波、微波、红外线、可见光和紫外光等。电磁频谱中射频部分的一般定义,是指频率约 3 kHz 至 300 GHz 的辐射。

辐射的类型和特点:

① α 射线是一种带电粒子流,由于带电,它所到之处很容易引起电离。α 射线有很强的电离本领,这种性质既可利用,也带来一定破坏处,对人体内组织破坏能力较大。由于其质量较大,穿透能力差,在空气中的射程只有几厘米,只要一张纸或健康的皮肤就能挡住。

② β 射线也是一种高速带电粒子,其电离本领比 α 射线小得多,但穿透本领比 α 射线大,但与 X、γ 射线比,β 射线的射程短,很容易被铝箔、有机玻璃等材料吸收。

③ X 射线和 γ 射线的性质大致相同,是不带电、波长短的电磁波,穿透力强,射程远,有危险,必须屏蔽。

辐射防护三大原则包括:辐射实践正当化、辐射防护最优化和个人剂量当量限值(剂量控制)。辐射防护的三要素是时间、距离和屏蔽,或者说辐射防护的主要方法是时间防护、距离防护和屏蔽防护,即减少受辐射时间,增加与辐射源的距离,在辐射源之间添加有效屏蔽。

9.4.2 辐射的探测

在研究和应用放射性核素时一定要知道放射性核素所发射的荷电粒子或射线(统称为辐射)的种类、数量及有关的性质,这就需要对核辐射进行探测。放射性测量装置通常由核辐射探测器和信号处理系统完成。核辐射探测器包括灵敏介质和结构部分。

放射性探测仪器的工作原理是以射线与物质的相互作用(电离作用、荧光现象、感光作用)为基础,将辐射能转化为其他可测量的物理能,然后多数将射线能量转变为电脉冲信号,然后用电子仪器测量和记录。简而言之,当粒子通过某种物质时,这种物质就吸收其一部分或全部能量而产生电离或激发作用。当粒子是带电的,其电磁场与物质中原子的轨道电子直接相互作用。如果是 γ 射线或 X 射线,则先经过一些中间过程,产生光电效应、康普顿效应或电子对,把能量部分或全部传给物质的轨道电子,再产生电离或激发。对于不带电的中性粒子,例如中子,则是通过核反应产生带电粒子,然后造成电离或激发。辐射探测器就是用适当的探测介质作为与粒子作用的物质,将粒子在探测介质中产生的电离或激发,转变为各种形式的直接或间接可为人们感官所能接受的信息。

目前,放射性探测仪器按能量转化方式可分为:

① 气体电离探测器:如正比计数管、电流电离室、G-M 计数管;

② 固体探测器:放免仪;

③ 液体闪烁探测器;

④ 半导体探测器:用于活化分析。

9.5 核反应

核反应,是指原子核与原子核,或者原子核与各种粒子(如质子、中子、光子或高能电子)之间的相互作用引起的各种变化。研究核反应的重要目的之一就是获取核能。在核反应的过程中,会产生不同于入射弹核和靶核的新的原子核。因此,核反应是生成各种不稳定原子核的根本途径,也是核化学的主要研究对象。

在核反应中,用于轰击原子核的粒子称为入射粒子或轰击粒子,被轰击的原子核称为靶核;核反应发射的粒子称为出射粒子,反应生成的原子核称为剩余核或产物核。入射粒子 a 轰击靶核 A,发射出射粒子 b 并生成剩余核 B 的核反应可用以下方程式表示:

$$A+a \longrightarrow B+b \text{ 或简写为:} A(a,b)B$$

若 a、b 为同种粒子,则为散射,并根据剩余核处于基态还是激发态而分为弹性散射和非弹性散射,用 $A(a,a)A$ 和 $A(a,a')A^*$ 表示,给定的入射粒子和靶核能发生的核反应往往不止一种。每一种核反应称为一个反应道。反应道由入射道和出射道构成。入射粒子和靶核组成入射道,出射粒子和剩余核组成出射道。同一入射道可以有若干出射道,同一出射道也可以有若干入射道。

发生某种核反应的几率用核反应截面来表征。只有满足质量数、电荷、能量、动量、角动量和宇称等守恒条件,核反应才能发生,相应的反应道称为开放的,或简称开道,反之为闭道。核反应过程总是伴随着能量的吸收或释放,前者称为吸能反应,反者称为放能反应。反应能常用 Q 表示,等于反应后与反应前体系动能之差,可标明在核反应方程式中,例如:

$$3H+2H \longrightarrow 4He+n+Q \quad Q=17.6 \text{ MeV}$$

对于吸能反应,仅当入射粒子的动能高于阈能(E_{th})时才能引起核反应。

核反应按其本质来说是质的变化,但它和一般化学反应有所不同。化学反应只是原子或离子的重新排列组合,而原子核不变。因此,在化学反应里,一种原子不能变成另一种原子。核反应乃是原子核间质点的转移,致使一种原子转化为它种原子,原子发生了质变。核反应的能量效应要比化学反应的大得多。核反应能常以兆电子伏计量,而化学反应能一般只有几个电子伏。例如:核反应不是通过一般化学方法所能实现的,而是用到很多近代物理学的实验技术和理论。首先要用人工方法产生高能量的核"炮弹",如氦原子核、氢原子核、氘原子核等,利用这些"炮弹"猛烈撞击别的原子核,从而引起核反应。各种各样的加速器,都是为了人工产生带电的高能粒子用作核"炮弹"来进行核反应的。当 1932 年人们发现中子后,不但对原子核的结构有了正确的认识,而且发现中子是一种新型的核"炮弹"。由于中子不带电荷,它和原子核之间不存在电排斥力,因而用它来产生核反应时,比用带电的其他高能粒子效果好得多。

核反应通常分为四类:衰变、粒子轰击、裂变和聚变。前者为自发发生的核转变,而后三种为人工核反应(即用人工方法进行的非自发核反应)。

按入射粒子的不同,核反应可分为三类:① 中子核反应,如中子的弹性散射(n,n)、非弹性散射(n,n′),中子的辐射俘获(n,γ),发射带电粒子的核反应(n,p)、(n,α)等,又如中子裂变反应(n,f),发射两粒子的核反应(n,2n)、(n,pn)等;② 带电粒子核反应,如质子引起的核反应(p,γ)、(p,n)、(p,p)、(p,p′)、(p,α)、(p,2n)等,氘核引起的核反应(d,n)、(d,p)、(d,α)等,α粒子引起的核反应(α,n)、(α,2n)、(α,p)等,重离子引起的核反应(^{12}C,4n)、(^{22}Ne,6n)等;③ 光核反应,即光子引起的核反应,如(γ,n)、(γ,p)、(γ,α)、(γ,f)等。

按入射粒子的能量,核反应又可粗分为三类:① 低能核反应,入射粒子能量低于10^8电子伏,对于较轻的重离子,每个核子平均能量低于10^7电子伏(如10^8电子伏的碳12核),也属于低能核反应的范畴,低能核反应的出射粒子的数目最多为3~4个;② 中能核反应,入射粒子能量在10^8~10^{10}电子伏之间;③ 高能核反应,入射粒子能量大于10^{10}电子伏。

9.6 放射化学分离方法

目前科学家们已发现了112种元素,2 800余种核素,其中271种核素是稳定的,其余的都是有放射性的。放射性核素通常与其母体、其他子体以及其他放射性核素共存,要得到某种放射性核素就必须进行一些分离工作。放射化学分离是用化学或物理的方法使放射性物质与稳定物质分离或几种放射性物质彼此分离的技术。在核燃料生产、核燃料后处理、放射性核素生产、放射性标记化合物合成、核化学研究和放射性核素的分析方面,都会遇到放射化学分离。放射化学分离的方法通常有:共沉淀、溶剂萃取、离子交换色谱、电化学分离、电泳、核反冲、挥发、蒸馏、快速化学分离等方法。

共沉淀法是加入载体后进行沉淀分离的。曾用钡和铋作为载体进行共沉淀,分离和发现了元素镭和钋。现在广泛应用有机化合物作为沉淀剂,分离放射性核素。常用的有机试剂是酸或螯合剂,它们与金属离子生成盐或螯合物形式的沉淀。

溶剂萃取法是根据待分离物质在两种不互溶溶剂中分配系数的差别实现分离的。例如,用30%磷酸三丁酯-煤油溶液使水溶液中的铀(Ⅵ)和钚(Ⅳ)与大部分裂变产物分离,铀、钚进入有机相,裂变产物留在水相。溶剂萃取法操作简便,易于多级连续操作,选择性好,回收率高,在核燃料生产和后处理及放射化学研究中应用广泛。

离子交换色谱法是根据待分离物质在离子交换树脂上吸附能力的差别实现分离的。先将待分离物质吸附在树脂上,然后用各种淋洗剂将被分离物呈色谱状淋洗下来,由于各种分离物质与淋洗剂间的作用程度有差别,扩大了分离的效果。离子交换色谱是吸附色谱的一种(其他色谱方法也可用来分离放射性物质),离子交换树脂作为固定相,淋洗剂作为流动相。离子交换色谱法在钷和超钚元素的发现和研究中起了很大的作用,在裂变产物和其他放射性核素的分离及核燃料生产中是一种重要的分离方法。此法设备简单,易于实现自动化,分离效率高。

电化学分离方法是通过电化学置换、电解析出和电泳过程使放射性物质分离。钋在银、铋和铜等金属片上置换析出是最早用于放射性物质分离的电化学方法。每种元素的特定价态转变成单质或其他价态时有相应的标准电极电位（势），电位大的金属离子容易被置换出来。通常置换的机理比较复杂，除了电化学过程外，还会发生吸附、混晶和离子交换等过程，不容易估测分离效果。在一定外加电压条件下，也可以借助电解使金属离子还原成金属析出。对于微量放射性元素，只有当电压超过该元素离子的沉积电位时，离子才能在阴极上析出，金、银、铋、汞、铅等均能以单质形式电解析出。为了达到良好的分离，可用控制阴极电位的方法。浓度很低时，电解过程比较复杂，因此一般要加入载体。电解法分离的选择性比较差，需要的时间较长。

电泳是离子在溶液中沿电场力作用方向移动的现象。由于各种离子的电荷数与离子半径的比值不同，在相同电场力作用下，过一定时间后，移动的距离不同，可以取得分离效果。如将滴有钋（Ⅳ）和锔（Ⅲ）的色层纸条放在柠檬酸溶液中，在 16 V/cm 的电场中进行电泳 3 h，则钋迁移 50 mm，而锔移动了 100 mm。电泳法需要时间很长。

核反冲法是核反应或核衰变过程中由于接受或放射粒子，核自身受到反冲而脱离原来的物相，从而实现分离。离开原来物相的反冲核进入气相时一般带有正电荷，这是因为反冲原子的电子壳层中失去了一些电子。利用电场可以方便地收集气相中带电荷的反冲核，此法在早期研究放射性元素氡的衰变产物——放射性淀质时起过重要作用。发现和鉴定钔及其后面的一些重元素，也采用了核反冲分离法。这种方法迅速简便，在某些情况下选择性较好。

挥发法利用物质的沸点或升华点不同而实现分离。如乏燃料中铀、钚和裂变产物可以氟化生成氟化物，由于六氟化铀和六氟化钚均易挥发，可以与不易挥发的一些裂变产物分离；裂变产物中产生的另一些易挥发氟化物则通过其他过程再与铀、钚分离。此法的选择性较差。

蒸馏法利用不同元素单质或化合物的蒸气压差别实现分离。如砷、汞、锑、硒、锡和锗的卤化物蒸气压较高，可用蒸馏法将它与其他元素的化合物分离。铀的裂变产物中钌也能以四氧化钌的形式被蒸馏出来，蒸馏分离一般要用载体。此法分离的效果较好，但需时较长，且适用的元素种类较少。

快速化学分离法是以分离时间短促为特征的一类分离方法，是针对研究短半衰期放射性核素的要求而研究和制订出来的。实际操作中一般根据分离的对象、规定的要求和实验室的条件等来选择放射化学分离方法。例如，分离或鉴定半衰期特别短的核素时，迅速是首要的，因此反冲法、热色谱法和快速流体载带法优先被采用。如果要分离的核素半衰期长、经济价值高或向环境排放会引起严重后果，则应选用收率高、简便而又安全的分离方法，如萃取法、离子交换色谱法和电化学法等。有时，要分离的核素与多种核素混在一起，而又求产物具有较高的纯度，则必须采用选择性最佳的分离方法。

9.7 放射性元素化学

放射性元素是指其已知同位素放射性的元素，分为天然放射性元素和人工放射性元素两类。天然放射性元素是指那些最初是从自然界发现而不是用人工方法合成的放射性元素。它们是一些原子序数大于 83 的重元素，包括：钋 Po、氡 Rn、钫 Fr、镭 Ra、锕 Ac、钍 Th、镤 Pa、铀 U、镎 Np、钚 Pu。

人工放射性元素在自然界中并不存在,是通过核反应人工合成的元素,包括 Tc、Pm 和原子序数大于 93 的元素。在元素周期表中铀以后的元素统称超铀元素,又叫铀后元素。原子序数在 89～109 的 15 种元素涉及 $5f$ 轨道的填充,与原子序数在 57～71 的 15 种镧系元素相对应,称为锕系元素。原子序数在 104 以后的元素称为超锕系元素或锕系后元素。

9.8 热原子化学

核反应或核衰变过程中产生的激发原子及其与周围环境作用引起的化学效应的研究被称为热原子化学。自从 1934 年发现了齐拉特-查尔默斯效应以来,已有了 50 多年的历史。热原子化学常常被用于浓集放射性同位素及合成复杂的标记化合物等方面。核转变时反冲能在 $1～10^5$ eV 之间,比室温下单原子分子的平均动能高得多,因此反冲原子常常被称为热原子。

9.8.1 热原子化学

在研究核转变时发现,在生成核或子核的过程中,同时还发生着有关分子的化学变化。例如,利用酞菁铜 $Cu(C_6H_4C_2N_2)_4$ 作为靶化合物,在中子的照射之下发生 $^{63}Cu(n,\gamma)^{64}Cu$ 核反应,生成的放射性同位素铜 64 多数以无机的离子态形式存在,而只有少数保留在原来的络合分子酞菁铜里。原因是生成核铜 64 具有比化学键能大几十倍的反冲能量,这么巨大的反冲能量破坏了酞菁铜分子中的铜—氮键,而使大多数的铜 64 原子离开了酞菁铜分子。这种带有很高能量的反冲原子,称为热原子,研究这类反冲原子与周围化学环境所起的化学变化,就是热原子化学的研究范围。

除了将高能反冲原子称为热原子以外,在核转变过程中,尤其是在核衰变过程中,生成核虽然反冲能量很小,但经常带有好几个正电荷。这种高度电离的激发原子,也同样被称为热原子。例如,$^{131}Xe^m$ 经同质异能跃迁后,子体 ^{131}Xe 原子平均带有 7.9 个电荷。显然,这种带有几个正电荷的热原子与邻近的原子发生强烈的库仑相斥,也能使化学键断裂而发生化学变化。

热原子化学的研究范围很广,涉及周期表中绝大多数元素。曾研究了 (n,γ)、(n,p)、(n,α)、$(n,2n)$、(n,f)、(γ,n)、(γ,γ') 等核反应的化学效应,以及 β 衰变、α 衰变、同质异能跃迁、K 电子俘获、内转换等各种核衰变的化学效应。从物态角度看,有气相和液相体系的热原子化学,也有专门研究固相的热原子化学(固相热原子化学)。

在研究方法方面,近年来注意采用新的物理方法,如分子束技术,以补充化学方法的不足;在理论计算方面,重视了计算机的使用。过去研究的重点比较集中于观察各种体系的复杂的热原子化学现象,由此对化学反应机理和模型进行理论性的探讨。现在出现了将热原子化学的基础研究逐步地与分子生物学、医学等实际问题相结合的趋势。

9.8.2 热原子反应机理

热原子反应机理是对核转变过程中高能热原子逐步丢失能量的过程及发生化学反应的历程的描述。它是热原子化学理论研究的一个主要课题。核转变过程中生成的反冲热原子,具有远远超过化学键能的动能。这样的高能热原子,不经过相当程度的冷却,是不能形成新的化学键而结合为新化合物的,只有在失掉相当多的能量之后,才能形成新的化合物。

1947年美国放射化学家 W. F. 利比对热原子的冷却过程提出了著名的台球模型。他假定反冲热原子是刚性的弹子球,与周围介质分子中的原子做无序的弹性碰撞。每做一次碰撞,就丢失一部分能量,直到丢失了大部分能量而接近于分子热运动的能量时,才与四周的分子碎片结合成一个放射性标记的分子。

根据利比的理论,大体上可以将热原子反应按其能量划分为三类:

① 真热反应:反冲热原子只经过少数几次碰撞,丢失了一部分能量后,在较高能量下发生的直接反应。

② 超热能反应:热原子冷却到能量高于周围介质的热能,约相当于化学键能的二三倍时所发生的反应。

③ 热能反应:热原子冷却到与周围介质达到热平衡之后,在较低能量下与分子碎片发生的复合反应。

20 世纪 50 年代以来,在大量的实验基础上,不断地提出了一些描述热原子化学反应过程的理论模型,其中有些模型已能对一些简单的气相体系的热原子反应机理作些定量的描述。

目前,热原子反应的应用有氟的反冲化学、新化合物的制备、用反冲原子直接标记和生物化学中的反冲效应。

9.9 核能

9.9.1 核能概述

世界上的一切物质都是由带正电的原子核和绕原子核旋转的带负电的电子构成的。原子核包括质子和中子,质子数决定了该原子属于何种元素,原子的质量数等于质子数和中子数之和。如一个铀-235 原子是由原子核(由 92 个质子和 143 个中子组成)和 92 个电子构成的。如果把原子看作是我们生活的地球,那么原子核就相当于一个乒乓球的大小。虽然原子核的体积很小,但在一定条件下它却能释放出惊人的能量。

质子数相同而中子数不同或者说原子序数相同而原子质量数不同的一些原子被称为同位素,它们在化学元素周期表上占据同一个位置。简单地说同位素就是指某个元素的各种原子,它们具有相同的化学性质。按质量不同同位素通常可以分为重同位素和轻同位素。铀是自然界中原子序数最大的元素。天然铀的同位素主要是铀-238 和铀-235,它们所占的比例分别为 99.3% 和 0.7%。除此之外,自然界中还有微量的铀-234。铀-235 原子核完全裂变放出的能量是同量煤完全燃烧放出能量的 2 700 000 倍。

9.9.2 核能获取

核能,是核裂变能的简称。50 多年以前,科学家在一次试验中发现铀-235 原子核在吸收一个中子以后能分裂,在放出 2~3 个中子的同时伴随着一种巨大的能量,这种能量比化学反应所释放的能量大得多,这就是我们今天所说的核能。核能的获得途径主要有两种,即重核裂变与轻核聚变。核聚变要比核裂变释放出更多的能量。例如相同数量的 ^2H 和 ^{235}U 分别进行聚变和裂变,前者所释放的能量约为后者的三倍多。被人们所熟悉的原子弹、核电站、核反应堆等都利用了核裂变的原理。只是实现核聚变的条件要求得较高,即需要使氢核处于 6 000 ℃ 以上的高温才能使相当的核具有动能实现聚合反应。

（1）重核裂变

重核裂变是指一个重原子核分裂成两个或多个中等原子量的原子核，引起链式反应，从而释放出巨大的能量（图 9-6）。例如，当用一个中子轰击 U-235 的原子核时，它就会分裂成两个质量较小的原子核，同时产生 2～3 个中子和 β、γ 等射线，并释放出约 200 MeV 的能量。如果再有一个新产生的中子去轰击另一个 U-235 原子核，便引起新的裂变，以此类推，裂变反应不断地持续下去，从而形成了裂变链式反应，与此同时，核能也连续不断地释放出来。

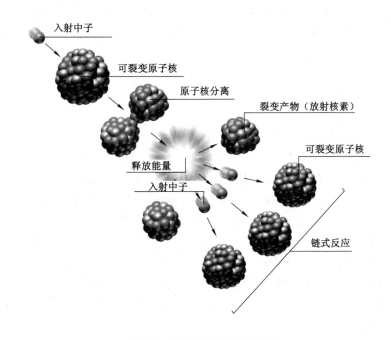

图 9-6　重核裂变的链式反应

（2）轻核聚变

所谓轻核聚变是指在高温下（几百万度以上）两个质量较小的原子核结合成质量较大的新核并放出大量能量的过程，也称热核反应。它是取得核能的重要途径之一。由于原子核间有很强的静电排斥力，因此在一般的温度和压力下，很难发生聚变反应。而在太阳等恒星内部，压力和温度都极高，所以就使得轻核有了足够的动能克服静电斥力而发生持续的聚变。自持的核聚变反应必须在极高的压力和温度下进行，故称为"热核聚变反应"。

氢弹是利用氘、氚原子核的聚变反应瞬间释放巨大能量这一原理制成的，但它释放能量有着不可控性，所以有时造成了极大的杀伤破坏作用。目前正在研制的"受控热核聚变反应装置"也是应用了轻核聚变原理，由于这种热核反应是人工控制的，因此可用作能源。

9.9.3　核能开发

核能俗称原子能，它是原子核里的核子-中子或质子重新分配和组合时释放出来的能量。核能分为两类：一类叫裂变能，一类叫聚变能。

核能有巨大威力。1 kg 铀原子核全部裂变释放出来的能量，约等于 2 700 t 标准煤燃烧时所放出的化学能。一座 100 万 kW 的核电站,每年只需 25 t~30 t 低浓度铀核燃料,运送这些核燃料只需 10 辆卡车;而相同功率的煤电站,每年则需要 300 多万 t 原煤,运输这些煤炭,要 1 000 列火车。核聚变反应释放的能量则更巨大。据测算 1 kg 煤只能使一列火车开动 8 m;1 kg 裂变原料可使一列火车开动 4 万 km;而 1 kg 聚变原料可以使一列火车行驶 40 万 km,相当于地球到月球的距离。

地球上蕴藏着数量可观的铀、钍等裂变资源,如果把它们的裂变能充分利用,可以满足人类上千年的能源需求。在大海里,还蕴藏着不少于 20 万亿 t 核聚变资源——氢的同位元素氘,如果可控核聚变在 21 世纪前期变为现实,这些氘的聚变能将可顶几万亿亿吨煤,能满足人类百亿年的能源需求。更可贵的是核聚变反应中几乎不存在放射性污染。聚变能称得上是未来的理想能源。因此,人类已把解决资源问题的希望,寄托在核能这个能源世界未来的巨人身上了。

9.10　核分析技术

核分析技术是利用中子、光子、离子、正电子与物质原子或者原子核的相互作用,采用核物理实验技术,研究物质成分和结构的一种分析方法。它包括活化分析、离子束分析、核效应分析三大类。核分析技术是在实验核物理和核化学基础上发展起来的一门新型学科。其特点是利用粒子与物质的相互作用、辐射效应、核谱学和核效应等基本原理和实验方法,研究物质的原子和分子组成、表面状态和内部结构。它具有灵敏度高、准确度好、高分辨率、多元素测定能力、微区和微量分析、动态实时分析以及非破坏性等许多非核方法不具备的优点,因而具有重要的科学价值和应用前景。核分析技术对许多学科的发展起过重要的推动作用。核分析技术的研究和应用,促进了基础研究,同时对促进边缘学科的发展起着重要的作用,如今,核分析技术已经在物理、化学和生物等基础学科领域中发挥了巨大作用,并渗透到国民经济的许多方面。

核分析技术通常分为三类:活化分析技术、离子束分析技术、超精细相互作用分析技术。

活化分析的基础是核反应。用中子、光子或其他带电粒子(如质子等)照射试样,使被测元素转变为放射性同位素。根据所生成同位素的半衰期以及发出的射线的性质、能量等,以确定该元素是否存在。测量所生成的放射性同位素的放射性强度或在生成放射性同位素反应过程中发出的射线,可以计算试样中该元素的含量。按照辐照粒子不同,活化分析可以分为中子活化分析、带电粒子活化分析、光子活化分析 3 类。其中以中子活化分析应用最广。近年来更是发展了分子活化分析和体内活化分析技术。

离子束分析是以带电粒子束作为工具,它与物质相互作用,靶材和离子束状态都发生变化,产生各种次级效应,通过分析和测定这些次级效应来判断物质中元素组成及结构的一种分析技术。具体来说,离子束分析就是利用具有一定能量的离子(如:质子、α 离子及其他重离子)束去轰击样品,使样品中的元素发生电离、激发、发射和核反应以及自身的散射等过程,通过测量这些过程中所产生的射线的能量和强度来确定样品中元素的种类和含量的一门学科。其优点是灵敏度高、分析时间短、不破坏样品、分析范围广和取样量少等,因此特别适用于痕量元素的分析。其缺点是设备复杂、成本较高。

超精细相互作用分析是基于各种核效应的核分析方法的总称,包括穆斯堡尔效应、扰动角关联效应、核磁共振效应、正电子湮灭效应、中子散射和中子衍射等。这类方法既能提供原子核及其近邻原子的信息，又能提供宏观平均信息，所应用的学科领域也更为宽泛。

思考与练习

1. 核科学与技术主要包括哪几个学科？
2. 什么是核化学和放射化学？举例说明。
3. 什么是放射性和放射性衰变？
4. 放射性分为哪两类？举例说明。
5. 放射性衰变类型有哪几种？
6. 射线与物质相互作用类型有几种？
7. 辐射如何探测和防护？
8. 什么是核反应？核反应与化学反应有何不同？
9. 放射化学分离方法有哪些？
10. 什么是热原子化学？热原子反应机理是什么？
11. 什么是核分析技术？通常分为哪几类？

第 10 章　氢能与盐差能

10.1　氢能

随着不可再生资源化石燃料耗量的日益增加,其储量日益减少,迫切需要寻找一种不依赖化石燃料的储量丰富的新的含能体能源。氢能是公认的清洁能源,作为低碳和零碳能源正在脱颖而出。21 世纪,我国和美国、日本、加拿大、欧盟等都制定了氢能发展规划,并且目前我国已在氢能领域取得了多方面的进展,在不久的将来有望成为氢能技术和应用领先的国家之一。

10.1.1　氢能特点

氢能是一种二次能源,它是利用其他能源通过一定的方法制取的,而不是像煤、石油、天然气可以直接开采。现在氢能几乎完全依靠化石燃料制取得到,如果能回收利用工程废氢,每年大约可以回收到 1 亿 m^3,这个数字相当可观。

氢位于元素周期表之首,原子序数为 1,常温常压下为气态,超低温高压下为液态。作为一种理想的新的合能体能源,它具有以下特点:

① 重量最轻:标准状态下,密度为 $0.089\ 9\ g \cdot L^{-1}$,$-252.7\ ℃$ 时,可成为液体,若将压力增大到数百个大气压,液氢可变为金属氢。

② 导热性最好:比大多数气体的导热系数高出 10 倍。

③ 普遍无色:据估计它构成了宇宙质量的 75%,除空气中含有氢气外,它主要以化合物的形态贮存于水中,而水是地球上最广泛的物质。据推算,如把海水中的氢全部提取出来,它所产生的总热量比地球上所有化石燃料放出的热量还大 9 000 倍。

④ 回收利用:利用氢能源的汽车排出的废物只是水,水可以再次分解氢,可以实现能源的回收利用。

⑤ 理想的发热值:除核燃料外氢的发热值是所有化石燃料、化工燃料和生物燃料中最高的,为 $142\ 351\ kJ \cdot kg^{-1}$(高位发热值),是汽油发热值的 3 倍。

⑥ 燃烧性能好:点燃快,与空气混合时有广泛的可燃范围,而且燃点高,燃烧速度快。

⑦ 无污染:与其他燃料相比氢燃烧时最清洁,除生成水和少量氮化氢外不会产生诸如一氧化碳、二氧化碳、碳氢化合物、铅化物和粉尘颗粒等对环境有害的污染物质,少量的氮化氢经过适当处理也不会污染环境,且燃烧生成的水还可继续制氢,反复循环使用。产物水无腐蚀性,对设备无损。

⑧ 利用形式多:既可以通过燃烧产生热能,在热力发动机中产生机械功,又可以作为能源材料用于燃料电池,或转换成固态氢用作结构材料。

⑨ 多种形态:以气态、液态或固态的金属氢化物出现,能适应贮运及各种应用环境的不

同要求。

⑩ 耗损少：可以取消远距离高压输电，代以远近距离管道输氢，安全性相对提高，能源无效损耗减小。

⑪ 利用率高：氢取消了内燃机噪声源和能源污染隐患，利用率高。

此外，氢可以减轻燃料自重，可以增加运载工具有效载荷，这样可以降低运输成本，从全程效益考虑社会总效益优于其他能源。氢还可以取代化石燃料能最大限度地减弱温室效应。

10.1.2　氢的制取

10.1.2.1　实验室中制备氢气

氢气有许多实验室制备的方法，但除了实验和演示目的以外，这些方法很少用于实际。下面介绍比较方便的实验室制备氢气的方法。主要包括金属（金属氢化物）与水/酸的反应或金属与强碱的反应，反应式如下：

$$2Na + 2H_2O \longrightarrow 2NaOH + H_2 \uparrow$$
$$Zn + 2HCl \longrightarrow ZnCl_2 + H_2 \uparrow$$
$$LiH + H_2O \longrightarrow LiOH + H_2 \uparrow$$
$$LiAlH_4 + 4H_2O \longrightarrow LiOH + Al(OH)_3 + 4H_2 \uparrow$$
$$2Al + 2NaOH + 2H_2O \longrightarrow 2NaAlO_2 + 3H_2 \uparrow$$
$$Si + 2NaOH + H_2O \longrightarrow Na_2SiO_3 + 2H_2 \uparrow$$

在反应过程中，活泼金属或金属氢化物颗粒的用量要小心控制在极少量的范围内，否则容易发生爆炸。

10.1.2.2　氢气的工业生产

在工业生产中，以煤、石油及天然气为原料，是大规模制取氢气的最主要的方法，包括含氢气体的制造、气体中 CO 组分变换反应及氢气提纯等步骤。制得的氢气主要作为化工原料，如生产合成氨、合成甲醇，石油加工等。

（1）水煤气法制氢

以煤为原料制氢的方法中主要有煤的焦化和气化。煤的焦化是在隔绝空气的条件下，于 $900 \sim 1\,000\ ℃$ 制取焦炭，并获得焦炉煤气。按体积比计算，焦炉煤气含氢量约为 60%，其余为 CH_4 和 CO 等，因而可作为城市煤气使用。

过热水蒸气在高于 $1\,000\ ℃$ 的温度下通过赤热的焦炭，即发生水煤气反应：

$$H_2O(g) + C(s) \longrightarrow CO(g) + H_2(g)$$

该反应是吸热的。在实际生产中是交替地向发生炉通入空气，使焦炭燃烧成 CO_2 来产生足够的炉温，再通入水蒸气进行水煤气反应。将水煤气和水蒸气一起通过装填有氧化铁钴催化剂的变换炉（$400 \sim 600\ ℃$），将 CO 变换成 H_2 和 CO_2：

$$CO(g) + H_2O(g) \longrightarrow CO_2(g) + H_2(g)$$

在加压下用水洗除 CO_2，然后经过铜洗塔，用氯化亚铜的氨水溶液洗除最后痕量的 CO 和 CO_2。因这样得到的氢气中含有来自空气中的氮气，所以将其主要用作合成氨工业的原料气。

（2）天然气或裂解石油气制氢

从含烃类的天然气或裂解石油气制取氢气是现时大规模工业制氢的主要方法。虽然上

述两种原料都可以通过热分解产生氢气,但最常见的是它们与水蒸气在较高温度(1 100 ℃)下进行反应:

$$CH_4(g) + H_2O(g) \longrightarrow CO(g) + 3H_2(g)$$

这个反应是吸热反应,热量一般用甲烷在空气中燃烧生成 CO_2 来提供。气体产物中的 CO 可通过变换反应转换成 H_2 和 CO_2:

$$CO(g) + H_2O(g) \longrightarrow CO_2(g) + H_2(g)$$

最终产物中的 CO_2 可通过高压水洗除去(作为制取纯碱或尿素的原料气),所得氢气可直接用作工业原料气。

以轻质油为原料,在催化剂的作用下,制氢的主要反应为:

$$C_nH_{2n+2} + nH_2O \longrightarrow nCO + (2n+1)H_2$$

采用该方法制氢,反应温度一般在 800 ℃,制得氢气体积含量一般达 75%。

采用重油为原料,可使其与水蒸气氧化反应制得含氢的气体产物,含氢量一般为 50%。部分重油在燃烧时放出的热量可为制氢反应时所利用,而且重油价格较低,为人们所重视。

(3)甲醇制氢

甲醇制氢与大规模的天然气、轻油蒸汽转化制氢或水煤气制氢相比,投资省,能耗低。所用的原料甲醇易得,运输、储存方便。

甲醇裂解制氢工艺流程(图 10-1)以甲醇和脱盐水为原料,在 220~280 ℃下,使用专用催化剂上,催化裂解为组成为主要含氢和二氧化碳转裂解气,整个的反应过程是吸热的,其反应式如下:

主反应: $$CH_3OH \Longrightarrow CO + 2H_2 + 90.7 \ kJ \cdot mol^{-1}$$
             $$CO + H_2O \Longrightarrow CO_2 + H_2 - 41.2 \ kJ \cdot mol^{-1}$$

总反应: $$CH_3OH + H_2O \Longrightarrow CO_2 + 3H_2 + 49.5 \ kJ \cdot mol^{-1}$$

副反应: $$2CH_3OH \Longrightarrow CH_3OCH_3 + H_2O - 24.9 \ kJ \cdot mol^{-1}$$
             $$CO + 3H_2 \Longrightarrow CH_4 + H_2O - 206.3 \ kJ \cdot mol^{-1}$$

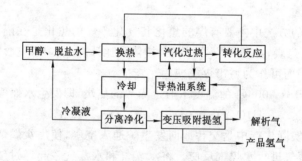

图 10-1 甲醇裂解制氢工艺流程图

(4)电解水制氢

电解水制氢是目前应用比较广且比较成熟的方法之一。纯水是电的不良导体,所以电解时需向水中加入强电解质以提高导电性,但酸对电极和电解槽有腐蚀性,盐会在电解过程中生成副产物,故一般多以氢氧化钾水溶液作为电解液。电极反应为:

阴极:$2H_2O + 2e^- \longrightarrow 2OH^- + H_2$

阳极：$2OH^- \longrightarrow 2H_2O + 1/2O_2 + 2e^-$

总反应：$H_2O \longrightarrow H_2 + 1/2O_2$

作为电解水的最理想金属是铂系金属，但这些金属都很昂贵，在实际工作中无法采用。现在通用的水电解都采用镍电极。

水蒸气高温电解制氢的研究目前已经基本达到成熟阶段。高温电解水蒸气的电极是由固体电解质（掺有氧化钇的多孔熔结二氧化锆）组成的空心管，内外侧镀有适当的导电金属膜，内侧为阴极，外侧为阳极。水蒸气由管的内侧通入，从阴极经固体电解质而流向阳极。电解产生的氢气由管的内侧放出，氧气由管的外侧放出。电解槽由许多电解管平行并联组成，总体电压最高可达 1 200 V。

（5）热化学分解水制氢

纯水的热分解避开了热功转换，将热能直接转换为氢的化学能，理论转换率要高得多。要使水依靠吸收热能分解为氢和氧，须使 $\Delta G \leqslant 0$。为此，温度应高于 4 300 K，反应才能发生。

由于核反应堆技术的发展，德、美等国科学家便注意到如何利用反应堆的高温进行水分解。为了降低水的分解温度，他们设想在热分解过程中引入一些热化学循环，要求这些循环的高温点必须低于核反应堆或太阳炉的最高极限温度。现在高温石墨反应堆的温度已高于 900 ℃，太阳炉的温度可达 1 200 ℃，这将有利于热化学循环分解水工艺的发展。

这些新发展起来的多步骤热驱动制氢化学原理可以归纳如下：

$$AB + H_2O + 热 \longrightarrow AH_2 + BO$$
$$AH_2 + 热 \longrightarrow A + H_2$$
$$2BO + 热 \longrightarrow 2B + O_2$$
$$A + B + 热 \longrightarrow AB$$

式中，AB 称为循环试剂。对这一系列反应的探索就是希望驱动反应的温度能处在工业上常用温度的范围内，这样就可以避免水在耗能极高的条件下热分解，或者说通过采用热化学的方法可在相对温和的条件下将水分解成氢气和氧气。近年来已先后研究开发了 20 多种热化学分解法，有的已进入中试阶段。而我国在该领域的研究还基本处于起步阶段。

10.1.3　氢的应用

（1）液氢的应用

液氢的需求量随着宇航事业的发展而增加。早在第二次世界大战期间，氢就被用作A-2火箭推进剂。现在科学家们正在研究一种"固态氢"的宇宙飞船。固态氢既作为飞船的结构材料，又作为飞船的动力燃料。在飞行期间，飞船上所有的非重要零部件都可以转作能源而"消耗掉"。这样飞船就能在宇宙中飞行更长的时间。

（2）化学工业用氢

氢也是化学工业中的重要原料，比如石油、化工、化肥和冶金工业等。当今氢的最大应用是在合成氨工业上。首次把氢和氮合成氨由理论转化为实际工业生产的是德国化学家哈伯，他经过 15 年的努力，寻找到合适的催化剂，使得氢和氮的分子在适中的温度下能够化合形成稳定的氨分子。合成氨反应需要在高压下进行，以利于反应的发生。氢和氮合成氨的化学反应方程式为：

$$N_2 + 3H_2 \longrightarrow 2NH_3$$

使用大量氢气的石油精制工业过程是炼制汽油的催化裂解工艺。在原始的直接蒸馏工艺中，依照原油的组成，所得汽油的量占石油质量的 15%～50%。而剩余的重油大部分可以通过催化裂解转化成汽油。另外，石油产品中由于原料来源常常含硫，在石油工业中需要对许多含硫原料进行加氢脱硫反应。原油中有许多不同类型的硫化产物，如硫醇、硫醚、硫化物、硫酸酯等，通常采用高压氢在高温下处理原油组分，把原料中的硫转化成硫化氢，并通过碱性物质加以吸收，从而获得高质量的清洁燃料。其所涉及的化学反应如下：

$$-S- + H_2 \longrightarrow H_2S$$
$$H_2S + Ca^{2+} \longrightarrow CaS + 2H^+$$

（3）氢能汽车和燃料电池

氢能源被视为 21 世纪最具发展潜力的清洁能源，人类对氢能源应用自 200 年前就产生了兴趣。自 20 世纪 70 年代以来，世界上许多国家和地区广泛开展了氢能源研究。

氢燃料电池技术，一直被认为是利用氢能，解决未来人类能源危机的终极方案。上海一直是中国氢燃料电池研发和应用的重要基地，包括上汽、上海神力、同济大学等企业、高校，也一直在从事研发氢燃料电池和氢能车辆。随着中国经济的快速发展，汽车工业已经成为中国的支柱产业之一。在能源供应日益紧张的今天，发展新能源汽车已迫在眉睫。用氢能作为汽车的燃料无疑是最佳选择。

利用液氢代替柴油，用于铁路机车或一般汽车的研制也十分活跃。氢燃料电池运行是沟通电力系统和氢能体系的重要手段。

虽然燃料电池发动机的关键技术基本已经被突破，但是还需要更进一步对燃料电池产业化技术进行改进、提升，使产业化技术成熟。这个阶段需要政府加大研发力度的投入，以保证中国在燃料电池发动机关键技术方面的水平和领先优势。除此之外，国家还应加快对燃料电池关键原材料、零部件国产化、批量化生产的支持，不断整合燃料电池各方面优势，带动燃料电池产业链的延伸。同时政府还应给予相关的示范应用配套设施，并且对燃料电池相关产业链予以培育等，以加快燃料电池车示范运营相关的法规、标准的制定和加氢站等配套设施的建设，推动燃料电池汽车的载客示范运营。有政府的大力支持，氢能汽车一定能成为朝阳产业。

（4）家庭用氢

在解决氢的安全、无公害燃烧问题的基础上，氢也可以进入家庭，或作燃料燃烧，或通过燃料电池发电供家庭取暖、空调、冰箱使用。

10.2　盐差能

10.2.1　盐差能简介

盐差能（图 10-2）是指海水和淡水之间或两种含盐浓度不同的海水之间的化学电位差能，是以化学能形态出现的海洋能，主要存在于河海交接处。同时，淡水丰富地区的盐湖和地下盐矿也可以利用盐差能。盐差能是海洋能中能量密度最大的一种可再生能源。

一般海水含盐度为 3.5% 时，其和河水之间的化学电位差有相当于 240 m 水头差的能量密度,从理论上讲,如果这个压力差能利用起来,从河流流入海中的每立方英尺的淡水可发 0.65 kW·h 的电。一条流量为 1 m³/s 的河流的发电输出功率可达 2 340 kW。从原理上来讲,这种水位差可以利用半透膜在盐水和淡水交接处实现。如果在这一过程中盐度不降低的话,产生的渗透压力足可以将盐水水面提高 240 m,利用这一水位差就可以直接由水轮发电机提取能量。如果用很有效的装置来提取世界上所有河流的这种能量,那么可以获得约 2.6 TW 的电

图 10-2　盐差能

力。更引人注目的是盐矿藏的潜力。在死海、淡水与咸水间的渗透压力相当于 5 000 m 的水头,而盐穹中的大量干盐拥有更密集的能量。

利用大海与陆地河口交界水域的盐度差所潜藏的巨大能量一直是科学家的理想。在 20 世纪 70 年代,各国开展了许多调查研究,以寻求提取盐差能的方法。实际上开发利用盐度差能资源的难度很大,上面引用的简单例子中的淡水是会冲淡盐水的,因此,为了保持盐度梯度,还需要不断地向水池中加入盐水。如果这个过程连续不断地进行,水池的水面会高出海平面 240 m。对于这样的水头,就需要很大的功率来泵取咸海水。目前已研究出来的最好的盐差能实用开发系统非常昂贵。这种系统利用反电解工艺(事实上是盐电池)来从咸水中提取能量。根据 1978 年的一篇报告测算,投资成本约为 50 000 美元/kW·h。也可利用反渗透方法使水位升高,然后让水流经涡轮机,这种方法的发电成本高达 10～14 美元/kW·h。还有一种技术可行的方法是根据淡水和咸水具有不同蒸气压力的原理研究出来的使水蒸发并在盐水中冷凝,利用蒸气气流使涡轮机转动。这种过程会使涡轮机的工作状态类似于开式海洋热能转换电站。这种方法所需要的机械装置的成本也与开式海洋热能转换电站几乎相等。但是,这种方法在战略上不可取,因为它消耗淡水,而海洋热能转换电站却生产淡水。盐差能的研究结果表明,其他形式的海洋能比盐差能更值得研究开发。

据估计,世界各河口区的盐差能达 30 TW,可能利用的有 2.6 TW。我国的盐差能估计为 1.1×10⁸ kW,主要集中在各大江河的出海处,同时,我国青海省等地还有不少内陆盐湖可以利用。盐差能的研究以美国、以色列的研究较为领先,中国、瑞典和日本等也开展了一些研究。但总体上,对盐差能这种新能源的研究还处于实验室实验水平,离示范应用还有较长的距离。

10.2.2　发电原理及方法

当把两种浓度不同的盐溶液倒在同一容器中时,那么浓溶液液中的盐类离子就会自发地向稀溶液中扩散,直到两者浓度相等为止。所以,盐差能发电,就是利用两种含盐浓度不同的海水化学电位差能,并将其转换为有效电能。

科学家经过周密的计算后发现在 17 ℃时,如果有 1 mol 盐类从浓溶液中扩散到稀溶液中去,就会释放出 5 500 J 的能量。

其基本方式是将不同盐浓度的海水之间的化学电位差能转换成水的势能,再利用水轮机发电,主要有渗透压式、蒸汽压式和机械-化学式等,其中渗透压式方案最受重视。

将一层半渗透膜放在不同盐度的两种海水之间,通过这个膜会产生一个压力梯度,迫使

水从盐度低的一侧通过膜向盐度高的一侧渗透,从而稀释高盐度的水,直到膜两侧水的盐度相等为止。此压力称为渗透压,它与海水的盐浓度及温度有关。

目前提出的渗透压式盐差能转换方法主要有水压塔渗压系统和强力渗压系统两种。

太阳能盐水池,此方法不利用渗透式,吸收阳光到达盐水池塘底部的热量。以淡水和盐水之间的密度差异和自然对流的影响,其中日晒造成的“热对流现象”阻止热上升,从而达到吸热和储热的效果。

10.2.3 利用现状

1939 年海水盐差能发电的概念被首次提出,由于盐差发电技术最为关键的组件——渗析膜的发展滞后,盐差能发电技术进展较为缓慢。经过几十年的发展,渗透压能法每平方米膜面积的发电功率已从 0.1 W 提高到 3 W。

2003 年挪威斯塔特克拉弗特公司建成世界上第一个专门研究盐差能的实验室,并于 2009 年 11 月建成世界上第一座 4 kW 的盐差能发电站。

2011 年 5 月美国斯坦福大学研发出盐差能新型电池。2014 年 11 月荷兰第一座盐差能试验电厂也投入发电,电厂装有 400 m² 半渗透膜,每平方米半渗透膜的发电功率为 1.3 W,每小时可处理 22 万 L 海水和 22 万 L 淡水。我国在 1980 年前后开始盐差能发电研究,1985 年在西安采用半透膜,研制成功干涸盐湖浓差能发电实验室装置,半透膜面积为 14 m²。试验中淡水向溶液浓盐水渗透,溶液水柱升高 10 m,推动水轮发电机组发电功率为 0.9～1.2 W。

盐差能的研究以美国、以色列的研究较为领先,中国、瑞典和日本等也开展了一些研究。相比其他海洋能而言,盐差能利用技术还处于实验室原理研究阶段。

思考与练习

1. 什么是氢能?有何特点?
2. 氢的制取方式主要有几种?各种方法的制取原理是什么?
3. 氢是如何储存和运输的?
4. 氢主要用在哪些方面?
5. 什么是盐差能?它的用途及原理是什么?

参 考 文 献

[1] 陈军,陶占良. 能源化学[M]. 北京:化学工业出版社,2004.

[2] 袁权. 能源化学进展[M]. 北京:化学工业出版社,2005.

[3] 国际能源署. 能源技术展望—面向 2050 年的情景与战略[M]. 张阿玲,原鲲,石琳,等 译. 北京:清华大学出版社,2009.

[4] 宋天佑. 无机化学[M]. 第 4 版. 北京:高等教育出版社,2010.

[5] 傅献彩,沈文霞,姚天扬,等. 物理化学[M]. 第 5 版. 北京:高等教育出版社,2006.

[6] 杨宏孝. 无机化学[M]. 北京:高等教育出版社,2010.

[7] 廖力夫. 分析化学[M]. 武汉:华中科技大学出版社,2008.

[8] 胡英. 物理化学[M]. 第 5 版. 北京:高等教育出版社,2007.

[9] 武汉大学. 分析化学[M]. 第 5 版. 北京:高等教育出版社,2006.

[10] 浙江大学. 普通化学[M]. 第 6 版. 北京:高等教育出版社,2011.

[11] 周旭光. 普通化学[M]. 北京:清华大学出版社,2011.

[12] 贾瑛,王煊军,许国根. 大学化学[M]. 北京:国防工业出版社,2015.

[13] MMYERS R A. Coal Structure[M]. Academic Press,1982.

[14] 张双全. 煤化学[M]. 北京:中国矿业大学出版社,2015.

[15] 宋永辉,汤洁莉. 煤化工工艺学[M]. 北京:化学工业出版社,2016.

[16] 赖向军,戴林. 石油与天然气—机遇与挑战[M]. 北京:化学工业出版社,2005.

[17] 何鸣元,等. 石油炼制和基本有机化学品合成的绿色化学[M]. 北京:中国石化出版 社,2006.

[18] 樊栓狮. 天然气水合物储存与运输技术[M]. 北京:化学工业出版社,2005.

[19] 美国国家可再生能源实验室. 现代生物能源技术—美国国家可再生能源实验室生物能 源技术报告[M]. 鲍杰,译,北京:科学出版社,2009.

[20] 中国科学院生物质资源领域战略研究组. 中国至 2050 年生物质资源科技发展路线图 [M]. 北京:科学出版社,2009.

[21] 张百良. 生物能源技术与工程化[M]. 北京:科学出版社,2011.

[22] [日]日本能源学会. 生物质和生物能源手册[M]. 史仲平,华兆哲,译. 北京:化学工业 出版社,2007.

[23] 李海滨,袁振宏,马晓茜,等. 现代生物质能利用技术[M]. 北京:化学工业出版 社,2012.

[24] 罗运俊,何梓年,王长贵. 太阳能利用技术[M]. 北京:化学工业出版社,2014.

[25] 王祥云,刘元方. 核化学与放射化学[M]. 北京:北京大学出版社,2015.

[26] 王艳艳,徐丽,李星国. 氢气储能与发电开发[M]. 北京:化学工业出版社,2017.

[27] TONY B,NICK J,DAVID S,et al.风能技术[M].武鑫,译.北京:科学出版社,2014.

[28] WILLIAM E G.地热能[M].王社教等,译.北京:石油工业出版社,2017.

[29] 肖钢,唐颖.页岩气及其勘探开发[M].北京:高等教育出版社,2012.

[30] 李代广.神秘的可燃冰[M].北京:化学工业出版社,2009.

[31] 李润东,可欣.能源与环境概论[M].北京:化学工业出版社,2013.

[32] 陆红锋,孙晓明,张美.南海天然气水合物沉积物矿物学和地球化学[M].北京:科学出版社,2011.

[33] 马栩泉.核能开发与应用[M].北京:化学工业出版社,2014.

[34] 王革华,欧训民,等.能源与可持续发展[M].北京:化学工业出版社,2014.

附　录

附录1　热力学数据

物质	状态	$\dfrac{\Delta_f H_m^\ominus}{kJ \cdot mol^{-1}}$	$\dfrac{\Delta_f G_m^\ominus}{kJ \cdot mol^{-1}}$	$\dfrac{S_m^\ominus}{J \cdot K^{-1} \cdot mol^{-1}}$
Ag	s	0	0	42.55
Ag	s	0	0	42.55
Ag	g	284.5	245.7	172.89
Ag^+	aq	105.58	77.12	72.68
AgF	s	−204.6	—	—
AgCl	s	−127.06	−109.8	96.23
AgBr	s	−100.37	−96.9	107.11
AgI	s	−61.84	−66.19	115.5
Al	s	0	0	28.33
Al	g	326.4	285.8	164.43
Al^{3+}	g	5484	—	—
Al^{3+}	aq	−531	−485	−322
As	s	0	0	35.1
As	g	302.5	261.1	174.1
$As_4 O_6$	g	−1209	−1098	381
AsH_3	g	66.4	68.9	222.67
B	s	0	0	5.86
B	g	562.7	518.8	153.34
$B_2 O_3$	s	−1272.8	−1193.7	54
$B_2 O_3$	g	−836	−825.3	283.7
$B_2 H_6$	g	35.6	86.6	232
BF_3	g	−1173	−1120.3	254
Ba	s	0	0	62.8
Ba	g	180	146	170.13
Ba^{2+}	g	1660.5	—	—
BaO	s	−553.5	−525.1	70.42

物质	状态	$\dfrac{\Delta_f H_m^{\ominus}}{kJ \cdot mol^{-1}}$	$\dfrac{\Delta_f G_m^{\ominus}}{kJ \cdot mol^{-1}}$	$\dfrac{S_m^{\ominus}}{J \cdot K^{-1} \cdot mol^{-1}}$
BaO_2	s	−634.3	—	—
$Ba(OH)_2$	s	−994.7	—	—
Be	s	0	0	9.5
Be^{2+}	g	2 993.2	—	—
BeO	s	−609.6	−580.3	14.1
$Be(OH)_2$	s	−905.8	−817.6	50
Br_2	l	0	0	152.23
Br_2	g	30.907	3.142	245.354
Br_2	aq	−2.59	3.93	130.5
Br	g	111.88	82.43	174.91
Br^-	g	−233.9	—	—
Br^-	aq	−121.5	−104.04	82.84
HBr	g	−36.4	−53.42	198.59
BrO_3^-	aq	−83.7	1.7	163.2
BrF	g	−58.6	−73.8	228.9
BrCl	g	14.64	−0.96	240
C	graphite	0	0	5.74
C	diamond	1.897	2.9	2.377
C	g	716.68	671.29	157.99
CO	g	−110.52	−137.15	197.56
CO_2	g	−393.51	−394.36	213.64
CH_4	g	−74.81	−50.75	186.15
C_2H_6	g	−84.68	−32.89	229.49
$C(CH_3)_4$	g	−166	−15.23	306.4
CN^-	aq	150.6	172.4	94.1
HCN	aq	107.1	119.7	124.7
CF_4	g	−925	−879	261.5
CCl_4	l	−135.44	−65.27	216.4
CS_2	l	89.7	65.27	151.34
CS_2	g	117.36	67.15	237.73
Ca	s	0	0	41.4
Ca^{2+}	aq	−542.83	−553.54	−53.1
CaO	s	−635.1	−604	39.75
CaO_2	s	−652.7	—	—
$Ca(OH)_2$	s	−986.1	−898.6	83.4

续表

物质	状态	$\dfrac{\Delta_f H_m^{\ominus}}{kJ \cdot mol^{-1}}$	$\dfrac{\Delta_f G_m^{\ominus}}{kJ \cdot mol^{-1}}$	$\dfrac{S_m^{\ominus}}{J \cdot K^{-1} \cdot mol^{-1}}$
CaS	s	−482.4	−477.4	56.5
$Ca(NO_3)_2$	s	−938.4	−743.2	193.3
$CaCO_3$	calcite	−1 206.9	−1 128.8	92.9
$CaCO_3$	aragonite	−1 207	−1 127.7	88.7
Cd	s	0	0	51.76
Cd^{2+}	aq	−75.9	−77.74	−61.1
CdO	s	−258.2	−228.4	54.8
Ce	s	0	0	72
Ce^{3+}	aq	−700.4	−676	−205
Ce^{4+}	aq	−576	−506	−419
Cl_2	g	0	0	222.96
Cl_2	aq	−23.4	6.9	121
Cl^-, HCl	aq	−167.08	−131.29	56.73
Cl_2O	g	80.3	97.9	266.1
HClO	aq	−120.9	−79.9	142.3
ClO_4^-	aq	129.33	−8.62	182
ClF_3	g	−163.2	−123	281.5
Co	s	0	0	30.04
Co^{2+}	aq	−58.2	−54.5	−113
Co^{3+}	aq	—	132	—
$CoCl_2$	s	−312.5	—	—
Cr	s	0	0	23.77
Cr^{2+}	aq	−114	—	—
CrO_4^{2-}	aq	−881.2	−727.8	50.2
$Cr_2O_7^{2-}$	aq	−1 490.3	−1 301.2	261.9
$HCrO_4^{2-}$	aq	−878.2	−764.8	184.1
$CrCl_2$	s	−395.4	−356.1	115.3
$CrCl_3$	s	−556.5	−486.2	123
Cs	s	0	0	85.23
Cs^+	aq	−258.04	−291.7	132.8
CsO_2	s	−259.8	—	—
Cu	s	0	0	33.15
Cu	g	338.3	298.6	166.27
Cu^+	aq	71.7	50	40.6
Cu^{2+}	aq	64.77	65.52	−99.6

物质	状态	$\dfrac{\Delta_f H_m^{\ominus}}{kJ \cdot mol^{-1}}$	$\dfrac{\Delta_f G_m^{\ominus}}{kJ \cdot mol^{-1}}$	$\dfrac{S_m^{\ominus}}{J \cdot K^{-1} \cdot mol^{-1}}$
CuO	s	-157.3	-129.7	42.6
$CuCl_2$	s	-220.1	-175.7	108.1
Dy	s	0	0	74.8
Dy	g	290.4	—	—
Dy^{3+}	aq	-696.5	-664	-231
Dy_2O_3	s	$-1\,863$	—	—
Er	s	0	0	73.2
Er	g	316.4	—	—
Er^{3+}	aq	-705	-669	-224
Er_2O_3	s	$-1\,898$	—	—
$ErCl_3$	s	-995	—	—
Eu	s	0	0	77.8
Eu^{2+}	aq	-527.8	-541	-10
Eu^{3+}	aq	-605.6	-574	-222
Eu_2O_3	s	$-1\,663$	—	—
F_2	g	0	0	202.67
F^-	aq	-232.63	-278.82	-13.8
HF	g	-271.1	-273.2	173.67
HF	aq	-320.1	-296.9	88.7
Fe	s	0	0	27.28
Fe^{2+}	g	2\,752.2	—	—
Gd	s	0	0	68.1
Gd^{3+}	aq	-687	-664	-206
Gd_2O_3	s	-1827	—	—
$GdCl_3$	s	$-1\,007.6$	—	—
Ge	s	0	0	31.09
GeO_2	s	-551	-497.1	55.3
GeH_4	g	90.8	113.4	217.02
Ge_2H_6	g	162.3	—	—
H_2	g	0	0	130.57
H	g	217.97	203.26	114.6
H^+	g	1\,536.2	—	—
H^+	aq	0	0	0
H^-	g	139.7	—	—
OH	g	39	34.2	183.64

续表

物质	状态	$\dfrac{\Delta_f H_m^{\ominus}}{kJ \cdot mol^{-1}}$	$\dfrac{\Delta_f G_m^{\ominus}}{kJ \cdot mol^{-1}}$	$\dfrac{S_m^{\ominus}}{J \cdot K^{-1} \cdot mol^{-1}}$
OH^-	g	-140.88	—	—
OH^-	aq	-229.99	-157.29	-10.8
H_2O	l	-285.83	-237.18	69.91
H_2O	g	-241.82	-228.59	188.715
H_2O_2	l	-187.78	-120.42	109.6
H_2O_2	g	-136.31	-105.6	232.6
Hg	l	0	0	76.02
Hg	g	61.32	-31.85	174.85
Hg^{2+}	g	$2\,890.4$	—	—
Hg^{2+}	aq	171.1	164.4	-32.2
HgO	red	-90.83	-58.56	70.29
$HgCl_2$	s	-224.3	-178.7	146
Hg_2Cl_2	s	-265.22	-210.78	192.5
Ho	s	0	0	75.3
Ho	g	300.6	—	—
Ho^{3+}	aq	-707	-675	-227
Ho_2O_3	s	$-1\,881$	—	—
I_2	s	0	0	116.14
I_2	g	62.438	19.359	260.58
I_2	aq	22.6	16.42	137.2
I	g	106.84	70.28	180.68
I^-	g	-196.6	—	—
I^-	aq	-56.9	-51.93	106.7
HI	g	26.5	1.7	206.48
IO_3^-	aq	-221.3	-128	118.4
IF	g	-94.8	-117.7	236.2
ICl	g	17.8	5.4	247.4
IBr	g	40.8	3.7	258.66
K	s	0	0	64.68
K	g	89.24	—	—
K^+	g	514.17	—	—
K^+	aq	-252.17	-282.48	101.04
K_2O_2	s	-495.8	—	—
KO_2	s	-280.3	—	—
KF	s	-568.6	-538.9	66.55

物质	状态	$\dfrac{\Delta_f H_m^{\ominus}}{kJ \cdot mol^{-1}}$	$\dfrac{\Delta_f G_m^{\ominus}}{kJ \cdot mol^{-1}}$	$\dfrac{S_m^{\ominus}}{J \cdot K^{-1} \cdot mol^{-1}}$
KHF_2	s	-928.4	-860.4	104.6
KN_3	s	1.3	—	—
KBF_4	s	$-1\,887$	$-1\,785$	134
Li	s	0	0	39.12
Li	g	159.4	—	—
Li^+	g	685.63	—	—
Li^+	aq	-279.46	-292.61	11.3
Li_2O	s	-598.7	-562.1	37.89
LiF	s	-616.9	-588.7	35.66
$LiHF_2$	s	-945.3	—	—
LiN_3	s	10.8	—	—
Li_2CO_3	s	$-1\,216$	$-1\,132.2$	90.17
Mg	s	0	0	32.68
Mg	g	147.7	113.1	148.54
Mg^{2+}	aq	-466.85	-454.8	-138.1
MgO	s	-601.7	-569.4	26.94
$Mg(OH)_2$	s	-924.5	-833.6	63.18
$Mg(NO_3)_2$	s	-790.65	-589.5	164
$MgCO_3$	s	$-1\,095.8$	$-1\,012.1$	65.69
Mn	s	0	0	32.01
Mn	g	280.7	238.5	173.59
Mn^{2+}	aq	-220.75	-228	-73
MnO	s	-385.2	-362.9	59.71
MnO_4^-	aq	-541.4	-447.2	171.2
MnO_4^{2-}	aq	-652	-501	59
MnF_2	s	-795	—	—
$MnCl_2$	s	-481.3	-440.5	118.2
$MnBr_2$	s	-384.9	—	—
MnI_2	s	-247		
N_2	g	0	0	191.5
N	g	472.7	455.58	153.19
N_3^-	g	181	—	—
NO	g	90.25	86.57	210.65
NO^+	g	989	—	—
NO_2	g	33.18	51.3	239.95

物质	状态	$\dfrac{\Delta_f H_m^\ominus}{kJ \cdot mol^{-1}}$	$\dfrac{\Delta_f G_m^\ominus}{kJ \cdot mol^{-1}}$	$\dfrac{S_m^\ominus}{J \cdot K^{-1} \cdot mol^{-1}}$
NO_2^-	aq	-104.6	-37.2	140.2
NO_3^-	aq	-207.36	-111.34	146.4
N_2O	g	82	104.2	219.74
N_2O_3	g	83.72	139.41	312.17
N_2O_4	l	-19.5	94.45	209.2
N_2O_4	g	9.16	97.82	304.2
N_2O_5	cubic	-43.1	113.8	178.2
NH_2	g	172	—	—
NH_3	g	-46.11	-16.48	192.34
N_2H_4	l	50.6	149.2	121.2
N_2H_4	g	95.4	159.3	238.4
NH_4^+	g	619	—	—
NH_4^+	aq	-132.51	-79.37	113.4
NH_2OH	s	-114.2	—	—
$NH_3 \cdot H_2O$	l	-361.2	-254.1	165.6
HNO_2	g	-79.5	-46	254
HNO_2	aq	-119.2	-55.6	152.7
NF_2	g	43.1	57.7	249.83
NF_3	g	-124.7	-83.3	260.6
N_2F_4	g	-7.1	81.2	301.1
NCl_3	l	230	—	—
NOF	g	-66.5	-51	248
$NOCl$	g	51.7	66.1	261.6
NH_4F	s	-463.9	-348.8	72
NH_4Cl	s	-314.4	-203	94.6
NH_4Br	s	-270.8	-175.3	113
NH_4I	s	-201.4	-112.5	117
Na	s	0	0	51.3
Na	g	107.1	78.33	147.84
Na^+	g	603.36	—	—
Na^+	aq	-40.3	-261.88	58.41
Na_2O	g	-418	-379.1	75.04
Na_2O_2	s	-513.2	-449.7	94.8
NaO_2	s	-260.7	-218.7	115.9
NaF	s	-575.4	-545.1	51.21

续表

物质	状态	$\dfrac{\Delta_f H_m^{\ominus}}{kJ \cdot mol^{-1}}$	$\dfrac{\Delta_f G_m^{\ominus}}{kJ \cdot mol^{-1}}$	$\dfrac{S_m^{\ominus}}{J \cdot K^{-1} \cdot mol^{-1}}$
$NaHF_2$	s	-915.1	—	—
Na_2CO_3	s	$-1\,130.8$	$-1\,048.1$	138.8
Nd	s	0	0	71.5
Nd	g	326.9	—	—
Nd^{3+}	aq	-696.6	-672	-207
Nd_2O_3	s	$-1\,812$	—	—
Ni	s	0	0	29.87
Ni	g	429.7	384.5	182.08
Ni^{2+}	g	$2\,930.1$	—	—
Ni^{2+}	aq	-54	-45.6	-128.9
NiCl	s	-305.33	-259.06	97.65
O_2	g	0	0	205.03
O	g	249.17	231.75	160.946
O^-	g	101.63	—	—
O_2^+	g	$1\,177.7$	—	—
O_3	g	142.7	163.2	238.8
P	white	0	0	41.09
P	red	-17.6	-12.1	22.8
P	g	314.6	278.3	163.084
P_2	g	144.3	103.8	218.02
P_4	g	58.91	24.48	279.87
PO_4^{3-}	aq	$-1\,277.4$	$-1\,018.8$	-222
P_4O_5	s	$-1\,640.1$	—	—
P_4O_{10}	hexagonal	$-2\,984$	$-2\,697.8$	228.9
PH_3	g	5.4	13.4	210.12
P_2H_4	g	20.9	—	—
H_3PO_3	s	-964.4	—	—
H_3PO_3	aq	-964.8	—	—
PF_3	g	-918.8	-897.5	273.13
PCl_3	l	-319.7	-272.4	217.1
PCl_3	g	-287	-267.8	311.67
PBr_3	g	-139.3	-162.8	347.98
PI_3	s	-45.6	—	—
PF_5	g	$-1\,595.8$	—	—
PCl_5	s	-443.5	—	—

物质	状态	$\dfrac{\Delta_f H_m^{\ominus}}{kJ \cdot mol^{-1}}$	$\dfrac{\Delta_f G_m^{\ominus}}{kJ \cdot mol^{-1}}$	$\dfrac{S_m^{\ominus}}{J \cdot K^{-1} \cdot mol^{-1}}$
PCl_5	g	-374.9	-305	364.47
POF_3	g	$-1\,254.4$	$-1\,205.8$	285
$POCl_3$	g	-558.5	-513	325.3
PH_4Cl	s	-145.2	—	—
PH_4Br	s	-127.6	-47.7	110
PH_4I	s	-69.8	0.2	123
Pb	s	0	0	64.81
Pb	g	195	161.9	175.26
Pb^{2+}	g	2\,373.4	—	—
Pb^{2+}	aq	-1.7	-24.4	10.5
PbO	red	-219	-188.9	66.5
PbF_2	s	-664	-617.1	110.5
$PbCl_2$	s	-359.4	-314.1	138
PbI_2	s	-175.5	-173.6	174.8
Ra	s	0	0	71
Ra^{2+}	g	1\,631	—	—
Ra^{2+}	aq	-527.6	-561.5	54
RaO	s	-523	—	—
$Ra(NO_3)_2$	s	-992	-796	222
Rb	s	0	0	76.78
Rb	g	80.88	—	—
Rb^+	g	490.03	—	—
Rb^+	aq	-251.12	-283.61	120.46
Rb_2O	s	-330.1	—	—
Rb_2O_2	s	-425.5	—	—
RbO_2	s	-264	—	—
S	rhombic	0	0	31.8
S	g	278.81	238.28	167.71
S^{2-}	aq	33.1	85.8	-14.6
S_2	g	128.37	79.33	228.07
S_4^{2-}	aq	23	69	103.3
S_5^{2-}	aq	21.3	65.7	140.6
S_2	g	102.3	49.66	430.87
SO	g	6.3	-19.8	221.84
SO_2	g	-297.04	-300.19	248.11

物质	状态	$\dfrac{\Delta_f H_m^{\ominus}}{kJ \cdot mol^{-1}}$	$\dfrac{\Delta_f G_m^{\ominus}}{kJ \cdot mol^{-1}}$	$\dfrac{S_m^{\ominus}}{J \cdot K^{-1} \cdot mol^{-1}}$
SO_3	$\beta\text{-s}$	-454.51	-368.99	52.3
SO_3	g	-395.72	-371.08	256.65
SO_4^{2-}	aq	-909.27	-774.63	20.1
$S_2O_8^{2-}$	aq	$-1\,338.9$	$-1\,110.4$	248.1
HS	g	142.7	113.3	195.6
HS	aq	-17.6	12.05	62.8
H_2S	g	-20.63	-33.56	205.7
H_2S	aq	-39.7	-27.87	121
H_2S_4	l	-12.5	—	—
H_2S_6	g	33.4	—	—
H_2S_6	l	-8.3	—	—
H_2SO_4	l	-813.99	-690.06	156.9
H_2SO_4	g	-741	—	—
SF_2	g	-297	-303	257.6
SCl_2	g	-19.7	—	—
SF_4	g	-763	-722	299.6
SF_5	g	-976.5	-912.1	322.6
SF_6	g	$-1\,220.5$	$-1\,116.5$	291.6
SF_5Cl	g	$-1\,048.1$	-949.3	319.1
SO_2F_2	g	-769.7	—	—
SO_2ClF	g	-564	—	—
SO_2Cl_2	g	-382.1	—	—
$(CH_3)_2SO_2$	g	-372.8	—	—
Sb	s	0	0	45.69
Sb	g	262.3	222.2	180.16
Sb_4	g	205	141.4	351
SbH_3	g	145.1	147.7	232.67
$SbCl_3$	$\beta\text{-g}$	-313.8	-301.2	337.69
$SbBr_3$	g	-194.6	-223.8	372.75
Sc	s	0	0	34.64
Sc	g	377.8	336.1	174.68
Sc^{3+}	g	$4\,694.5$	—	—
Sc^{3+}	aq	-614.2	-586.6	-255
$ScCl_3$	s	-925.1	—	—
Se	black	0	0	42.44

物质	状态	$\dfrac{\Delta_f H_m^{\ominus}}{kJ \cdot mol^{-1}}$	$\dfrac{\Delta_f G_m^{\ominus}}{kJ \cdot mol^{-1}}$	$\dfrac{S_m^{\ominus}}{J \cdot K^{-1} \cdot mol^{-1}}$
Se	g	227.1	187.1	176.6
H_2Se	g	29.7	15.9	218.9
$SeCl_2$	g	−31.8	—	—
Se_2Cl_2	g	17	—	—
$SeBr_2$	g	−21	—	—
Se_2Br_2	g	29	—	—
Si	g	0	0	18.83
Si	g	455.6	411.3	167.86
Si_2	g	594	536	229.79
SiO	g	−99.6	−126.4	211.5
SiO_2	quartz	−910.94	−850.67	41.84
SiO_2	g	−322	—	—
SiH_4	g	34.3	56.9	204.5
Si_2H_6	g	80.3	127.2	272.5
Si_3H_8	g	120.9	—	—
SiF_4	g	−1 614.9	−1 572.7	282.38
$SiCl_4$	l	−687	−619.9	239.7
$SiCl_4$	g	−657	−617	330.6
$SiBr_4$	g	−415.5	−431.8	377.8
Si_3N_4	s	−743.5	−642.7	101.3
SiC	cubic	−65.3	−62.8	16.61
Sn	white	0	0	51.54
Sn	gray	−2.09	0.13	44.14
Sn	g	302.1	267.4	168.38
SnH_4	g	162.8	188.3	227.57
$SnCl_4$	g	−471.5	−432.2	365.7
$SnBr_4$	g	−314.6	−331.4	411.8
$Sn(CH_3)_4$	g	−18.8	—	—
Sr	s	0	0	52.3
Sr	g	164.4	131	164.5
Sr^{2+}	g	1 790.6	—	—
Sr^{2+}	aq	−545.8	−559.44	−32.6
SrO	s	−592	−561.9	54.4
SrO_2	s	−633.5	—	—
$Sr(OH)_2$	s	−959	—	—

续表

物质	状态	$\dfrac{\Delta_f H_m^{\ominus}}{kJ \cdot mol^{-1}}$	$\dfrac{\Delta_f G_m^{\ominus}}{kJ \cdot mol^{-1}}$	$\dfrac{S_m^{\ominus}}{J \cdot K^{-1} \cdot mol^{-1}}$
$Sr(NO_3)_2$	s	−978.2	−780.1	194.6
$SrCO_3$	s	−1 220.1	−1140.1	97.1
Te	s	0	0	49.71
Te	g	196.7	157.1	182.63
H_2Te	g	99.6	—	—
TeH_6	g	−1 369	—	—
Ti	s	0	0	30.63
Ti	g	469.9	425.1	180.19
$TiCl_2$	s	−513.8	−464.4	87.4
$TiCl_3$	s	−720.9	−653.5	139.7
Tl	s	0	0	64.18
Tl	g	182.2	147.4	180.85
Tl^+	g	777.73	—	—
Tl_2^+	g	2 754.9	—	—
Tl_3^+	g	5 639.2	—	—
Tl^+	aq	5.36	−32.38	125.5
Tl^{2+}	aq	196.6	214.6	−192
TlCl	s	−204.14	−184.93	111.25
$TlCl_3$	s	−315.1	—	—
$TlCl_4^+$	aq	−519.2	−421.7	243
V	s	0	0	28.91
V	g	514.2	453.2	182.19
VCl_2	s	−452	−406	97.1
VCl	s	−580.7	−511.3	131
Xe	g	0	0	169.57
Xe	g	1 176.5	—	—
XeF_2	g	−107	—	—
XeF_4	g	−206.2	—	—
XeF_6	g	−279	—	—
Y	s	0	0	44.4
Y	g	421.3	—	—
Y^{3+}	g	4 214	—	—
Y^{3+}	aq	−715	−685	−251
Y_2O_3	s	−1 864	—	—
YCl_3	s	−996	—	—

物质	状态	$\dfrac{\Delta_f H_m^{\ominus}}{kJ \cdot mol^{-1}}$	$\dfrac{\Delta_f G_m^{\ominus}}{kJ \cdot mol^{-1}}$	$\dfrac{S_m^{\ominus}}{J \cdot K^{-1} \cdot mol^{-1}}$
Zn	s	0	0	41.63
Zn	g	130.73	95.18	160.87
Zn^{2+}	g	2 782.7	—	—
Zn^{2+}	aq	−153.89	−147.03	−112.1
ZnO	s	−348.28	−318.32	43.64
ZnF_2	s	−764.4	−713.5	73.68
$ZnCO_3$	s	−812.78	−731.57	82.4

附录 2　标准电极电势(25 ℃)

电　极　反　应	$\varphi^{\ominus}/V$
在酸性溶液中	
$Li^+ + e^- \rightleftharpoons Li$	−3.024
$Ba^{2+} + 2e^- \rightleftharpoons Ba$	−2.9
$Ca^{2+} + 2e^- \rightleftharpoons Ca$	−2.87
$Na^+ + e^- \rightleftharpoons Na$	−2.714
$1/2H_2 + e^- \rightleftharpoons H^-$	−2.23
$Al^{3+} + 3e^- \rightleftharpoons Al$	−1.67
$Mn^{2+} + 2e^- \rightleftharpoons Mn$	−1.18
$TiO^{2+} + 2H^+ + 4e^- \rightleftharpoons Ti + H_2O$	−0.89
$Zn^{2+} + 2e^- \rightleftharpoons Zn$	−0.762
$Cr^{3+} + 3e^- \rightleftharpoons Cr$	−0.71
$O_2 + e^- \rightleftharpoons O_2^-$	−0.56
$As + 3H^+ + 3e^- \rightleftharpoons AsH_3$	−0.54
$Fe^{2+} + 2e^- \rightleftharpoons Fe$	−0.441
$Cr^{3+} + e^- \rightleftharpoons Cr^{2+}$	−0.41
$PbSO_4 + 2e^- \rightleftharpoons Pb + SO_4^{2-}$	−0.355
$Ni^{2+} + 2e^- \rightleftharpoons Ni$	−0.25
$CuI + e^- \rightleftharpoons Cu + I^-$	−0.18
$Sn^{2+} + 2e^- \rightleftharpoons Sn$	−0.137 5
$Pb^{2+} + 2e^- \rightleftharpoons Pb$	−0.126
$Fe^{3+} + 3e^- \rightleftharpoons Fe$	−0.036
$2H^+ + 2e^- \rightleftharpoons H_2$	0
$AgBr + e^- \rightleftharpoons Ag + Br$	0.073

电 极 反 应	$\varphi^{\ominus}/V$
$S+2H^++2e^-\rightleftharpoons H_2S$	0.111
$Cu^{2+}+2e^-\rightleftharpoons Cu$	0.167
$SO_4^{2-}+4H^++2e^-\rightleftharpoons H_2SO_3+H_2O$	0.2
$AgCl+e^-\rightleftharpoons Ag+Cl^-$	0.222
$Hg_2Cl_2+2e^-\rightleftharpoons 2Hg+2Cl^-$（饱和 KCl）	0.241 5
$Cu^{2+}+2e^-\rightleftharpoons Cu$	0.345
$[Fe(CN)_6]^{3-}+e^-\rightleftharpoons [Fe(CN)_6]^{4-}$	0.36
$[HgCl_4]^{2-}+2e^-\rightleftharpoons Hg+4Cl^-$	0.38
$Ag_2CrO_4+2e^-\rightleftharpoons 2Ag+CrO_4^{2-}$	0.446
$H_2SO_3+4H^++4e^-\rightleftharpoons S+3H_2O$	0.45
$Cu^++e^-\rightleftharpoons Cu$	0.522
$I_2+2e^-\rightleftharpoons 2I^-$	0.535
$MnO_4^-+e^-\rightleftharpoons MnO_4^{2-}$	0.54
$H_3AsO_4+2H^++2e^-\rightleftharpoons H_3AsO_3+2H_2O$	0.599
$O_2+2H^++2e^-\rightleftharpoons H_2O_2$	0.682
$Fe^{3+}+e^-\rightleftharpoons Fe^{2+}$	0.771
$Hg_2^{2+}+2e^-\rightleftharpoons Hg$	0.739
$Ag^++e^-\rightleftharpoons Ag$	0.799 1
$2NO_3^-+4H^++2e^-\rightleftharpoons N_2O_4+2H_2O$	0.8
$Hg^{2+}+2e^-\rightleftharpoons Hg$	0.854
$HNO_2+7H^++6e^-\rightleftharpoons NH_4^++2H_2O$	0.86
$2Hg^{2+}+2e^-\rightleftharpoons Hg_2^{2+}$	0.92
$Br_2+2e^-\rightleftharpoons 2Br^-$	1.065 2
$IO_3^-+6H^++6e^-\rightleftharpoons I_2+3H_2O$	1.085
$ClO_4^-+2H^++2e^-\rightleftharpoons ClO_3^-+2H_2O$	1.19
$IO_3^-+6H^++5e^-\rightleftharpoons 1/2I_2+3H_2O$	1.195
$O_2+4H^++4e^-\rightleftharpoons 2H_2O$	1.229
$MnO_2+4H^++2e^-\rightleftharpoons Mn^{2+}+2H_2O$	1.224
$Cr_2O_7^{2-}+14H^++6e^-\rightleftharpoons 2Cr^{3+}+7H_2O$	1.33
$ClO_4^-+8H^++7e^-\rightleftharpoons 1/2Cl_2+4H_2O$	1.34
$Cl_2+2e^-\rightleftharpoons 2Cl^-$	1.358
$IO_4^-+8H^+-8e^-\rightleftharpoons I^-+4H_2O$	1.4
$BrO_3^-+6H^++6e^-\rightleftharpoons Br^-+3H_2O$	1.44
$ClO_3^-+6H^++6e^-\rightleftharpoons Cl^-+3H_2O$	1.45
$PbO_2+4H^++2e^-\rightleftharpoons Pb^{2+}+2H_2O$	1.455
$ClO_3^-+6H^++5e^-\rightleftharpoons 1/2Cl_2+3H_2O$	1.47

电 极 反 应	$\varphi^{\ominus}/V$
$HClO+H^++2e^-\rightleftharpoons Cl^-+H_2O$	1.49
$2BrO_3^-+12H^++10e^-\rightleftharpoons Br_2+10H_2O$	1.51
$MnO_4^-+8H^++5e^-\rightleftharpoons Mn^{2+}+4H_2O$	1.51
$Ce^{4+}+e^-\rightleftharpoons Ce^{3+}$	1.61
$2HClO+2H^++2e^-\rightleftharpoons Cl_2+H_2O$	1.63
$Au^{3+}+2e^-\rightleftharpoons Au^+$	1.68
$MnO_4^-+4H^++3e^-\rightleftharpoons MnO_2+2H_2O$	1.695
$H_2O_2+2H^++2e^-\rightleftharpoons 2H_2O$	1.77
$O_3+2H^++2e^-\rightleftharpoons O_2+H_2O$	2.97
$F_2+2e^-\rightleftharpoons 2F^-$	2.66
在碱性溶液中	
$Al(OH)_3+3e^-\rightleftharpoons Al+3OH^-$	-2.31
$SiO_3^{2-}+3H_2O+4e^-\rightleftharpoons Si+6OH^-$	-1.73
$Mn(OH)_2+2e^-\rightleftharpoons Mn+2OH^-$	-1.47
$As+3H_2O+3e^-\rightleftharpoons AsH_3+3OH^-$	-1.37
$Cr(OH)_3+3e^-\rightleftharpoons Cr+3OH^-$	-1.3
$Zn(OH)_2+2e^-\rightleftharpoons Zn+2OH^-$	-1.245
$SO_4^{2-}+H_2O+2e^-\rightleftharpoons SO_3^{2-}+2OH^-$	-0.9
$P+3H_2O+3e^-\rightleftharpoons PH_3+3OH^-$	-0.88
$Fe(OH)_2+2e^-\rightleftharpoons Fe+2OH^-$	-0.877
$2H_2O+2e^-\rightleftharpoons H_2+2OH^-$	-0.828
$AsO_4^{3-}+2H_2O+2e^-\rightleftharpoons AsO_2-+4OH^-$	-0.71
$AsO_2^-+2H_2O+3e^-\rightleftharpoons As+4OH^-$	-0.68
$[Cu(CN)_2]^-+e^-\rightleftharpoons Cu+2CN^-$	-0.43
$[Co(NH_3)_6]^{2+}+2e^-\rightleftharpoons Co+6NH_3(aq)$	-0.422
$[Hg(CN)_4]^{2-}+2e^-\rightleftharpoons Hg+4CN^-$	-0.37
$[Ag(CN)_2]^-+e^-\rightleftharpoons Ag+2CN^-$	-0.3
$Cu(OH)_2+2e^-\rightleftharpoons Cu+2OH^-$	-0.224
$PbO_2+2H_2O+4e^-\rightleftharpoons Pb+4OH^-$	-0.16
$CrO_4^{2-}+4H_2O+3e^-\rightleftharpoons Cr(OH)_3+5OH^-$	-0.12
$O_2+H_2O+2e^-\rightleftharpoons HO_2^-+OH^-$	-0.076
$MnO_2+2H_2O+2e^-\rightleftharpoons Mn(OH)_2+2OH^-$	-0.05
$ClO_4^-+H_2O+2e^-\rightleftharpoons ClO_3^-+2OH^-$	0.17
$IO_3^-+3H_2O+6e^-\rightleftharpoons I^-+6OH^-$	0.26
$Ag_2O+H_2O+2e^-\rightleftharpoons 2Ag+2OH^-$	0.344
$ClO_3^-+H_2O+2e^-\rightleftharpoons ClO^-+2OH^-$	0.35

电 极 反 应	$\varphi^{\ominus}/V$
$[Ag(NH_3)_2]^+ + e^- \rightleftharpoons Ag + 2NH_3(aq)$	0.372
$O_2 + 2H_2O + 4e^- \rightleftharpoons 4OH^-$	0.401
$2BrO^- + 2H_2O + 2e^- \rightleftharpoons Br_2 + 4OH^-$	0.45
$NiO_2 + 2H_2O + 2e^- \rightleftharpoons Ni(OH)_2 + 2OH^-$	0.49
$IO^- + H_2O + 2e^- \rightleftharpoons I^- + 2OH^-$	0.49
$2ClO^- + 2H_2O + 2e^- \rightleftharpoons Cl_2 + 4OH^-$	0.51
$BrO_3^- + 2H_2O + 4e^- \rightleftharpoons BrO^- + 4OH^-$	0.54
$IO_3^- + 2H_2O + 4e^- \rightleftharpoons IO^- + 4OH^-$	0.56
$MnO_4^- + 2H_2O + 3e^- \rightleftharpoons MnO_2 + 4OH^-$	0.57
$MnO_4^{2-} + 2H_2O + 2e^- \rightleftharpoons MnO_2 + 4OH^-$	0.58
$ClO^- + H_2O + 2e^- \rightleftharpoons Cl^- + 2OH^-$	0.94
$FeO_4^{2-} + 2H_2O + 3e^- \rightleftharpoons FeO_2^- + 4OH^-$	0.9